Conrad Rosbach

Paradiesgärtlein

Darinnen die edleste und vornehmsten Kräuter nach ihrer Gestalt und Eigenschaft

Conrad Rosbach

Paradiesgärtlein
Darinnen die edleste und vornehmsten Kräuter nach ihrer Gestalt und Eigenschaft

ISBN/EAN: 9783743603493

Hergestellt in Europa, USA, Kanada, Australien, Japan

Cover: Foto ©berggeist007 / pixelio.de

Weitere Bücher finden Sie auf **www.hansebooks.com**

Paradeißgärtlein/

Darinnen die edleste vnnd fürnembste Kräuter nach jhrer Gestalt vnd Eigenschafft abcontrafeytet/ vnd mit zweyerley Wirckung/ Leiblich vñ Geistlich/ auß den besten Kräuterbüchern vnd H. Göttlicher Schrifft zusammen geordnet vnd beschrieben sind.

Durch

Den Ehrw. Herrn CONRADVM ROSBACHIVM, Pfarrherrn zu Nider Mörlen/ vnd S. Johanns Berg in der Wetteraw.

Allen Haußvättern / Frauwen vnd Jungfrawen/ zur Leibs vnd Seelen Artzney zugebrauchen/ sehr nützlich vnd auch nohtwendig.

Gedruckt zu Franckfurt am Mayn/ durch Johann Spieß.

M. D. LXXXVIII.

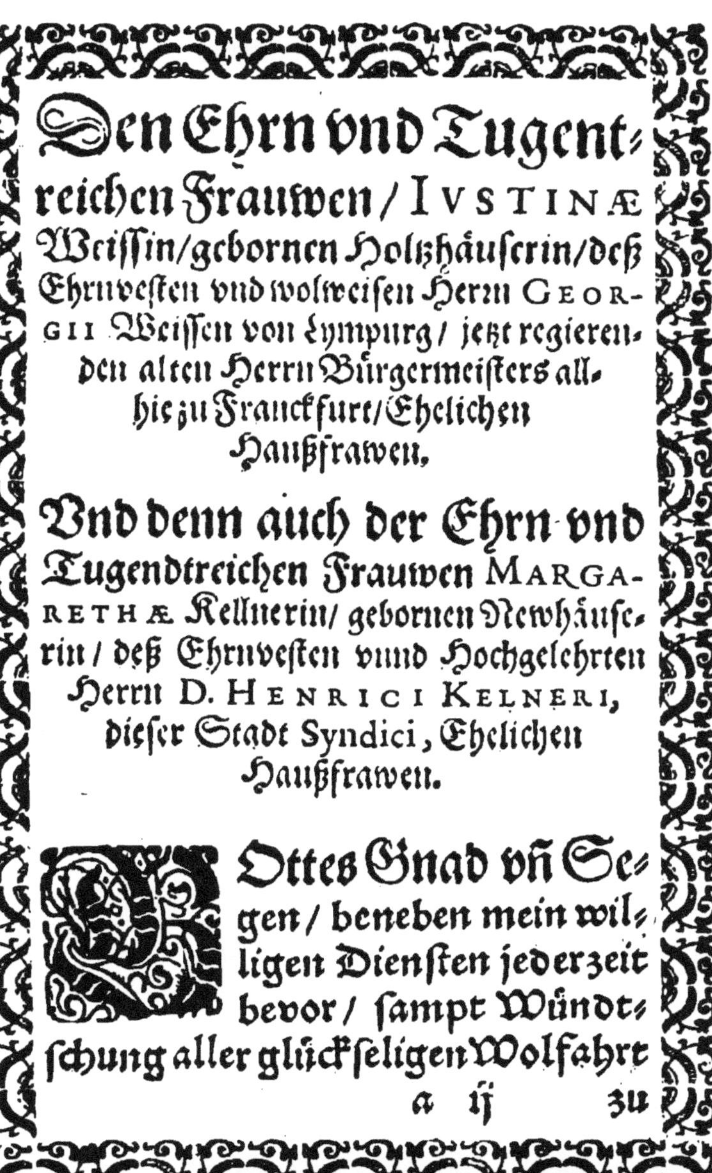

Den Ehrn vnd Tugentreichen Frauwen / IVSTINÆ Weissin / gebornen Holtzhäuserin / deß Ehrnvesten vnd wolweisen Herrn GEORGII Weissen von Lympurg / jetzt regierenden alten Herrn Bürgermeisters allhie zu Franckfurt / Ehelichen Haußfrawen.

Vnd denn auch der Ehrn vnd Tugendtreichen Frauwen MARGARETHÆ Kellnerin / gebornen Newhäuserin / deß Ehrnvesten vnnd Hochgelehrten Herrn D. HENRICI KELNERI, dieser Stadt Syndici, Ehelichen Haußfrawen.

GOttes Gnad vñ Segen / beneben mein willigen Diensten jederzeit bevor / sampt Wündtschung aller glückseligen Wolfahrt

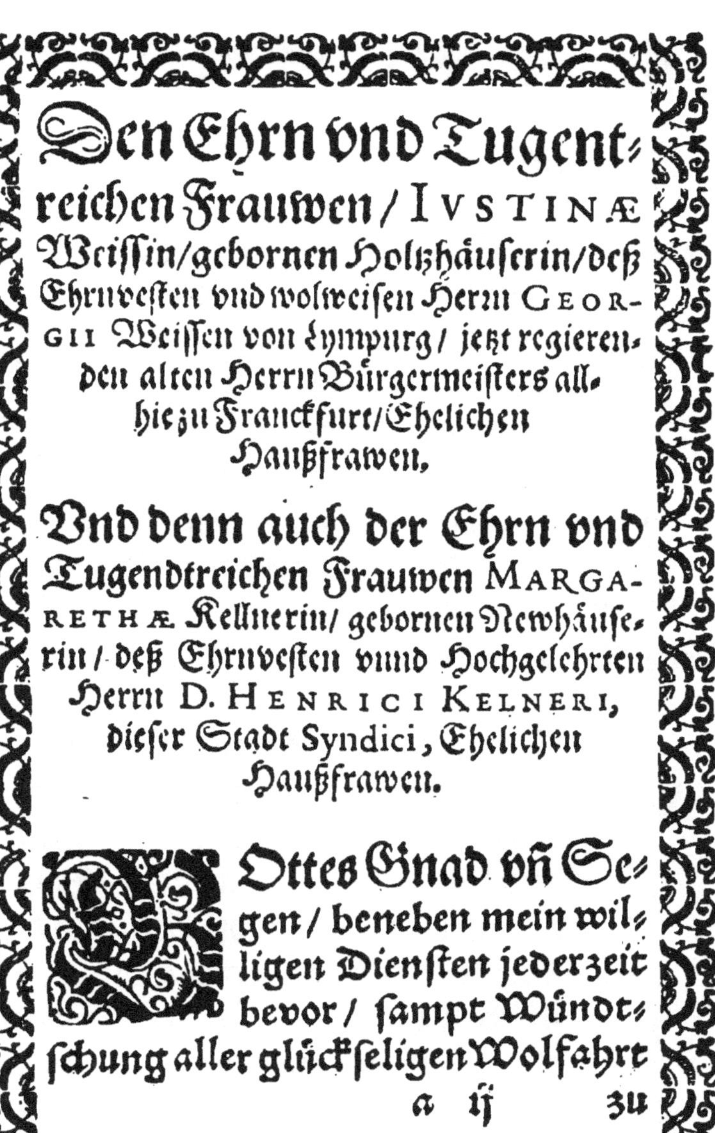

Den Ehrn vnd Tugentreichen Frauwen / IUSTINÆ Weissin / gebornen Holtzhäuserin / deß Ehrnvesten vnd wolweisen Herrn GEORGII Weissen von Lympurg / jetzt regierenden alten Herrn Bürgermeisters allhie zu Franckfurt / Ehelichen Haußfrawen.

Vnd denn auch der Ehrn vnd Tugendtreichen Frauwen MARGARETHÆ Kellnerin / gebornen Newhäuserin / deß Ehrnvesten vnnd Hochgelehrten Herrn D. HENRICI KELNERI, dieser Stadt Syndici, Ehelichen Haußfrawen.

GOttes Gnad vñ Segen / beneben mein willigen Diensten jederzeit bevor / sampt Wündtschung aller glückseligen Wolfahrt zu Leib vnnd Seel / Ehrenreiche vnd Tugendthaffte Frauwen / Es spricht Syrach in dem 38. Capitel: Die Artzney kompt von dem Höchsten / der HERR lest sie auß der Erden wachsen / vnnd ein Vernünfftiger verachtet sie nicht. Gott hat solche Kunst den Menschen gegeben / daß er gepreyset würde in seinen Wunderthaten. Damit heylet vnd vertreibet er die Schmertzen / vnd der Apotecker machet Artzeney darauß.

Mit welchen Worten der fromme Lehrer erstlich anzeiget / woher die Artzeney jhren Vrsprung vnnd Anfang habe / nemlich auß der Erden / die allerley Gewächß / Bäume / Stauden vnnd Kräuter mit vnterschiedlichen Namen / Farben / Eygenschafften / Geruch vnnd Wir-

ckung /

ckung/herfür bringet / darauß her⸗
nach allerley Safft vnnd Wasser
distilliert vnd außgepresset / Puluer
zubereitet/vnd zu der Artzeney præ⸗
pariert vnd temperiert werden. Da⸗
bey läßt es aber der H. Mann nicht
bleiben / Denn die Erde für sich sel⸗
ber nicht deß Vermögens ist/ solche
vielfältige vnd köstliche Simplicia
auß eygenem Trieb fortzubringen/
Sonder er suchet den Vrsprung der
Artzeney noch weiter / vnd schreibet
sie dem ewigen vnd einigen wahren
Gott zu / als der nicht allein an⸗
fänglich die Erde nach seiner vn⸗
endtlichen Weißheit vnd Allmacht
erschaffen / sonder sie auch gesegnet
vnd mit so mancherley Gewächsen
besamet/ vnnd fruchtbar gemacht /
wie Moses Genesis am ersten sagt:
GOtt sprach: Es lasse die Erde

 auff⸗

auffgehen Graß vnnd Kraut / das sich besame / vnnd fruchtbare Bäume / da ein jeglicher nach seiner Art Frucht trage / vnd habe seinen eygen Samen bey jhm selbs auff Erden / vnd es geschach also. Ja er erhaltet nicht allein solche Fruchtbarkeit der Erden / vnd lässet noch jährlich allerley Bäume vnnd Kräuter auß der Erden wachsen / sonder schaffet vnnd erwecket auch Leut / die sich der mancherley Erdtgewächß mit Lust annemmen / derselben Vnterscheidt / Eygenschafft vnd Wirckung nachfragen / vnd durch seine Gnade erlehrnen die Artzeney darauß zubereiten / vnd den Vnerfahrnen zeigen vnd applicieren können / Wie Syrach auch sagt: GOtt hat den Artzt erschaffen. Item: Er hat den Menschen die Kunst gegeben.

Das

Das heißt ja die Artzeney vnnd die Erdtgewächse / darauß die Artzeney gemacht wirdt / hoch gelobet vnd gerhümet.

Zum andern lehret Syrach auch / daß ein Mensch die von Gott erschaffene Artzeney in fürfallenden Kranckheiten vnd Leibsschwachheiten mit gutem Gewissen wol annemmen vnnd gebrauchen könne vnd solle / vnnd spricht: Wenn du kranck bist / so verachte diß nicht / Sonder bitte den HERRN / so wird er dich gesundt machen / etc. Vnnd nach dem er die Krancken zur Buß vermahnet / sagt er: Laß den Artzt zu dir kommen / dann der HERR hat jn geschaffen / vnd laß jhn nicht von dir / weil du sein doch bedarffest. Wie dann auch der Prophet Esaias den König Hiskia nicht allein zu

einem seligen Sterbstündlein berei-
tet / Sonder jhm auch ein Pflaster
von Feigen auff seine Drüse legen
läßt / auff daß er wider gesundt
würde. Vnnd sind die keines wegs
zu loben / sondern als vnverstendige
Leut auß Gottes Wort zustraffen /
welche die Artzeney verachten / vnd
als vnnützlich vnd vnnötig wider-
rhaten vnnd verwerffen. Dann ob
es wol an jhm selber wer / daß Gott
einen gesunden Menschen auch wol
ohne Artzeney bey Gesundtheit er-
halten / oder von zufelliger Kranck-
heit wider erledigen kan / So sollen
wir doch Gott nicht versuchen / son-
der die erlaubte vnnd gezeigte Mit-
tel brauchen / vnd nichts desto weni-
ger vnser Gesundheit vnd Kranck-
heit / ja vnser Leben vnd Todt / zu
Gottes Willen stellen.

Zum

Zum dritten / zeigt Syrach auch an zweyerley Nutz vnd Brauch der Artzeney / so auß der Erden wächset. Nemlich / daß sie vns erstlich zu erhaltung vñ widerbringung vnser leiblichen Gesundtheit dienen soll / wie er sagt: Damit heylet vnd vertreibet er die Schmertzen / vnnd der Apotecker machet Artzney darauß. Dañ weil Menschliche Natur nach dem Fall vnserer ersten Eltern vmb der Erbsünde willen / auch von wegen der täglichen vnnd wircklichen Sünden so viel vnnd mancherley Kranckheit / vñ den Todt selbst vnterworffen ist / so wil sich dennoch Gott der Bußfertigen widervmb erbarmen / vnnd durch das Mittel der Artzeney viel Kranckheiten vnd Leibsschäden gnädiglich vorkommen oder vertreiben / wie geschrie-

 ben

ben stehet / Job. 5. Gott verletzet vnd verbindet / Er zerschmeißt / vnd seine Hand heylet / ꝛc. Item Jac. 5. Jst jemandt kranck / der ruffe zu sich die Eltesten von der Gemein / vnnd lasse sie vber sich betten / vnnd salben mit Oele / in dem Namen deß HERRN / vnnd das Gebett deß Glaubens wird dem Krancken helffen / vnd der HERR wirdt jhn auffrichten / vnnd so er hat Sünde gethan / werden sie jm vergeben seyn. Darnach daß wir auch GOttes Krafft darauß erkennen / vnd jn in seinen Wunderthaten preysen lehrnen / das ist / wie S. Paulus Rom. 1. sagt / Gottes vnsichtbares Wesen / seine ewige Allmächtigkeit vnnd Gottheit darauß ersehen. Welches ist der Geistliche Nutz vñ Brauch / den wir von den schönen / wolgefärbten /

färbten/lieblichen vnd wolriechenden Blümlein vñ kräfftigen Kräutlein oder Gewächsen suchen vnnd nemmen sollen / nemlich/daß wir auß den sichtbaren vnd wolbekandten Creaturen die vnsichtbare vnnd von Natur vnbekandte Geheimnuß vnnd Haußhaltung Gottes zu vnserer Lehr/Trost/Vermahnung vnd Besserung betrachten/vnd daher zur Danckbarkeit / Glauben / Lieb/Hoffnung/Gedult vnd allen Christlichen Tugendten gereitzet werden sollen. Wie vns denn Gott gemeiniglich die Geistliche Artzeney wider die Sicherheit/ Vnglauben/vnd andere Sünde/durch eusserliche Mittel vnnd leibliche Creaturen fürbildet vnnd lehret/ Als Exempels weiß darvon zu reden: Wer schwach vnnd kranck ist an

dem

ben stehet / Job. 5. Gott verletzet vnd verbindet / Er zerschmeißt / vnd seine Hand heylet / ꝛc. Item Jac. 5. Ist jemandt kranck / der ruffe zu sich die Eltesten von der Gemein / vnnd lasse sie vber sich betten / vnnd salben mit Oele / in dem Namen deß HERRN / vnnd das Gebett deß Glaubens wird dem Krancken helffen / vnd der HERR wirdt jhn auffrichten / vnnd so er hat Sünde gethan / werden sie jm vergeben seyn. Darnach daß wir auch GOTtes Krafft darauß erkennen / vnd jn in seinen Wunderthaten preysen lehrnen / das ist / wie S. Paulus Rom. 1. sagt / Gottes vnsichtbares Wesen / seine ewige Allmächtigkeit vnnd Gottheit darauß ersehen. Welches ist der Geistliche Nutz vñ Brauch / den wir von den schönen / wolgefärbten /

färbten / lieblichen vnd wolriechenden Blümlein vnd kräfftigen Kräutlein oder Gewächsen suchen vnnd nemmen sollen / nemlich / daß wir auß den sichtbaren vnd wolbekandten Creaturen die vnsichtbare vnnd von Natur vnbekandte Geheimnuß vnnd Haußhaltung Gottes zu vnserer Lehr / Trost / Vermahnung vnd Besserung betrachten / vnd daher zur Danckbarkeit / Glauben / Lieb / Hoffnung / Gedult vnd allen Christlichen Tugendten gereitzet werden sollen. Wie vns denn Gott gemeiniglich die Geistliche Artzeney wider die Sicherheit / Vnglauben / vnd andere Sünde / durch eusserliche Mittel vnnd leibliche Creaturen fürbildet vnnd lehret / Als Exempels weiß darvon zu reden: Wer schwach vnnd kranck ist an

dem

dem Glauben / vnd mit der Bauch-
sorge angefochten wirt / der schawe
an die Lilien auff dem Felde / wie sie
wachsen / sie arbeiten nicht / auch
spinnen sie nicht / Jch sage euch /
sagt Christus Matth. 6. daß auch
Salomon in aller seiner Herrligkeit
nicht bekleydet gewesen ist / als der-
selbigen eins. So denn Gott das
Graß auff dem Felde also kleydet /
das doch Heut stehet / vnd Morgen
in den Ofen geworffen wird / solt er
das nicht viel mehr euch thun / O
ihr Kleinglaubigen ? Wer an der
Krafft deß Euangelij vnnd seines
schwachen Glaubens zweiffelt / der
bespiegele sich an einem Senffkorn /
welches das kleinest ist vnter allen
Samen / wenn es aber erwächset /
so ist es das grössest vnter dem Köl /
vnd wird ein Baum / daß die Vogel
vnter

vnter dem Himmel kommen / vnd wohnen vnter seinen Zweigen. Vñ höre weiter was Christus saget / Matth. 17. So jhr Glauben habt / als ein Senffkorn / so möget jhr sagen zu disem Berge / Hebe dich von hinnen dorthin / so wird er sich heben / vnd euch wird nichts vnmüglich seyn. Vnd Luc. 17. Wenn jhr Glauben habt als ein Senffkorn / vnd saget zu disem Maulberbaum / reiß dich auß / vnd versetze dich inns Meer / so wirdt er euch gehorsam seyn. Vnd Matth. am 17. Wer mit Stoltz / Hoffart / Vermessenheit vñ Hoffnung langes Lebens angefochten wirdt / der lasse ein Graß auff dem Feldt / das frůe blůet vnd bald welck wirdt / vnd deß Abends abgehauwen wirt vnnd verdorret / seine Doctor vnd Artzet seyn / vnd nem-

me

me mit Danck das Recept Esaiæ 40. an: Alles Fleisch ist Heuw / vnd alle seine Güte ist wie ein Blum auff dem Felde. Das Heuw verdorret / die Blum verwelcket. Denn deß HERRN Geist bläset drein. Item Psal. 90. Das macht dein Zorn / daß wir so vergehen / vnnd dein Grim̃ / daß wir so plötzlich dahin müssen. Also vermanet vns der Weyrauch zum Gebett / der wolriechende Balsam zur Einigkeit / Psal. 133. vnnd kurtz darvon zureden / gleich wie ein jedes Stäudlein vnd Kräutlein / es seye so klein oder groß als es jmmer kan / in der eusserlichen Artzney seine sonderliche Krafft vnnd Wirckung hat / Also hat es auch seine Bedeutung / Nutz vnd Brauch zu der Seelen Artzeney.

Von der leiblichen Artzeney wöllen

len wir jetzund weitläufftiger nicht sagen / dieweil hievon viel vnd grosse Kräuter vnd Artzeney Bücher in offentlichem Truck vorhanden sind. Aber von dem Geistlichen Brauch der Erdtgewächß / Stauden vnnd Kräuter hab ich nie keinen sonderlichen Tractat gesehen / vnd doch allwegen gewündtschet / daß sich etwann ein gelehrter vnnd erfahrner Mann dieser Arbeit vnterstünde / der die heimliche vnd Geistliche Deutung der fürnemmesten Kräuter vnd Gewächß / der H. Göttlichen Schrifft gemäß / zusammen vnnd in ein Ordnung brächte / vnd da sich niemand finden wöllen / hab ich zuletzt den Ehrwirdigen vnd Wolgelehrten Herrn Conradum Roßbach / Pfarrherrn zu S. Johanns Berg in der Wetteraw / vermögt vnd erbetten /

betten / diese Arbeit auff sich zu nemmen / vnnd der Christenheit zu gutem / vnd sonderlich denen / so jhren Lust vnd Freude haben mit Garten / Kräutern / Blumen / vnnd gebrendten Wassern zu nützlicher Erjnnerung / den Anfang machte vnd ein Prob stellete. Welches er auch geleistet / vnd wie vor Augen / zuforderst eines jeden Krauts Krafft vñ Wirckung in der leiblichen Artzeney auß den bewährtesten Kräuterbüchern / darnach auch seine Geistliche Deutung vnd Gebrauch fein kurtz / vnnd darmit es desto annühtiger were / Reimen weiß verfasset.

Dieweil dann mit dieser Arbeit nicht allein mir / sonder vielen gutherzigen / verständigen vnd gelehrten Leuten ein gut Benügen vnnd Wolgefallen geschehen / auch das

Werck den Meister selber loben wirdt / so habich nicht vnterlassen können oder wöllen / dieses wolgerüstete ParadeißGärtlein / mit künstlichen vnnd wolgerissenen Figuren zum besten zugerüstet / in den Truck zuverfertigen / vnd männiglich zu seinem Nutz vnd Christlicher Kurtzweil mitzutheilen / der Hoffnung / es werde jhm jederman / beydes obgemeldtes Herrn Roßbachs wolgemeynte Arbeit / wie auch meinen angewendten zimblichen Kosten / gefallen lassen / vnd sich dessen zu seines Leibes vnd der Seelen Gesundtheit gebrauchen.

Dieses kurtze vnd nützlich Wercklein aber / Ehrn vnd Tugendreiche Frauwen / habich E. E. vnd T. für andern dedicieren vnd zuschreiben wöllen / dieweil nicht allein derer

Gottsforcht / Ehrbarer Wandel vnd Tugendt in der gantzen Stadt wolbekandt vnd berhümet ist: sondern auch mir vnnd meiner lieben Haußfrauwen von E. E. vnnd T. selbsten / vnd dann auch deroselben lieben Voreltern vnd Freunden viel Liebs vnd Guts / Ehr vnd Treuw begegnet vnnd widerfahren. Wie vns dann / Ehr vnnd Tugentreiche Frauw MARGARETHA, noch nicht vergessen / auch nimmermehr vergessen soll / was Gutthaten meiner Ehelichen Haußfrauwen von dem Ehrnvesten vnnd Wolweisen Herrn Georg Newhausen / Weilandt Rahtsverwandten vnnd Schöpffen allhier / E. E. vnnd T. vielgeliebtē Herrn Vattern / da jrer in jhrer Schwachheit vnd Kranckheit nicht als einer Dienerin / Sondern

dern als deß Kinds im Hauß gewartet worden / darzu denn E. E. vnd T. selbsten zu jederzeit mit allerley Handreichung das beste gethan haben. Deßgleichen sind vns auch / Ehr vnd Tugentsame Frauw IVSTINA, von Weiland dem Ehrnvesten Junckherrn Conrad Weissen / Euwer E. vnd T. vielgeliebtes Herrn Brudern / vnnd seiner Haußfrawen seligen / bey dem wir vnsern Christlichen Kirchgang mit einander gehalten / vor / in vnd nach der Hochzeit viel Gutthaten bewiesen vnd erzeigt worden.

Weil dann / Ehr vnd Tugendthaffte Frawen / wir beyde gegen E. E. vnd T. weiland vielgeliebte Eltern vnd Freunde (dieweil sie nunmehr in Christo seliglich entschlaffen) vns / wegen oberzehlten Wol vnnd Gutthaten nicht danckbar haben erzeigen können: Als haben wir gleichwol je vnd allweg auff Mittel vnd wege gedacht / wie wir vnser danckbares vnd wolgemeyntes Gemüht mit etwas gegen E. E. vnd T. als noch lebende nechste Gefreundinnen / erklärten vnd erzeygten: Habe demnach E. E. vnnd T. ich gegenwertiges geringschätziges Kräuterbüchlein oder Paradeiß-Gärtlin vor andern sampt vnd sonders dedicieren vnd verehren wöllen / vnterdienstlich bittende / E. E. vnd T. wöllen es zu günstigem Gefallen von mir auff vñ annemmen / den Willen für die Werck erkennen / vnnd mein danckbarlichs Gemüht darauß prüfen: Ferrner auch Meiner vnd der meinen zum besten eingedenck seyn vñ bleiben. Thue hiermit

mit E. E. vnd T. beneben deroselben vielgeliebten / wie auch meinen Großgünstigen gebietenden Herrn / sampt allen jhren Haußgenossen / in den gnädigen Schutz vnd Schirm deß Allmächtigen empfelen. Datum Franckfurt am Mayn / auff deß H. Apostels Matthiæ Tag / welcher war der 25. Februarij / im Jahr / nach der Gnadenreichen Menschwerdung vnsers einigen Erlösers vnnd Seligmachers Jesu Christi / M. D. LXXXVIII.

E. E. vnd T.

Allzeit Williger

Johann Spieß / Bürger vnd Buchtrucker daselbst.

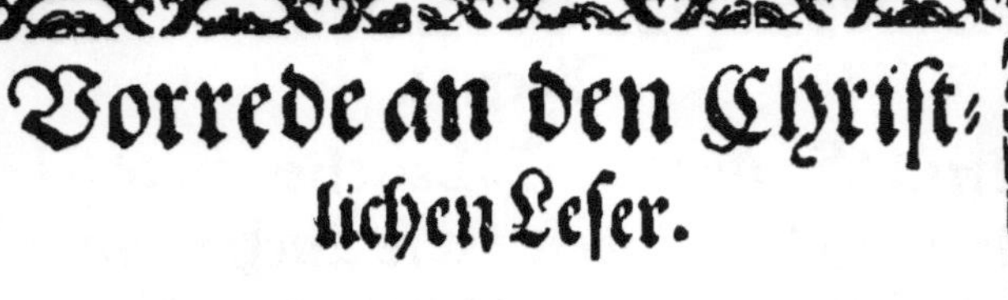

Vorrede an den Christlichen Leser.

DIß Büchlein dir viel Kräutlein zeigt/
Zu Leib vnnd Seel gar schön bereit.
Sehr nützlich es zu lesen ist/
So jemandts etwa Rahts gebrist/
Die zeit hiemit vertreiben kan
Ein jeder/ der es thut verstahn/
Drumb magst diß Büchlein brauchen bald/
Zur Feldt Spatzierung vnnd im Wald/
Vnd magst es lesen wol mit fleiß/
Viel guter Ding kanst werdē weiß/
Hie findstu solche Kräuter stehn/
Die alle Menschen fast angehn/
Viel guter Kräuter es dir nennt/
Wol dem der sie recht Geistlich kennt/

Zům

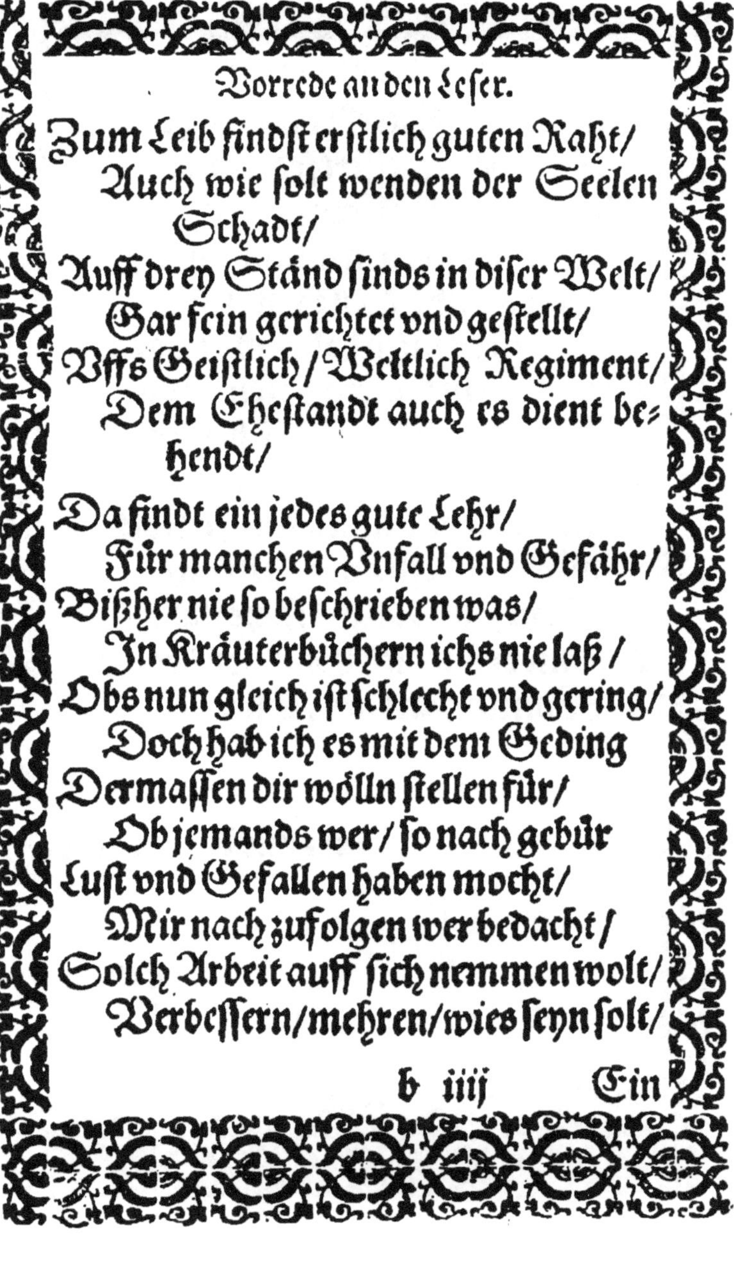

Zum Leib findst erstlich guten Raht/
Auch wie solt wenden der Seelen Schadt/
Auff drey Ständ sinds in diser Welt/
Gar fein gerichtet vnd gestellt/
Vffs Geistlich/Weltlich Regiment/
Dem Ehestandt auch es dient behendt/
Da findt ein jedes gute Lehr/
Für manchen Vnfall vnd Gefähr/
Bißher nie so beschrieben was/
In Kräuterbüchern ichs nie laß/
Obs nun gleich ist schlecht vnd gering/
Doch hab ich es mit dem Geding
Dermassen dir wölln stellen für/
Ob jemands wer/so nach gebür
Lust vnd Gefallen haben mocht/
Mir nach zufolgen wer bedacht/
Solch Arbeit auff sich nemmen wolt/
Verbessern/mehren/wies seyn solt/

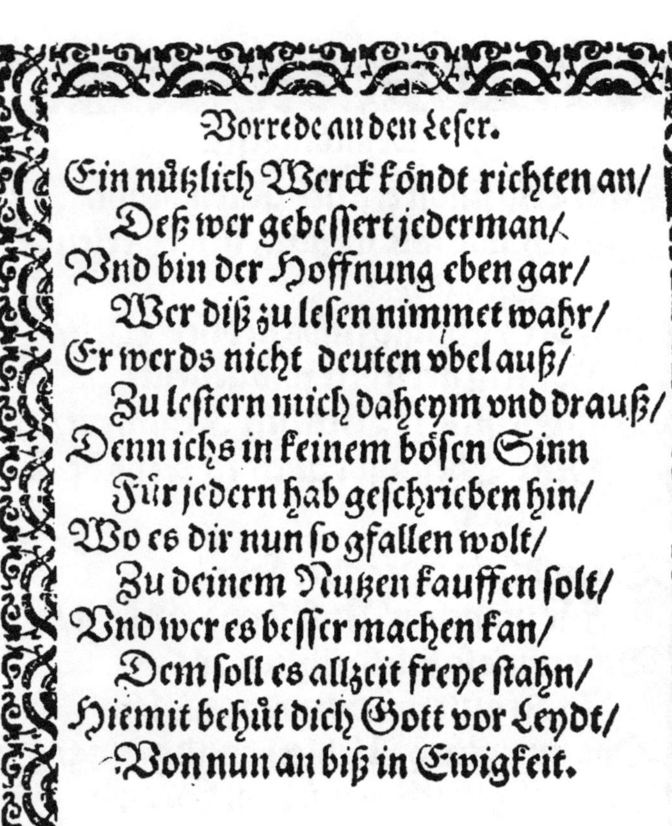

Vorrede an den Leser.

Ein nützlich Werck köndt richten an/
Deß wer gebessert jederman/
Vnd bin der Hoffnung eben gar/
Wer diß zu lesen nimmet wahr/
Er werds nicht deuten vbel auß/
Zu lestern mich daheym vnd drauß/
Denn ichs in keinem bösen Sinn
Für jedern hab geschrieben hin/
Wo es dir nun so gfallen wolt/
Zu deinem Nutzen kauffen solt/
Vnd wer es besser machen kan/
Dem soll es allzeit freye stahn/
Hiemit behüt dich Gott vor Leydt/
Von nun an biß in Ewigkeit.

Conradus Rosbach F.

Regi-

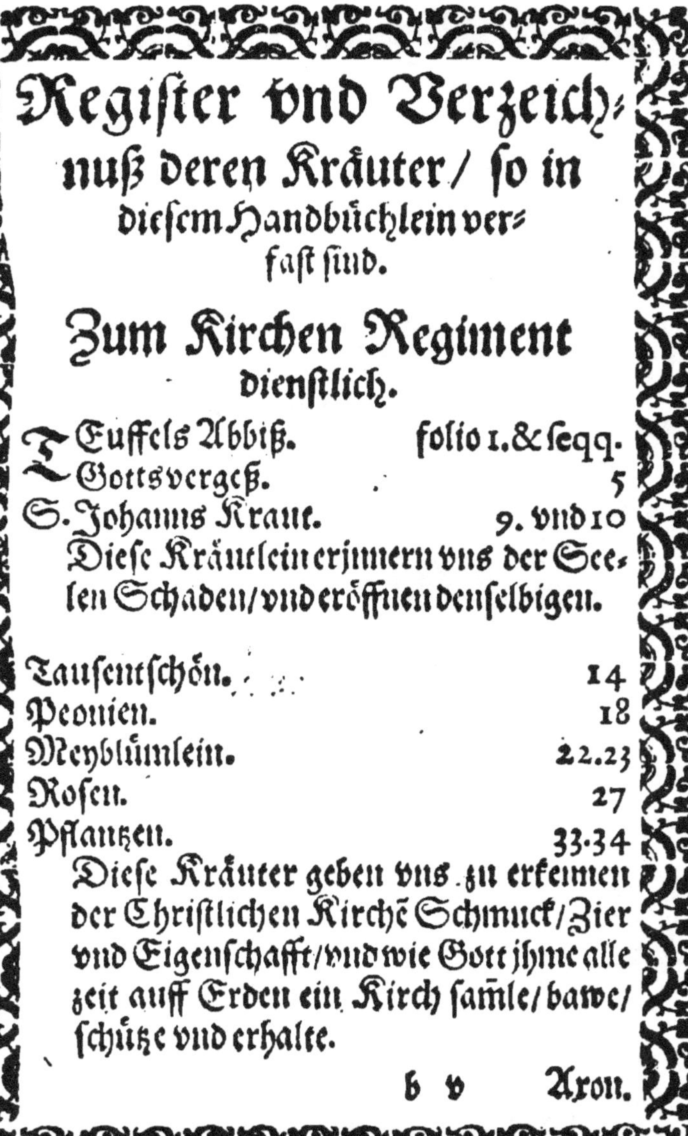

Register vnd Verzeichnuß deren Kräuter/ so in diesem Handbüchlein verfast sind.

Zum Kirchen Regiment dienstlich.

Diese Kräutlein erjnnern vns der Seelen Schaden/ vnd eröffnen denselbigen.

Diese Kräuter geben vns zu erkennen der Christlichen Kirchē Schmuck/ Zier vnd Eigenschafft/ vnd wie Gott jhme allezeit auff Erden ein Kirch samle/ bawe/ schütze vnd erhalte.

Register.

Dreyfal-

Register.

Hunds-

Register.

Zum Hauß Regiment dienstliche Kräuter.

vnd

Zum Politischen Regiment dienstliche Kräuter.

Kräutter

Kräutter zum Kirchen Regiment dienstlich/ vnd erstlich folget das Kräutlein Abbiß/ sampt seiner Natur vnd Deutung:

I.

Teuffels Abbiß.

PSAL. XIIII.

Sie sind alle abgewichen/ vnd alle sampt vntüchtig worden/ da ist keiner der guts thue/ auch nicht einer.

Leibliche Nutz vnd Wirckung.

DJß Kräutlein Abbiß wirt genannt/
Den Artzten ziemlich wol bekannt/
Zu viel Schäden Menschliches Leibs
Gebrauchet wirdt/ beyd Manns vnnd Weibs.

Die Gifft vnd Pestileintz vertreibt/
Die enge Brust vmbs Hertz macht weit.

Das geronnen Blut von stossen/falln/
Vertreibt die Wurtz von Gliedern alln/

Das

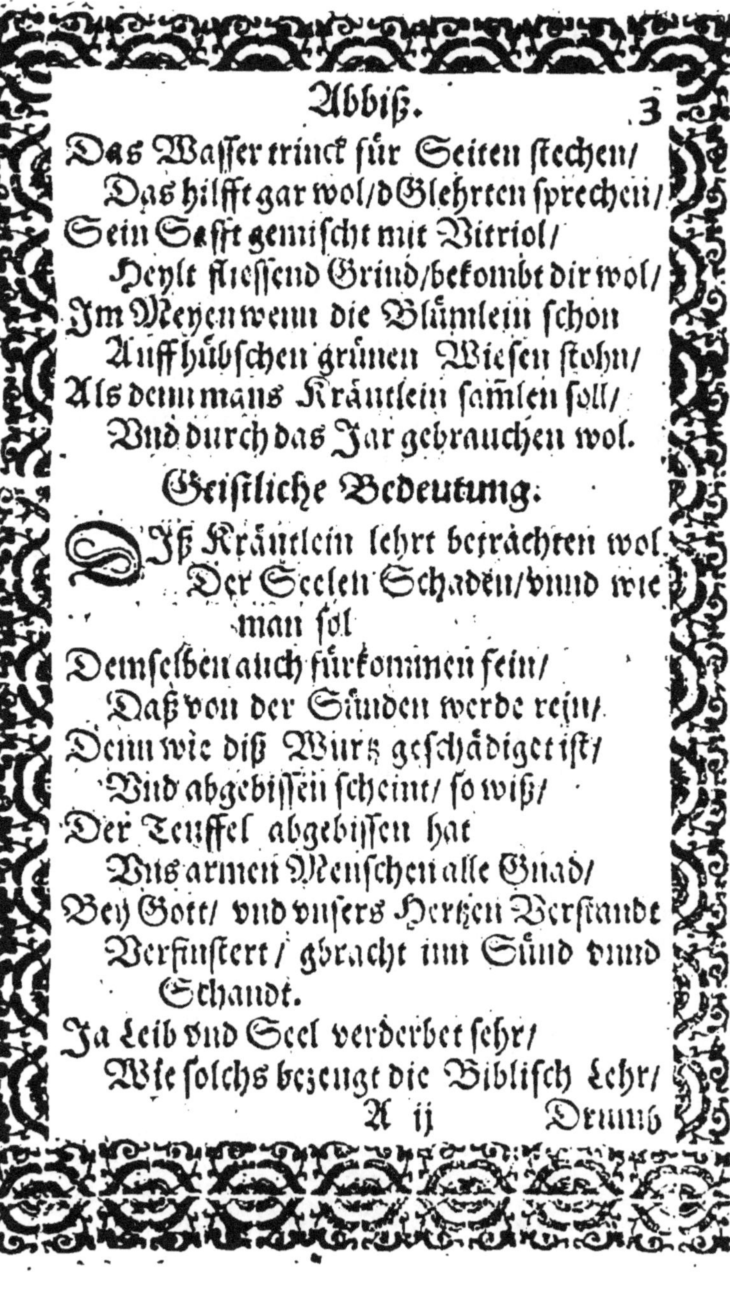

Das Wasser trinck für Seiten stechen/
Das hilfft gar wol/d Glehrten sprechen/
Sein Safft gemischt mit Vitriol/
Heylt fliessend Grind/bekombt dir wol/
Im Meyen wenn die Blümlein schon
Auff hübschen grünen Wiesen stohn/
Als denn mans Kräutlein samlen soll/
Und durch das Jar gebrauchen wol.

Geistliche Bedeutung.

Diß Kräutlein lehrt betrachten wol
Der Seelen Schaden/vnnd wie man sol
Demselben auch fürkommen fein/
Daß von der Sünden werde rein/
Denn wie diß Wurtz geschädiget ist/
Und abgebissen scheint/ so wiß/
Der Teuffel abgebissen hat
Vns armen Menschen alle Gnad/
Bey Gott/ vnd vnsers Hertzen Verstande
Verfinstert/ gbracht inn Sünd vnnd Schandt.
Ja Leib vnd Seel verderbet sehr/
Wie solchs bezeugt die Biblisch Lehr/

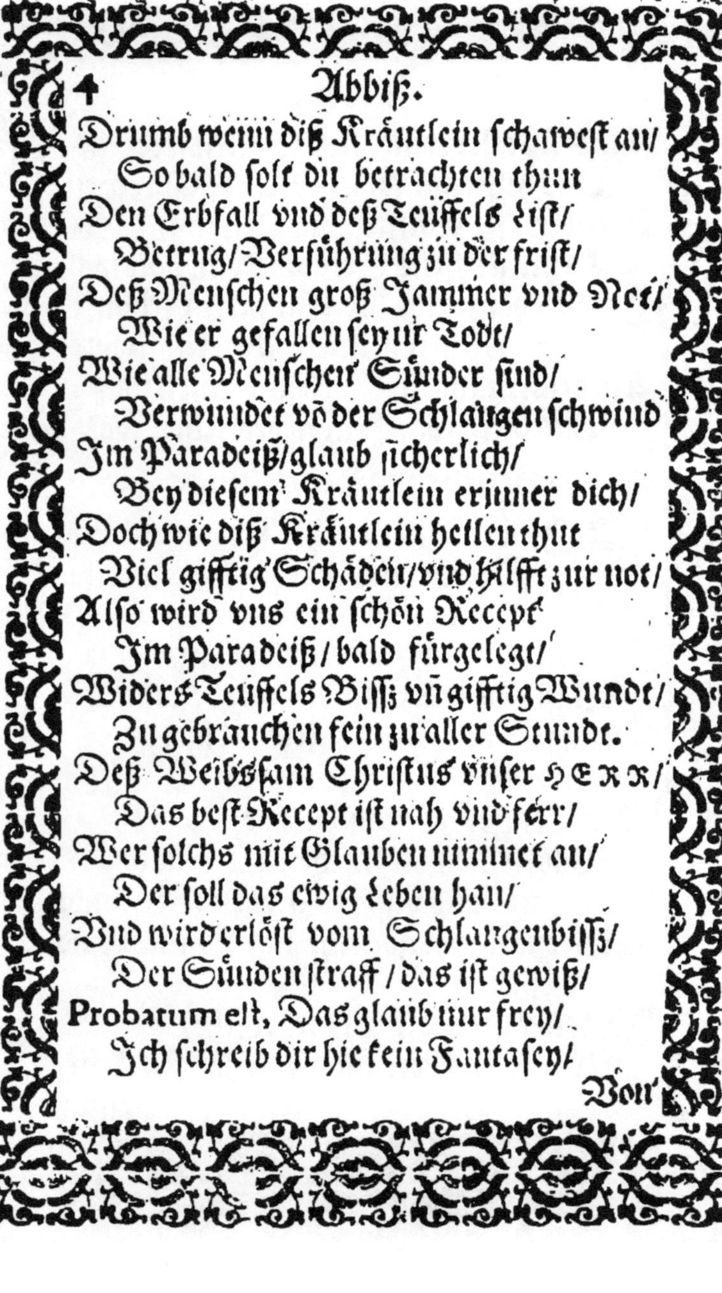

Drumb wenn diß Kräutlein schawest an/
So bald solt du betrachten thun
Den Erbfall vnd deß Teuffels List/
Betrug/Verführung zu der frist/
Deß Menschen groß Jammer vnd Not/
Wie er gefallen sey in Todt/
Wie alle Menschen Sünder sind/
Verwundet võ der Schlangen schwind
Im Paradeiß/glaub sicherlich/
Bey diesem Kräutlein erjnner dich/
Doch wie diß Kräutlein hellen thut
Viel gifftig Schäden/vnd hilfft zur not/
Also wird vns ein schön Recept
Im Paradeiß/bald fürgelegt/
Widers Teuffels Bisß vñ gifftig Wunde/
Zu gebrauchen fein zu aller Stunde.
Deß Weibssam Christus vnser HERR/
Das best Recept ist nah vnd ferr/
Wer solchs mit Glauben nimmet an/
Der soll das ewig Leben han/
Vnd wird erlöst vom Schlangenbisß/
Der Sünden straff/das ist gewiß/
Probatum est, Das glaub nur frey/
Ich schreib dir hie kein Fantasey/

Von

Von Himmel kam vns solchs Recept/
Das wird vns täglich fürgelegt/
Gott geb vns das zu erkennen recht/
So wird der Seelschad werdē schlecht.

Gotts Vergeß.

Genes. 2.

Vnnd Gott der HERR gebott dem Menschen/ vnd sprach: Du solt essen von allerley Bäumen im Garten/ Aber von dem Baum deß Erkänntnuß guts vnd böß solt du nicht essen/ denn welchs tags du davon jssest/ solt du deß Tods sterben.

PSAL. L.

Mercket doch das/ die jr Gottes vergesset/ daß ich nicht einmal hinreiß/ vnd sey kein Retter mehr da.

Leibliche Wirckung.

SChwartz Andron sonst diß
Kraut man nennt/
Den Kräutter Weibern wol
bekennt/

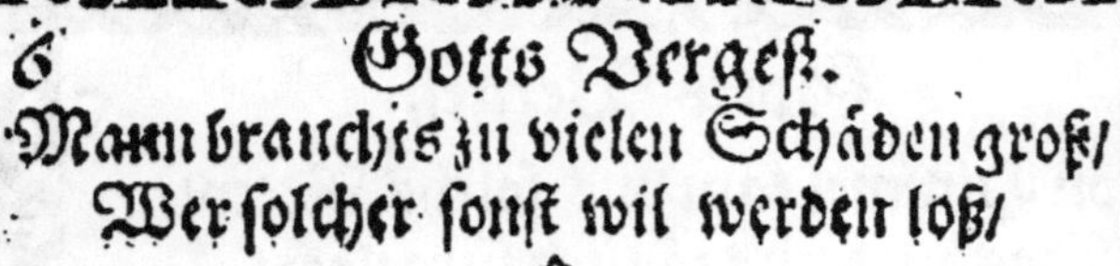

Mann brauchts zu vielen Schäden groß/
Wer solcher sonst wil werden loß/

Es dissolviert/eröffnet fein
Verstopffung/so im Leib mag seyn/
Fürn Husten/Darmsucht braucht mans
sehr/
Mit Süßholtz/Fenchel gesotten mehr/

Fürs

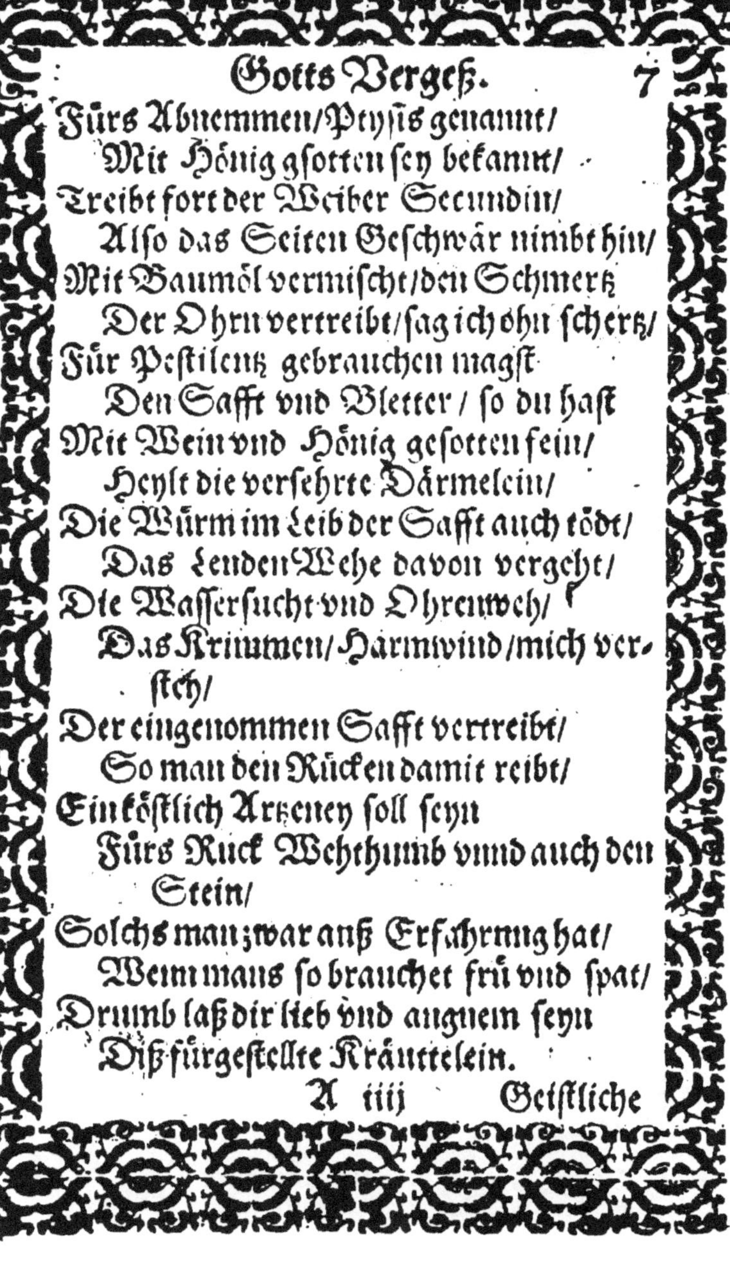

Fürs Abnemmen/ Ptysis genannt/
Mit Hönig gsotten sey bekannt/
Treibt fort der Weiber Secundin/
Also das Seiten Geschwär nimbt hin/
Mit Baumöl vermischt/ den Schmertz
Der Ohrn vertreibt/ sag ich ohn schertz/
Für Pestilentz gebrauchen magst
Den Safft vnd Bletter / so du hast
Mit Wein vnd Hönig gesotten fein/
Heylt die versehrte Därmelein/
Die Würm im Leib der Safft auch tödt/
Das Lenden Wehe davon vergeht/
Die Wassersucht vnd Ohrenweh/
Das Krimmen/ Harmwind/ mich verstech/
Der eingenommen Safft vertreibt/
So man den Rücken damit reibt/
Ein köstlich Artzeney soll seyn
Fürs Ruck Wehthumb vnnd auch den Stein/
Solchs man zwar auß Erfahrung hat/
Wenn mans so brauchet frü vnd spat/
Drumb laß dir lieb vnd angnem seyn
Diß fürgestellte Kräntzelein.

Geistliche Bedeutung.

Bey diesem Kräutlein Gotts Vergeß/
Erinner dich/ wie arg vnd böß
Wir alle worden sind zugleich/
Da Gotts Vergeß in Adam schleich/
Im Paradeiß kam er in Noht/
Führt vber vns den bittern Todt.
Solch Art fürwar vnd böß Natur/
In vielen steckt noch für vnd für/
Daß sie vergessen aller Ehr/
Auch Gottes Worts/ vnnd was sonst mehr
In heiliger Schrifft vermeldet wirdt/
Beym mehrer theil man solches spürt/
Solch Gotts Vergeß bringt bösen Lohn/
Es sey an Vatter oder Sohn/
Es gescheh von Armen oder Reich/
Drumb ich vermahne all zu gleich/
Weil Gott sein Wort vns stellet für/
Vnd lästs vns predigen für der Thür/
Läßt vns dardurch anbieten fein
Groß Güter vnd den Segen sein/
Daß wirs nicht stellen in Vergeß/
Dardurch wir werden Teuffels Gfeß/
Denn

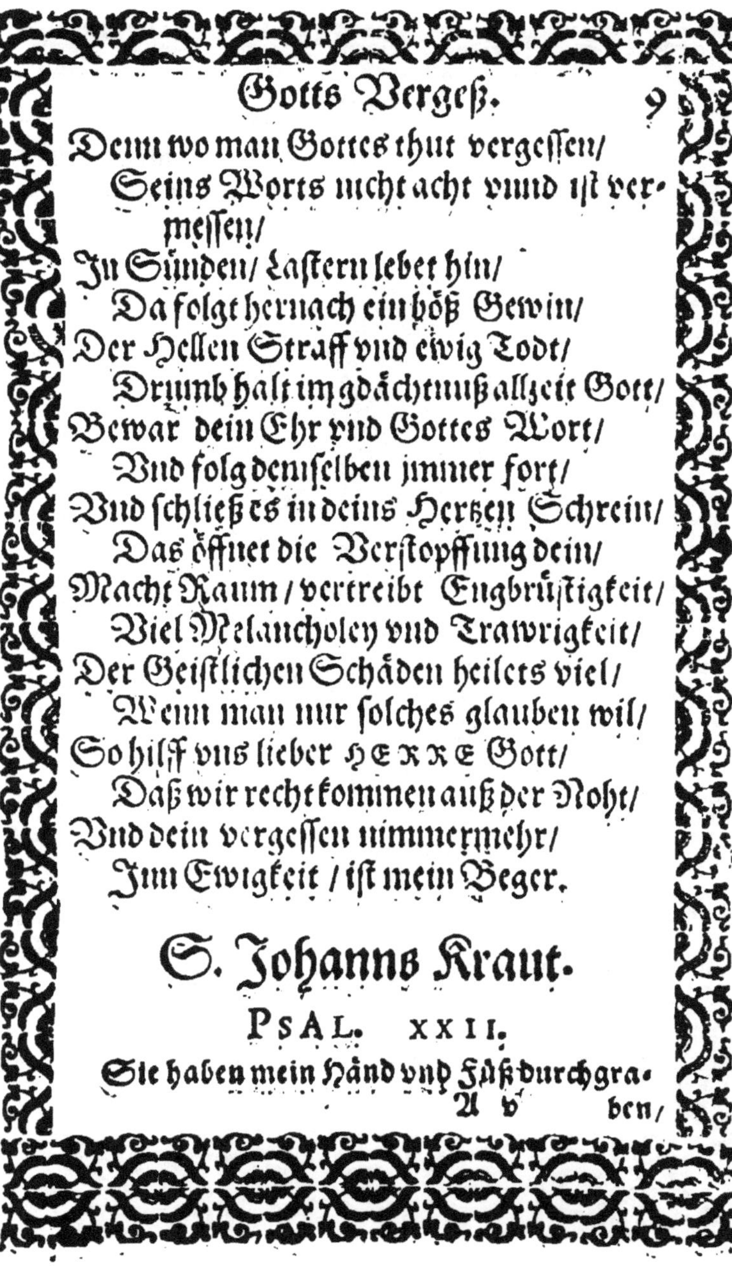

Denn wo man Gottes thut vergessen/
Seins Worts nicht acht vnnd ist ver-
messen/
In Sünden/ Lastern lebet hin/
Da folgt hernach ein böß Gewin/
Der Hellen Straff vnd ewig Todt/
Drumb halt im gdächtnuß allzeit Gott/
Bewar dein Ehr vnd Gottes Wort/
Vnd folg demselben jmmer fort/
Vnd schließ es in deins Hertzen Schrein/
Das öffnet die Verstopffung dein/
Macht Raum / vertreibt Engbrüstigkeit/
Viel Melancholey vnd Trawrigkeit/
Der Geistlichen Schäden heilets viel/
Wenn man nur solches glauben wil/
So hilff vns lieber HERRE Gott/
Daß wir recht kommen auß der Noht/
Vnd dein vergessen nimmermehr/
Jnn Ewigkeit / ist mein Beger.

S. Johanns Kraut.

PSAL. XXII.

Sie haben mein Händ vnd Füß durchgra-

ben/ Jch möchte all mein Gebein zehlen/
Sie aber schawen vnd sehen lust an mir.

Leibliche Wirckung.

HArt Hew pflegt mann diß
Kraut zu nennen/ (stehn/
An dürren Reyn findt man es

S. Jo-

S. Johanns Kraut auch vnnd Teuffels
flug/
Viel Aberglaubens vnd Vnfug/
Mit Kräutern Weiber treiben thun/
Bekommen endlich bösen Lohn.
Drumb laß den Aberglauben fahrn/
Zur Artzeney es nicht thue sparn/
Denn es sehr dienstlich ist fürwar/
Zů vieln Gebrechen Leibs Gefahr/
Zur bösen Leber/ vnrein Niern/
Vnd die das Feber thut berhürn/
Soll man es sieden allzu wol/
Zur Lendensucht mans brauchen soll/
Es kühlt vnd reiniget / führet auß
Viel Vnraths durch den Harm hin-
nauß/
Den Frawen bringts jr Blume zeit/
So man den Samen jn eingeit/
Mit Wein sollens einnemen baldt/
Das bringt sie zu einer andern gestallt/
Im Leib Vergifftung es hinnimbt/
Den Lebersüchtigen wol bekömbt/
Fürs Gicht man es auch brauchen mag/
Zwey Loth getruncken alle tag/

Hilfft

Hilfft für den Schlag also gebraucht/
Hinfallend Sucht verhütets auch/
Drey Loth all Morgen getruncken eyn/
Soll ein gut Preservatiffe seyn/
Für Zauberey vnd Teuffels Gespenst/
Das helffen soll/ wie vielleicht wehnst/
Mag in d Natur gepflantzet seyn/
Den Physicis solchs stelle heym/
Deß Teuffels List/ Schreck vnd Betrug
Vertreibt/ ein anderer darnach lug/
Kraut/ Palmen/ Wasser hoch geweiht/
Den Teuffel gwiß gar nicht vertreibt.

Geistliche Wirckung.

WEr seiner Seelen Schad empfindt/
Desselben eben wol warnimpt/
Demselben thut auch Hülffe not/
Zu suchen bald vmb guten Raht/
Da zeiget dir diß Kräutteleiu/
Die Artzeney mit seinem Schein/
Welchs Bletter all durchlöchert sindt/
Durchstochen gerad man so befindt/
Solchs also bald erinnert dich/
Wie Gottes Son/ glaub sicherlich/
Durch=

Durchstochen sey ans Creutzes Stamm/
Da auffgeopffert wie ein Lamb/
Sein heiligs Haupt mit scharpffen Dorn
Durchbort/gestochen hinden vnd forn/
Sein Händ vnd Füß/der gantze Leib
Zergeisselt/vnd mit zerstochen Seit/
Am Creutz er starb für vnsere Sünd/
Deß Todts vnd Teuffels Macht hinnimpt/
Sein Blut/welchs auß den Wunden sein
Herfleußt/dient für der Hellen Pein/
Mit diesem Safft gesprengt das Hertz/
Im rechtem Glauben/vertreibt ohn Schertz
Deß Teuffels Gespenst frey vberall/
Drumb man sich damit zeichnen soll.

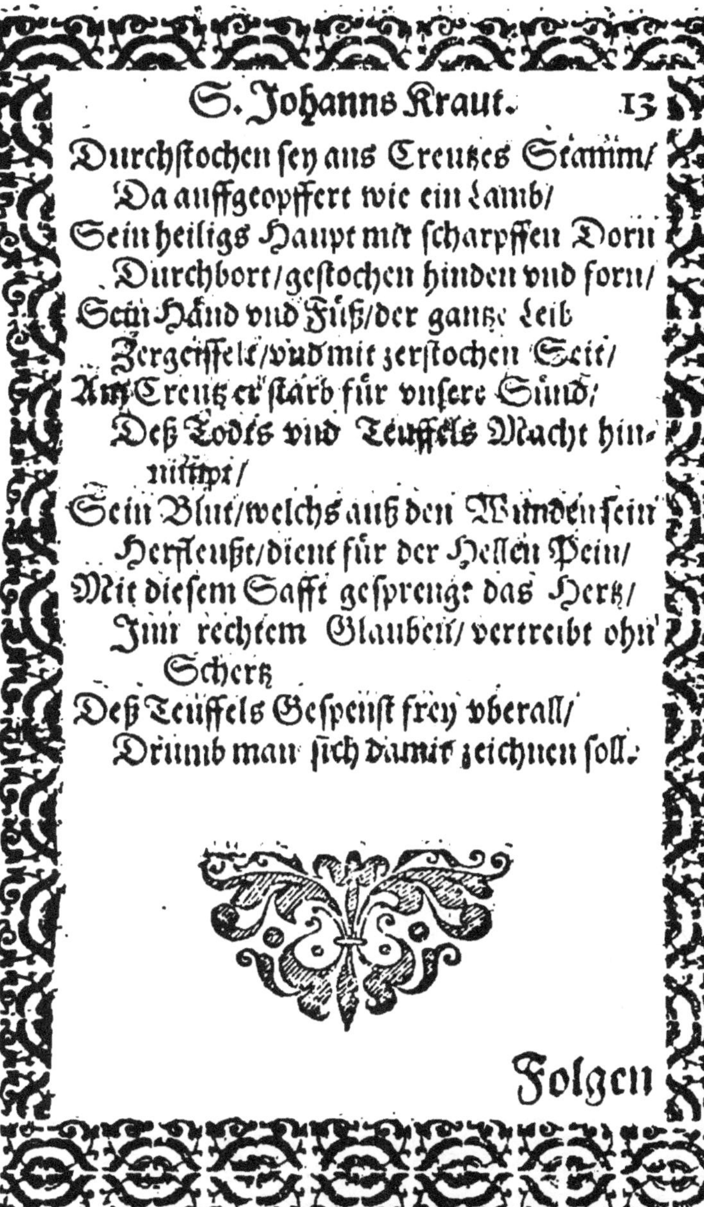

Folgen

Folgen Kräutter zum Kirchen Regiment dienstlich/ vnd geben zu erkennen/ der Christlichen Kirchen Schmuck vnd Eigenschafft.

Tausent Schön.

Floronnor.

PSAL. XLV.

Du bist der schönst vnter den Menschen Kindern / Holdselig sind deine Lippen/ drumb segnet dich Gott ewiglich.

Deß Königs Tochter ist gantz herrlich inwendig/ Sie ist mit Gülden stücken bekleidet/ Ibidem.

Leibliche Würckung.

Ein lustig Purpur rote Blum/
In Gärten hat sie jren Rhum/
Ein schöne Zier der Mägdelein/
Wenn sies brauchen zu Kräntzelein/

Zu

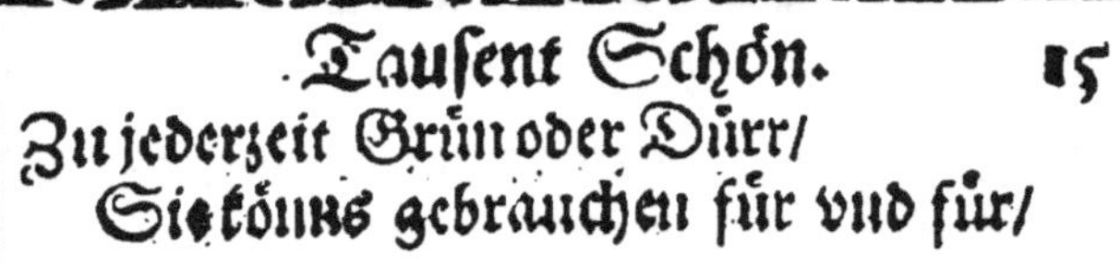

Zu jederzeit Grün oder Dürr/
Sie könns gebrauchen für vnd für/

Vñ bringt den Jungfrawn freud vñ mut/
Das Kraut zerknitscht / zertheilt böß Blut/
In Wein gesötten Stuelgang bringt/

So man denselben warm einnimpt/
Sein Wurtzel heilt die böse Zeen/
Gekeuwet wol/soll bald vergehn/

Von

Von Hitz entstanden ist der Schmertz/
So kühlt sie die ohn allen Schertz/
Für Hitz davon ein Salb bereit/
Mit Meybutter/ist mein Bescheidt/
Wo sich dieselb am Leib erhebt/
Schmier dich damit es bald vergeht/
Das Kraut/die Wurtzel vnd die Blum/
Zum Mutterweh gebräucht hierumb/
Die Weiber ziehens desto mehr
In jren Gärten für gefehr/
Auch die jre Milch vermehren wolln/
In Brüsten dieses gebrauchen solln.

Geistliche Wirckung.

DJß schön Gewechß vnd Garten Zier/
Die Christlich Kirche bildet für/
Denn diese schön gezieret ist
Mit einer Blum/heist Jesus Christ/
Diß Blum gibt von sich Krafft/Geruch/
So man sie recht im Glauben sucht/
Die gantze Kirch auff Erden deckt
Mit seinen Blettern/ vnd abschreckt/
All jre Feind vertilgend bald/
So sich widerlegen mannigfalt/

Der

Der Geruch vnd Krafft/ so von jr geht/
Ist Gottes Wort/ welchs ewig steht/
Das gibt dem blöden Hertzen Krafft/
Mit Sünden welches ist behafft/
Erquickt vnd tröst dasselbig fein/
Widers Teuffels Gwalt vnd Hellenpein/
Regiert die gantze Christenheit/
Vnd richt sie auff in jhrem Leydt/
Sein Geruch geht durch die gantze Welt/
Obs gleich dem Teuffel nicht gefellt/
Doch gehts on Creutz vnd Blut nicht ab/
Bedeut die Purpur rote Farb/
An dieser Blumen halt fürwar/
Die Christlich Kirch steht in Gefahr/
Wie Christus selbst mit seinem Blut
Bezeuget hat vnd roter Flut/
Das ist der Kirchen Rhum vnnd Preiß/
Wenns gezieret wirdt auff solche weiß/
Darumb geb man sich nur willig drein/
Es kan allhie nicht anders seyn/
Wer Recht im Glauben frey außhelt/
Zum ewigen Leben ist erwehlt.

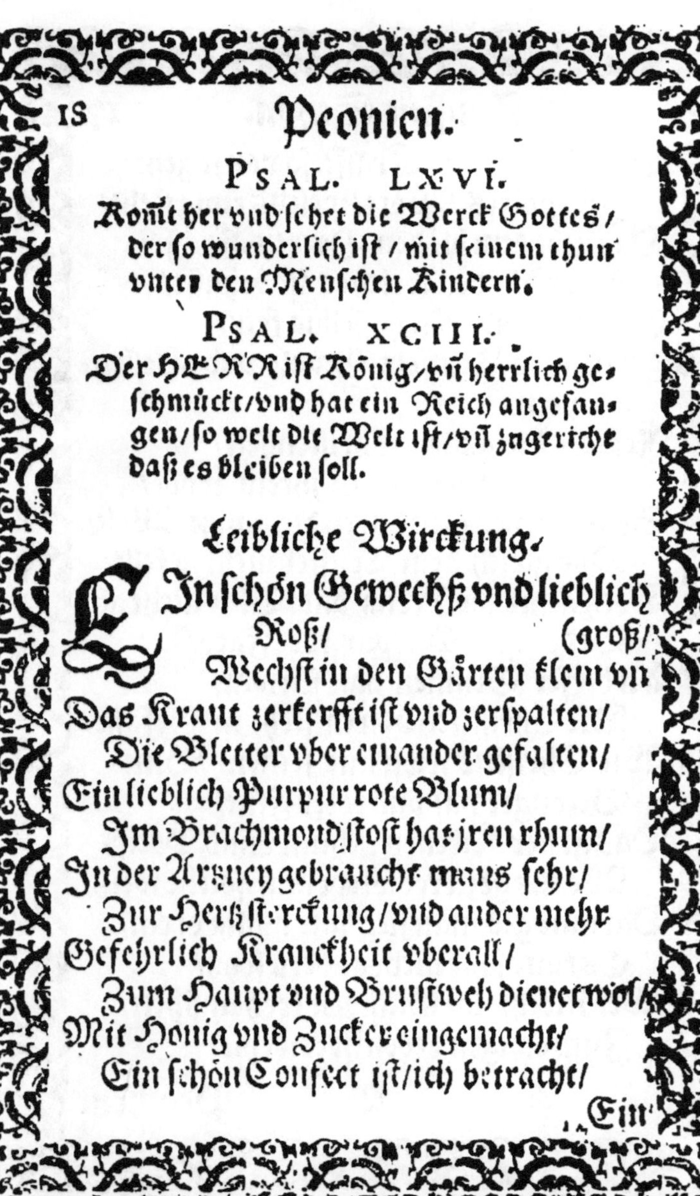

Peonien.

PSAL. LXVI.

Komt her vnd sehet die Werck Gottes / der so wunderlich ist / mit seinem thun vnter den Menschen Kindern.

PSAL. XCIII.

Der HERR ist König / vñ herrlich geschmückt / vnd hat ein Reich angefangen / so weit die Welt ist / vñ zugericht dass es bleiben soll.

Leibliche Wirckung.

EIn schön Gewechß vnd lieblich Roß/
Wechst in den Gärten klein vñ groß/
Das Kraut zerkerfft ist vnd zerspalten/
Die Bletter vber einander gefalten/
Ein lieblich Purpur rote Blum/
Im Brachmond stost hat jren rhum/
In der Artzney gebraucht mans sehr/
Zur Hertzsterckung / vnd ander mehr
Gefehrlich Kranckheit vberall/
Zum Haupt vnd Brustweh dienet wol/
Mit Honig vnd Zucker eingemacht/
Ein schön Confect ist / ich betracht/

Ein

Peonien.

Ein jede Blum ein Schutt zwo/drey/
Herbringt/darinn der Same frey

Verborgen lig[illegible] lange zeit/
Biß sich die [illegible]chutt eröffnet weit/
Die Körner ligen nach der Rey/
Die hebt man auff zur Artzney/

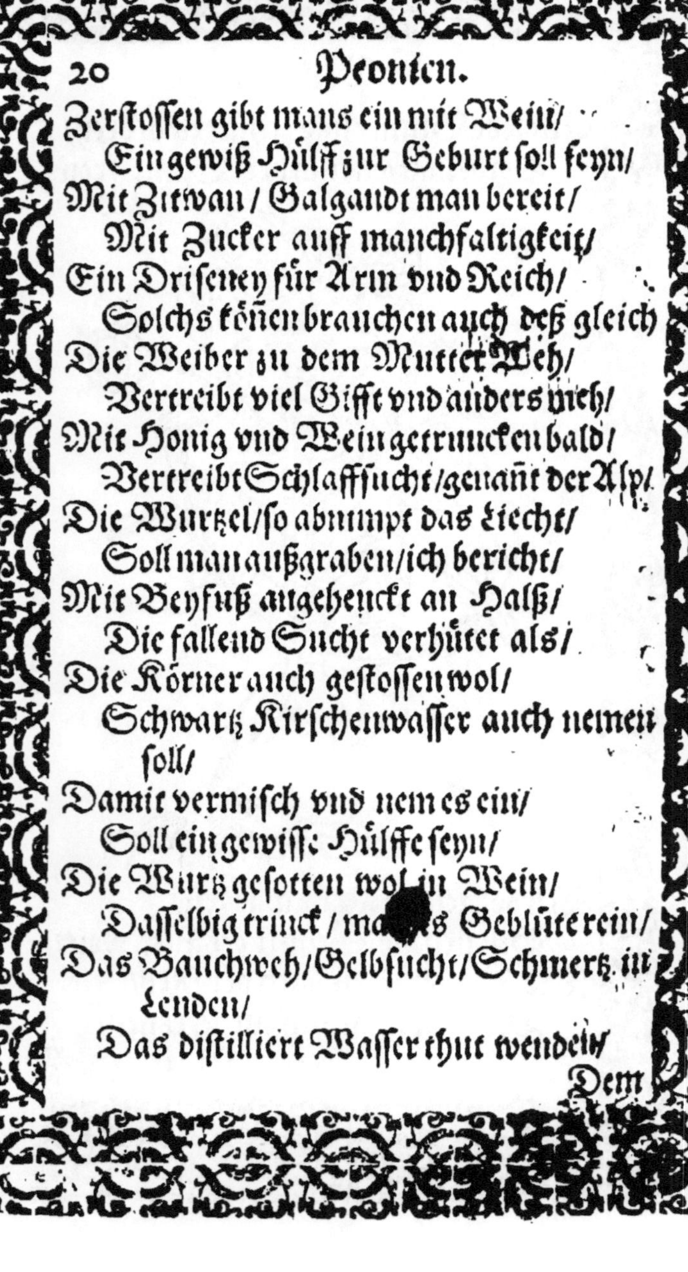

Zerstossen gibt mans ein mit Wein/
Ein gewiß Hülff zur Geburt soll seyn/
Mit Zitwan / Galgandt man bereit/
Mit Zucker auff manchfaltigkeit/
Ein Driseney für Arm vnd Reich/
Solchs köñen brauchen auch deß gleich
Die Weiber zu dem Mutter Weh/
Vertreibt viel Gifft vnd anders meh/
Mit Honig vnd Wein getruncken bald/
Vertreibt Schlaffsucht/genañt der Alp/
Die Wurtzel/so abnimpt das Liecht/
Soll man außgraben/ich bericht/
Mit Beyfuß angehenckt an Halß/
Die fallend Sucht verhütet als/
Die Körner auch gestossen wol/
Schwartz Kirschenwasser auch nemen soll/
Damit vermisch vnd nem es ein/
Soll ein gewisse Hülffe seyn/
Die Wurtz gesotten wol in Wein/
Dasselbig trinck / ma[illegible]s Geblüte rein/
Das Bauchweh/Gelbsucht/Schmertz in Lenden/
Das distilliert Wasser thut wenden/

Dem

Dem Hertzen gibt es Krafft vnd Macht/
Drumb in der Not diesem nachtracht.

Geistliche Wirckung.

DJß schön Gewechß abbildet dir
Die Christlich Kirch mit jrer zier/
Denn wie diß Kraut vnd Steugel zart/
Gantz Rötlicht auß der Erden fahrt/
Vnd Purpur röt sein Blumen bringt/
Die man zu vielen Gebrechen nimpt/
Also wechst auff die Christlich Kirch/
Besteht/vergeht gleich wie ein Pferch/
Jm Felde allzeit erwarten muß
Viel Vngewitter/Vnfall groß/
Also die Christlich Kirch mit Blut
Gesprenget wird auff Erden gut/
Die Blutrot Farb die Hoffarb ist
Jrs Haupts vñ HERREN Jesu Christ/
So wie die gelen Feselein
Gantz lieblich auff den Blumenschein/
Also deß Heyligen Geistes Krafft
Bey glaubigen Christen nutzen schafft/
Mit seinen Gaben zieret schon/
Jn Todt vnd Noth thut jn beystohn/

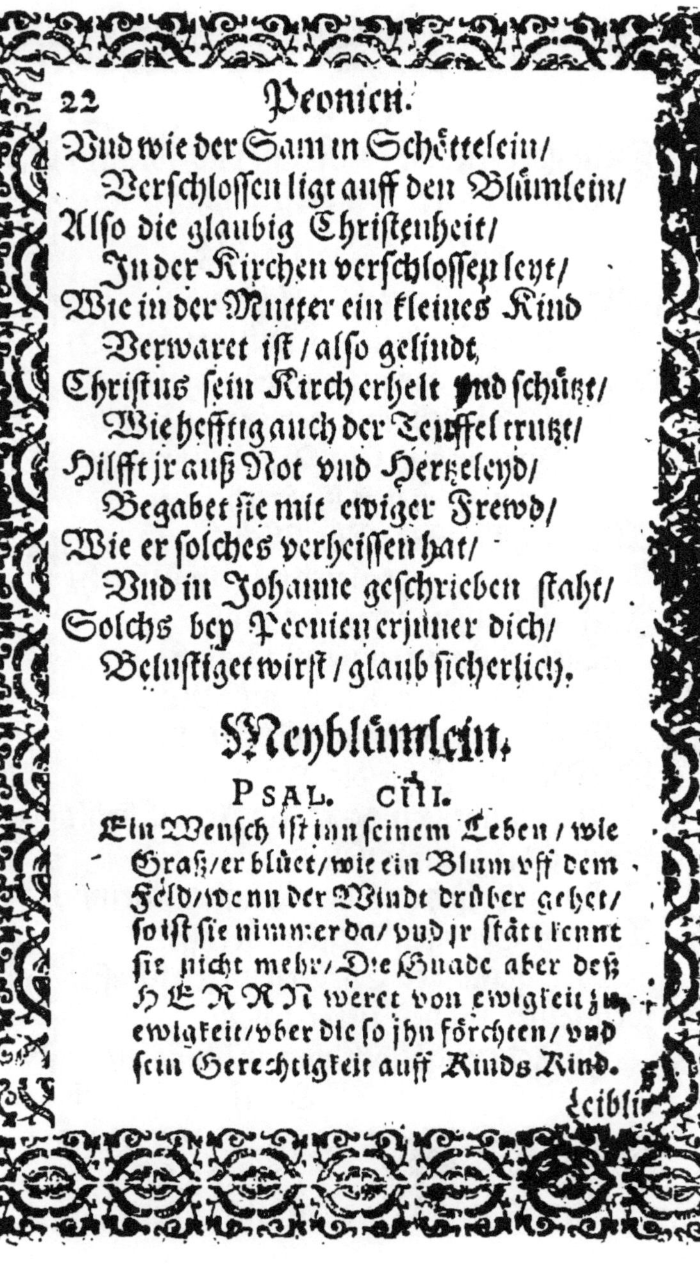

Vnd wie der Sam in Schöttelein/
Verschlossen ligt auff den Blümlein/
Also die glaubig Christenheit/
In der Kirchen verschlossen leyt/
Wie in der Mutter ein kleines Kind
Verwaret ist/also gelindt,
Christus sein Kirch erhelt vnd schützt/
Wie hefftig auch der Teuffel trutzt/
Hilfft jr auß Not vnd Hertzeleyd/
Begabet sie mit ewiger Frewd/
Wie er solches verheissen hat/
Vnd in Johanne geschrieben staht/
Solchs bey Peonien erjnner dich/
Belustiget wirst/glaub sicherlich.

Meyblümlein.

PSAL. CIII.

Ein Mensch ist inn seinem Leben/wie Graß/er blüet/wie ein Blum vff dem Feld/wenn der Windt drüber gehet/ so ist sie nimmer da/vnd jr stätt kennt sie nicht mehr/Die Gnade aber deß HERRN weret von ewigkeit zu ewigkeit/vber die so jhn förchten/vnd sein Gerechtigkeit auff Kinds Kind.

Leibli

Leibliche Wirckung.

DJß Kräutlein ist gezieret fein/
Mit schön wolriechend Blümelein/
Kräfftiger Art/besser denn Goldt/
Ein Wasser davon bereiten solt/

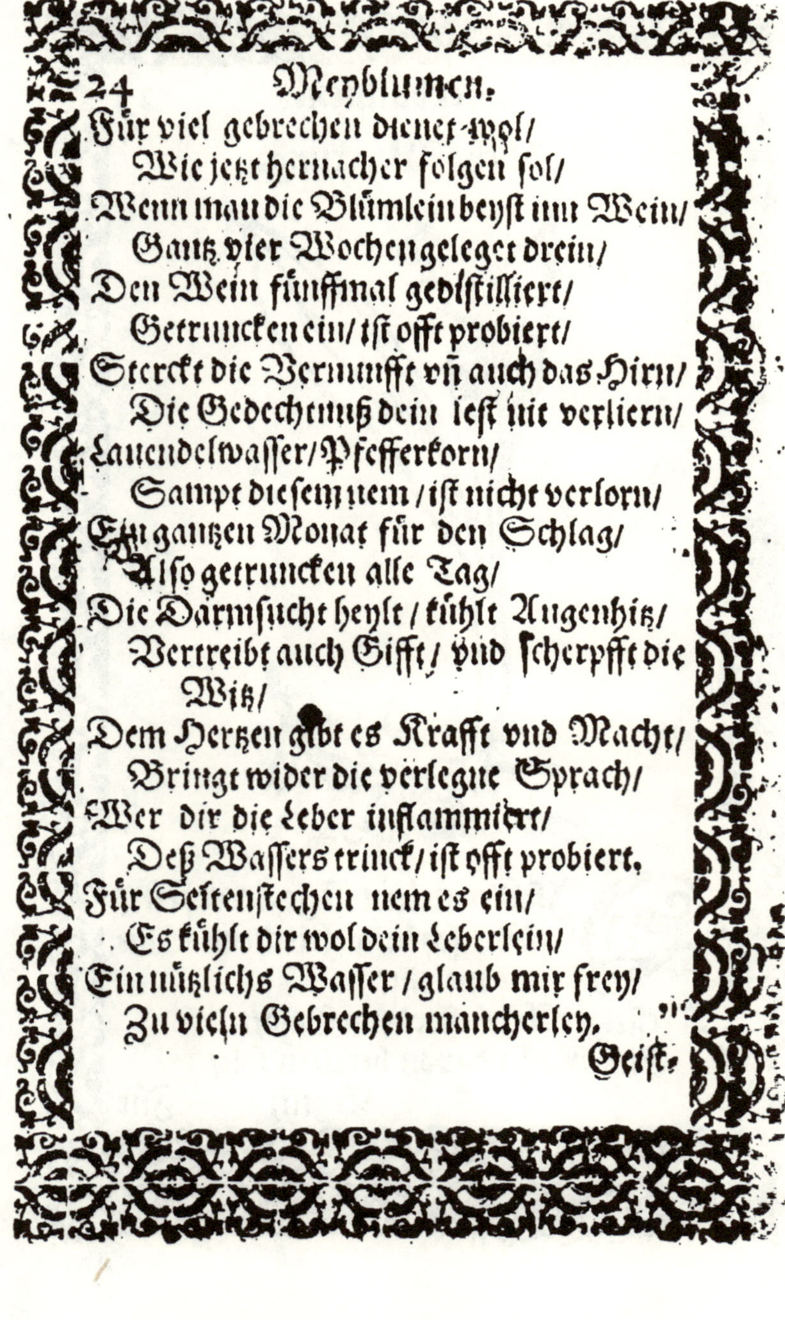

Für viel gebrechen dienet wol/
Wie jetzt hernacher folgen sol/
Wenn man die Blümlein beyst im Wein/
Gantz vier Wochen geleget drein/
Den Wein fünffmal gedistilliert/
Getruncken ein/ ist offt probiert/
Sterckt die Vernunfft vñ auch das Hirn/
Die Gedechtnuß dein lest nit verliern/
Lauendelwasser/ Pfefferkorn/
Sampt diesem nem/ ist nicht verlorn/
Ein gantzen Monat für den Schlag/
Also getruncken alle Tag/
Die Darmsucht heylt/ kühlt Augenhitz/
Vertreibt auch Gifft/ vnd scherpfft die
Witz/
Dem Hertzen gibt es Krafft vnd Macht/
Bringt wider die verlegne Sprach/
Wer dir die Leber inflammiert/
Deß Wassers trinck/ ist offt probiert.
Für Seitenstechen nem es ein/
Es kühlt dir wol dein Leberlein/
Ein nützlichs Wasser/ glaub mir frey/
Zu vieln Gebrechen mancherley.

Geist.

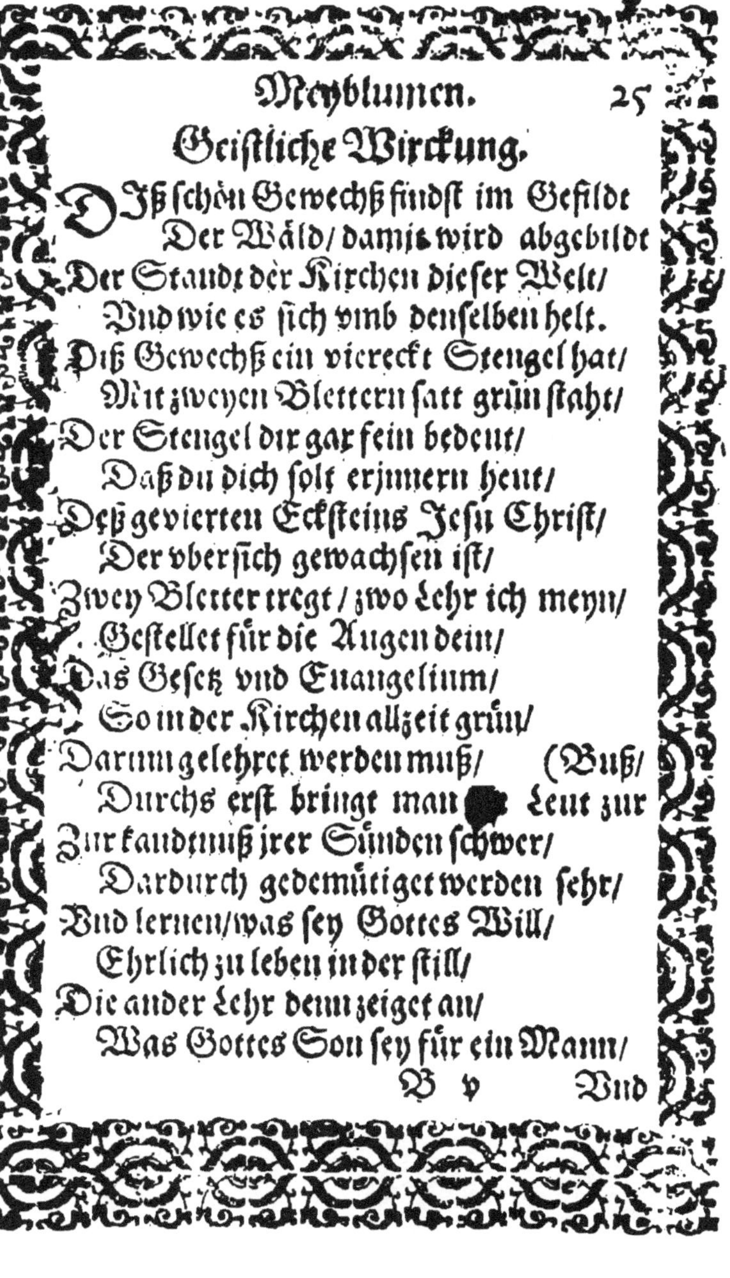

Geistliche Wirckung.

Diß schön Gewechß findst im Gefilde
Der Wäld/ damit wird abgebildt
Der Standt der Kirchen dieser Welt/
Vnd wie es sich vmb denselben helt.
Diß Gewechß ein viereckt Stengel hat/
Mit zweyen Blettern satt grün stahet/
Der Stengel dir gar fein bedeut/
Daß du dich solt erjnnern heut/
Deß gevierten Ecksteins Jesu Christ/
Der vbersich gewachsen ist/
Zwey Bletter tregt / zwo Lehr ich meyn/
Gestellet für die Augen dein/
Das Gesetz vnd Euangelium/
So in der Kirchen allzeit grün/
Darum gelehret werden muß/ (Buß/
Durchs erst bringt man [illegible] Leut zur
Zur kandtnuß jrer Sünden schwer/
Dardurch gedemütiget werden sehr/
Vnd lernen/ was sey Gottes Will/
Ehrlich zu leben in der still/
Die ander Lehr denn zeiget an/
Was Gottes Son sey für ein Mann/

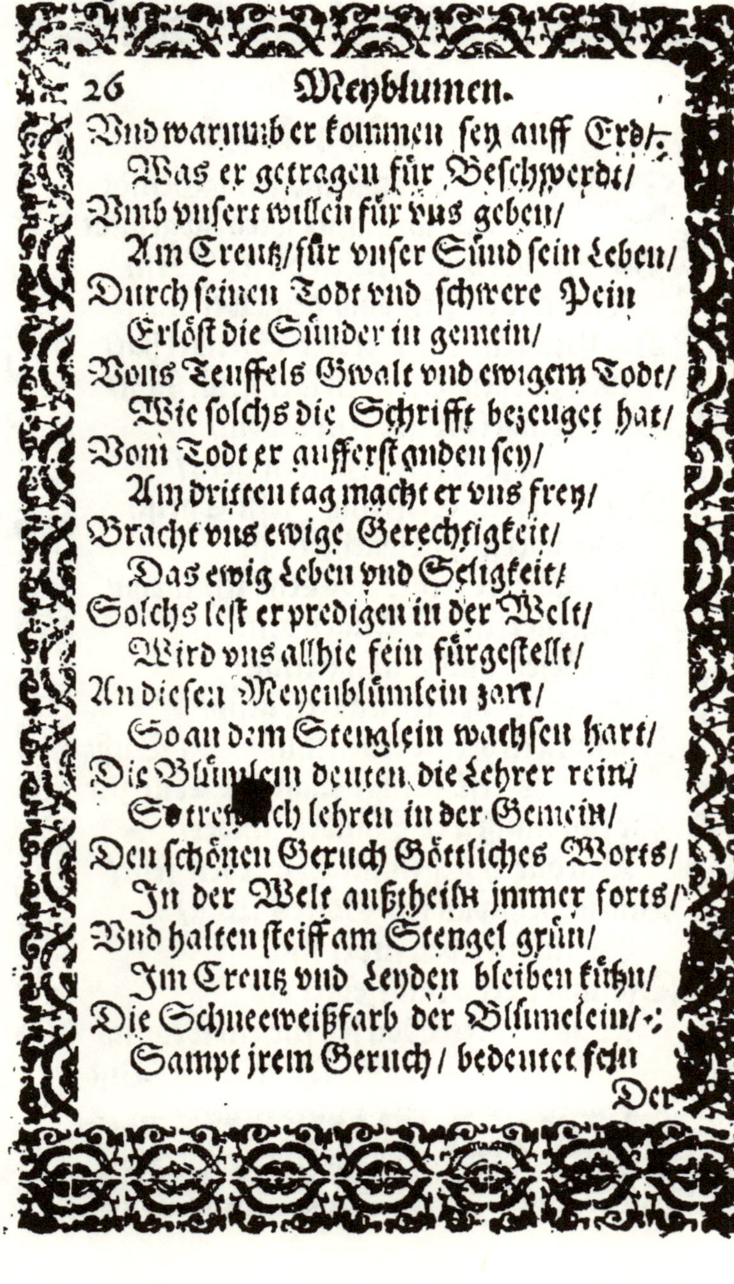

Vnd warumb er kommen sey auff Erd/
Was er getragen für Beschwerdt/
Vmb vnsert willen für vns geben/
Am Creutz/für vnser Sünd sein Leben/
Durch seinen Todt vnd schwere Pein
Erlöst die Sünder in gemein/
Vons Teuffels Gwalt vnd ewigem Todt/
Wie solchs die Schrifft bezeuget hat/
Vom Todt er aufferstanden sey/
Am dritten tag macht er vns frey/
Bracht vns ewige Gerechtigkeit/
Das ewig Leben vnd Seligkeit/
Solchs lest er predigen in der Welt/
Wird vns allhie fein fürgestellt/
An diesen Meyenblümlein zart/
So an dem Stenglein wachsen hart/
Die Blümlein deuten die Lehrer rein/
So trewlich lehren in der Gemein/
Den schönen Geruch Göttliches Worts/
In der Welt außtheiln immer forts/
Vnd halten steiff am Stengel grün/
Im Creutz vnd Leyden bleiben kühn/
Die Schneeweißfarb der Blümelein/
Sampt irem Geruch/ bedeutet fein

Der

Der Lehrer Leben vnd Reinigkeit/
Im Lehren vnd Leben allezeit/

Rosen.

CANT. II.

Ich bin ein Blum zu Saron / vnnd ein Rose im Thal/ wie ein Rose vnter den Dornen.

Syrach. 40.

Gehorcht mir jr Kinder/ vnd wachst wie die Rosen an Bächen gepflantzt/ vnd gebt süssen Geruch von euch / wie Weyrauch.

Leibliche Wirckung.

ROsen Tugendt vielfaltig ist/
Drumb samlet sie/ wie jhr wol wist/
Vnd hebts rein auff an kühle Ort/
Denn also werden wir gelehrt/
Daß jr Nutz zu der Artzeney/
Vber alle massen dienstlich sey/
Ein köstlich Khülung in der Hitz
Menschliches Leibs/ darumb jetzt

Magst

Magst nemmen Hönig/ Zucker/ Oel/
Auch Rosen / vnd das sieden wol/

Damit

Damit schmier den Gebrechen dein/
Die Rosen gebeyst wol in den Wein/
Denselben Wein distillieren solt/
Vnd trincken welche zeit jr wolt/
Der gibt dem Hertzen grosse Krafft/
Dergleichen thut der gepreste Safft/
Der Safft mit Brunnenwasser gerürt/
Trinck/ dir den Magen fein laxiret/
Die Gelbsucht dir also vertreibt/
Von Rosenwasser man auch schreibt/
Den hitzigen Augen bekomme wol/
Drumb mans offt darinn tropffen soll/
Vmbs Haupt mit Düchlein wol genetzt/
Stille Hitz vn̄ Wehthumb/ auch zu letzt
Magst trincken ein für Ohnmacht groß/
Es macht dich bald derselben loß/
Diß Wasser auch Zänwehtumb stillt/
So man den Mund offt damit spüle.
Die Knöpff wol in dem Wasser sied/
Dem krancken Haupt auch wol geriet/
Wenn man damit ein Laug zuricht/
Also von Rosen hab Bericht.

Geistliche Wirckung.

Die

DJe lieblich Rosen allzu fein
Solln vnsere Doctores seyn/
Denn sie vns bilden jmmer für/
Vnd geben allzeit feine Lehr/
Wie jeder soll in seinem Standt
Betrachten wol das Predigampt/
Der Christlich Kirchen Standt vnd wesen
Kanst alles fein hierinnen lesen/
Wie Gott sein Kirch so herrlich ziert/
Vnd in der Welt seltzam regiert/
Im Creutz vnd Trübsal schweben lest/
Ein zeitlang in dasselbig stößt/
Sein krefftig Wort vnd Sacrament
Die arge Welt allzeit hie schendt/
Den Glaubigen sinds bitter feind/
An jrem Blut wirdts wol bescheint/
Das hin vnd her vergossen wirdt/
Deß Teuffels Zorn allda man spürt/
Das bildt vns ab die rote Roß/
Mit jrer Gstallt vnd Blettern groß/
Fünff grüne Bletter findet man
Zu rück der Rosen vnten stahn/
Zwey sind gebärt / die andern drey
Gantz glatt ohn Bart gfunden frey/
Diß

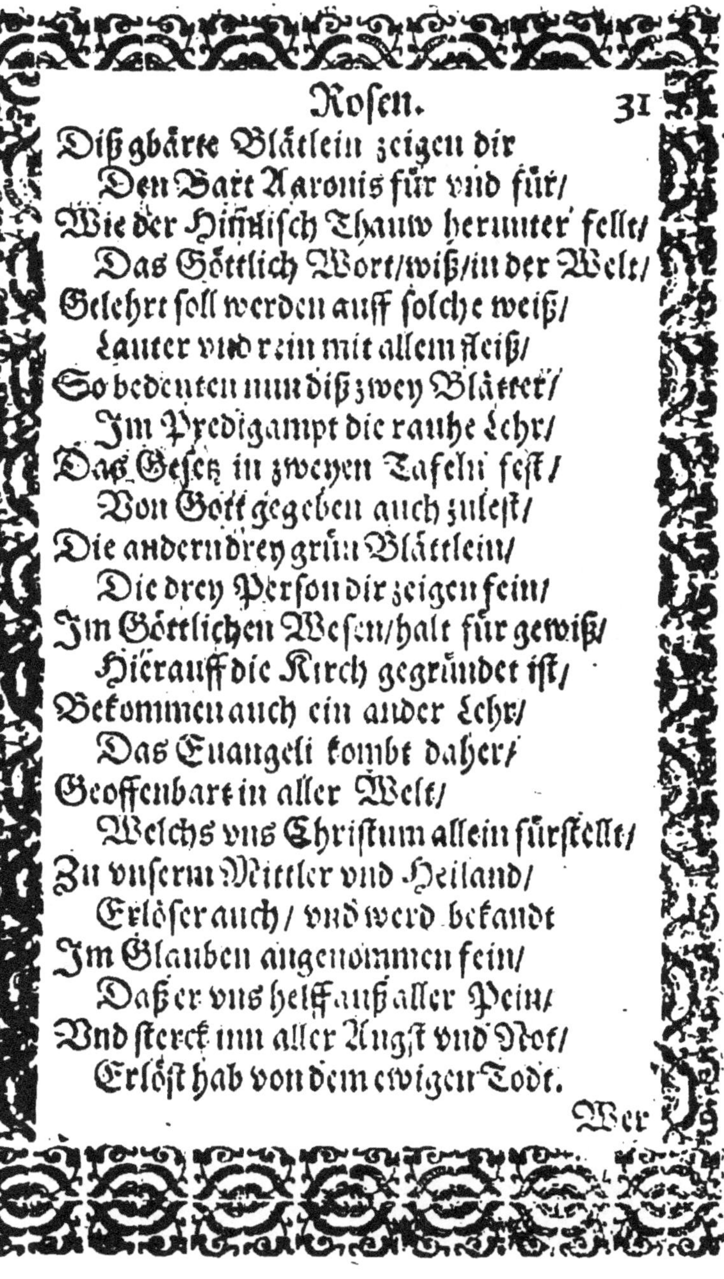

Diß gbärte Blätlein zeigen dir
Den Bart Aaronis für vnd für/
Wie der Himlisch Thauw herunter fellt/
Das Göttlich Wort/wiß/in der Welt/
Gelehrt soll werden auff solche weiß/
Lauter vnd rein mit allem fleiß/
So bedeuten nun diß zwey Blätter/
Im Predigampt die rauhe Lehr/
Das Gesetz in zweyen Tafeln fest/
Von Gott gegeben auch zuletzt/
Die andern drey grün Blättlein/
Die drey Person dir zeigen fein/
Im Göttlichen Wesen/halt für gewiß/
Hierauff die Kirch gegründet ist/
Bekommen auch ein ander Lehr/
Das Euangeli kombt daher/
Geoffenbart in aller Welt/
Welchs vns Christum allein fürstellt/
Zu vnserm Mittler vnd Heiland/
Erlöser auch/ vnd werd bekandt
Im Glauben angenommen fein/
Daß er vns helff auß aller Pein/
Vnd sterck inn aller Angst vnd Not/
Erlöst hab von dem ewigen Todt.

Wer

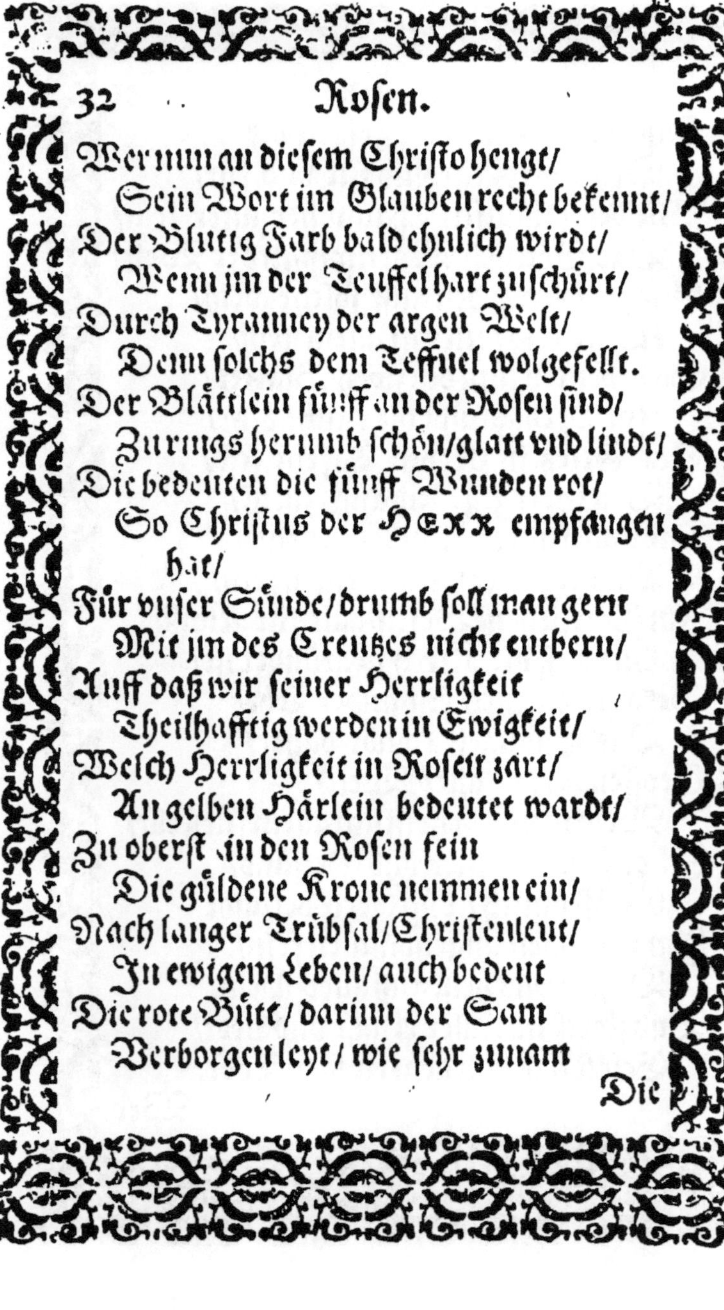

Wer nun an diesem Christo hengt/
Sein Wort im Glauben recht bekennt/
Der Blutig Farb bald ehnlich wirdt/
Wenn jm der Teuffel hart zuschürt/
Durch Tyranney der argen Welt/
Denn solchs dem Teffuel wolgefellt.
Der Blättlein fünff an der Rosen sind/
Zu rings herumb schön/glatt vnd lindt/
Die bedeuten die fünff Wunden rot/
So Christus der HERR empfangen hat/
Für vnser Sünde/drumb soll man gern
Mit jm des Creutzes nicht entbern/
Auff daß wir seiner Herrligkeit
Theilhafftig werden in Ewigkeit/
Welch Herrligkeit in Rosen zart/
An gelben Härlein bedeutet wardt/
Zu oberst in den Rosen fein
Die güldene Krone neinmen ein/
Nach langer Trübsal/Christenleut/
In ewigem Leben/ auch bedeut
Die rote Bütt / darinn der Sam
Verborgen leyt / wie sehr zunam

Die

Die Christlich Kirch auff dieser Erdt
Von Christo gehalten lieb vnd werth/
Vnd wie wir all von diesem HERRN
Getragen werden hertzlich gern/
Also wird gemehrt die Christenheit/
Erhalten biß in Ewigkeit.

Pflantzen.

PSAL. XCII.

Der Gerecht wird grunen wie ein Palmbaum/ er wirdt wachsen wie ein Ceder auff Libanon/ Die gepflantzet sind in dem Hauß deß HErrn/ werden in den Vorhöfen vnsers Gottes grunen.

Esaie 61.

Sie werden genennt werden Bäume der Gerechtigkeit/ Pflantzen deß HERRN zum Preiß/ꝛc.

Matth. 15.

Alle Pflantzen/ die mein Himlischer Vatter nicht gepflantzet hat/ die werden außgereut.

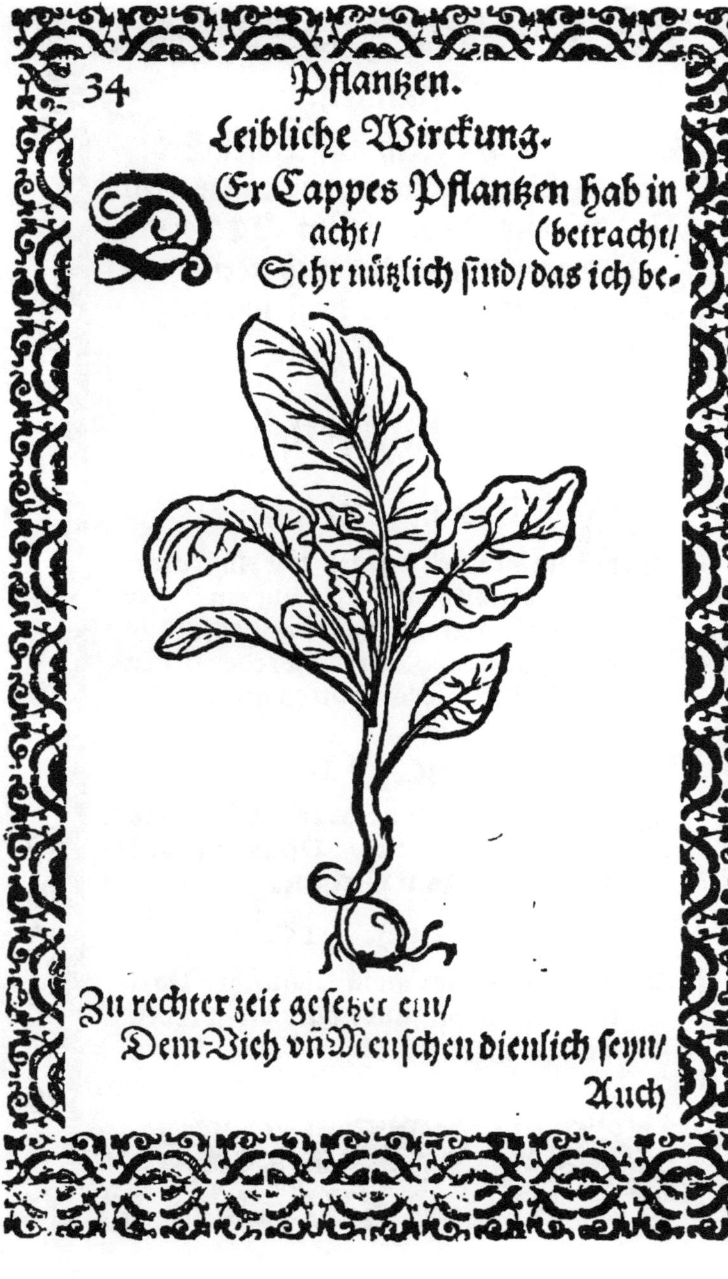

Leibliche Wirckung.

DEr Cappes Pflantzen hab in
acht/ (betracht/
Sehr nützlich sind/ das ich be-

Zu rechter zeit gesetzet ein/
Dem Vich vñ Menschen dienlich seyn/

Auch

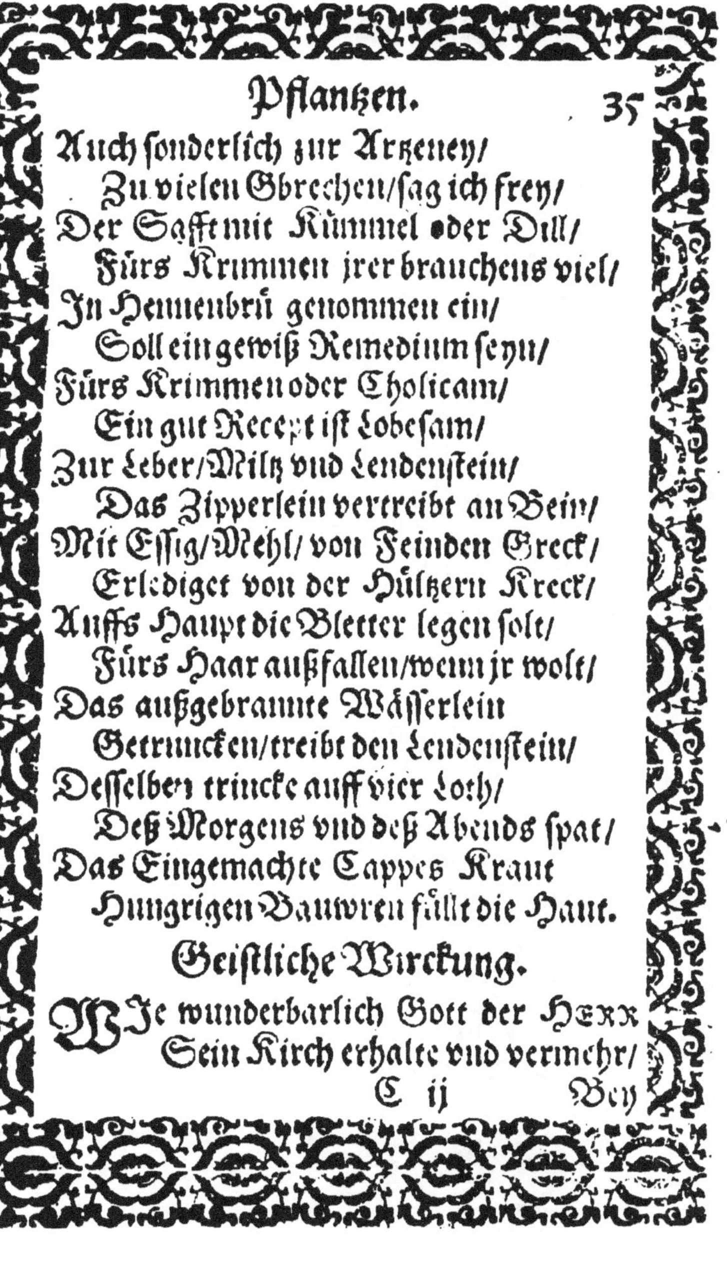

Auch sonderlich zur Artzeney/
Zu vielen Gbrechen/sag ich frey/
Der Safft mit Kümmel oder Dill/
Fürs Krimmen jrer brauchens viel/
In Heimenbrü genommen ein/
Soll ein gewiß Remedium seyn/
Fürs Krimmen oder Cholicam/
Ein gut Recept ist Lobesam/
Zur Leber/Miltz vnd Lendenstein/
Das Zipperlein vertreibt an Bein/
Mit Essig/Mehl/ von Feinden Dreck/
Erlediget von der Hültzern Kreck/
Auffs Haupt die Bletter legen solt/
Fürs Haar außfallen/wenn jr wolt/
Das außgebrannte Wässerlein
Getruncken/treibt den Lendenstein/
Desselben trincke auff vier Loth/
Deß Morgens vnd deß Abends spat/
Das Eingemachte Cappes Kraut
Hungrigen Bauwren füllt die Haut.

Geistliche Wirckung.

WJe wunderbarlich Gott der HERR
Sein Kirch erhalte vnd vermehr/

Bey diesen Pflåntzlein kanst du fein
Abnemmen / denn es bildt dir ein
Die Him̃lisch Pflantzen auff der Welt/
Die fromme Glaubige außerwehlt/
Wie sie allhie gepflantzet werden/
In die Kirche Christi hie auff Erden/
Zu Båumen der Gerechtigkeit/
Von Eltern/Lehrern weit vnd breit/
Wie David lehrt in Psalmen fein/
Wie man soll pflantzen Kinderlein/
Mit Lehr vnnd Straff auch Syrach wil/
Also auffziehen sie in still/
Solch Pflantzen man begiessen soll/
Sollens anders gerathen wol/
In der Wassertauffe / so wil auch Gott
Mit seim Geist tauffen ohne Spott/
Vnd begiessen wol diß Pflåntzlein zart/
Abwåschen in der Sünden art/
Durchs Wort einpflantzen seinem Son/
Den edelstn Stamm ins Himmels Thron/
Vnd durch deß heiligen Heiligen Geistes Krafft/ (Safft/
Bekompt das Pflåntzlein Macht vnnd
Der

Der Hiṁlisch Gärtner Lobesan
Kräfftig das alles richtet an/
Durchs Wort vnd heylige Sacrament/
Daher sie Christen werden gnennt/
Zu guten Wercken wol geschickt/
Daran man Lust vnd Frewd erblickt/
Jrn Samen bringens zu rechter zeit/
Zu dienen jederman bereit/
Vnd wie die Pflantzen auff dem Feldt/
Wenns in das Erdreich sind gestellt/
Viel Vngewitter warten auß/
Von Schnee/Regen vnnd Windes-
braus/
Also diß Pflätzlein Gottes auch
Viel leiden müssen/ ist der Brauch
Jn dieser Welt/biß durch den Todt
Sie all hinnimpt der liebe Gott/
Vnd wirfft sie in die Erd hinnein/
Gerad wie in ein Schlaffbettlein/
Zu ruhen biß an Jüngsten tag/
An welchen er Sie/Jch dir sag/
Gleich wie die Pflätzlein Sommers zeit/
Herfür läst keynen weit vnd breit/

Zu blühen vnd zu wachsen fein/
Bey Gott vnd seinen Engelein/
In ewiger Frewd vnd Herrligkeit/
Deß danckt jhm alle Christenheit.

Folgen etliche Kräutter/so vns erinnern deß Gesatzes/ seiner Krafft vnd Natur/vnd der Buß.

Aron.

PSAL. CXXXIII.

Sihe/wie fein vñ lieblich ist es/daß Brůder einträchtig bey einander wohnen/ wie der köstlich Balsam ist/der vom Haupt Aaron herab fleusst/inn sein gantzen Bart/der herab fleusst in sein Kleydt/:c.

PSAL. CVI.

Sie empöreten sich aber wider Moisen im Läger/wider Aron den Heyligen deß HERRN/ Num. 16.

ESAIAE

ESAIAE II.

Kompt last vns auff den Bergk deß HERREN gehen/zum Hauß deß Gottes Jacob/daß er vns lehre seine Wege/vnd wir wandlen auff seinen Stegen/denn von Zion wirdt das Gesetz außgehen/vñ deß HERRN Wort von Hierusalem.

Leibliche Wirckung.

DJß Edle Kraut vnnd Wurtz
für Gifft (gestifft/
Von Gott dem HERREN ist
Drumb in der Noth mans brauchen sol/
Zur Pestilentz es dienet wol/
So man den Safft mit Essig trinckt/
Denselben Krancken wolgelingt/
Sein Blätter mit Saltz vermischt eben/
Thut dir dazu ein Aufschlag geben/
Fürn bösen Lufft auch Aron ist/
Behüt für Gifft/soll seyn gewiß/
Die Wurtzel siede mit Honig wol/
Trincks ein/dauon das Feber sol
Vertrieben werden/auch deßgleich
Deß Magens Wust von Arm vñ Reich/

Die Wurtz gesotten in dem Wein/
Mit Stahl soll abgeleschet seyn/

Zum andern vnd zum dritten mal/
Vertreibt getruncken d'Magens Qual/
Ein Pflaster bereit mit diesem Safft/
Mit Zwibel Schmaltz wirt abgeschafft/

Ein

Ein Geschwer/so man Feigsblatter nennt/
Ist manchem leyd/daß er solch kennt/
Die Blätter legt man auff die Käß/
Vertreibt darvon das Maden Gefreß.

Geistliche Wirckung.

EIn scharpffen Gschmack wie hat Aron/
Vnd sich mit seiner Trauben schon
Erzeiget auß der massen fein/
Also das Gsatz durchauß gmein/
Dergleichen Art/Natur vnd Krafft/
Hat in sich / vnd solch Eigenschafft/
Denn wie Aron genommen eyn/
Hart brennet auff der Zungen dein/
Also brennt auch/gleich wie ein Feuwer/
Diß Lehr im Hertzen vngeheuwer/
Wenn man dardurch die Sünd auffdeckt/
Die bösen Gwissen hefftig schreckt/
Vnd macht den Menschen angst vnd bang/
Daß Zeit vnd Weyl jhm wird zulang/
Denn es gebent so hohe ding/
Die vns nicht müglich zhalten sind/
Welch aber deß sich vnterstehn/
Ohn Heuchley wirdts nicht abgehn/

Erinnern dich die Blätter groß/
An dieser Trauben also bloß/
Sampt dieses Kräutleins Trauben rot/
Wie sie allda gemalet stoht/
Allein zum schein die Frucht ist ring/
Also die Heuchler mit geding/
Durch Gsatzes Werck/erzeigen fein
Ir Heiligkeit vnd grossen Schein/
Damit den Himmel verdienen wölln/
Vnd mit jrn Kräfften das Gsatz erfülln/
Welchs jn/ sag ich/doch nimmermehr
Zu thun ist müglich/also die Ehr
Christo dem HERREN nemmen hin/
Vnd schreibens zu jrem Gewinn/
Sein Verdienst nit gnugsam seyn erkenn/
Für Gott damit nur zu bestehn/
Das sind Heuchler/vnd bleibens auch/
Ja Gleißner sag ich/ nach gebrauch
Der Phariseer/Christus meldt/Matt.23.
Im Mattheo sichs so verhelt/
Beym Luca auch am sechsten spricht/
Wo der Jünger Gerechtigkeit seye nicht
Viel besser denn des Schrifftgelehrts
Vnd Phariseer/also bewerts/

Jns

Ins Himmelreich sie kommen nicht/
Drumb sind die Heuchler gar entwicht/
Das Gesetz allein vns ist gegeben/
Darauß zu lehrn ein Göttlich Leben/
Daß wir sich selbst erkennen solln/
Die sündlich Art von vns abstelln/
In Demut vns herunter lassen/
Nicht zu stoltzieren vbermassen/
Für Gott in vnser Heiligkeit/
Ja mehr auff sein Barmhertzigkeit/
Wir sollen trutzen vnd seine Gnad/
So er in Christo erzeiget hat/
Dem rechten Hohenpriester Gut/
Der vns erlöst mit seinem Blut/
Für vns geschmeckt bittern Aron
Hoch an dem heiligen Creutze fron/
Dafür wir jm Danck/ Ehr vnd Preiß
Schuldig zu sagen sind mit fleiß.

Wermut.

HIEREM. III.

Er hat mich mit Bitterkeit gesättiget/ vñ mit Wermut getrencket/ gedenck doch

wie ich so gar elend vnd verlassen/ mit Wermut vnd Galln getrencket bin.

PSAL. LXIX.

Vnd sie geben mir Gall zu essen/ vnd Essig zu trincken/ in meinē grossen Durst.

Leibliche Wirckung.

WErmuth ein vbertreffliches Kraut/ (gebawt/
Wechst hin vnnd wider vn-
Auff dürren Rechen ein nützlich Strauch/
Zu vieler Schwachheit wird gebraucht/
In Speiß vnd Tranck zur Magen sterck/
Den Leib erwermt / mich ferner merck/
Das Gifft vertreibt/ nimpt Gelbsucht hin/
Deß Saffts genossen drey Quintlin/
Mit Zucker vermischt der Safft/ vertreibt
Die Wassersucht / wer daran leyt/
Sterckt auch den Magen vnd Leber wol/
Bringt lust zu essen/ drumb man sol
Das Wermut Kraut verachten nicht/
Wie jeder man deß weiß bericht/
Die Würm vertreibt der Wermutwein/
Auch mag man dafür nemmen ein

Wermut/

Wermut.

Wermut/ Hirtzhorn vnd Hasengall/
Misch Honig drunter/ stillt die Qual/

Zum Hauptweh auff die Schläffe dein/
Den Wermutsafft in Tüchlein/
Schlag auff das Haupt/ vñ siedts in Wein/
Soll dir ein gewiß Artzneye seyn/

Das

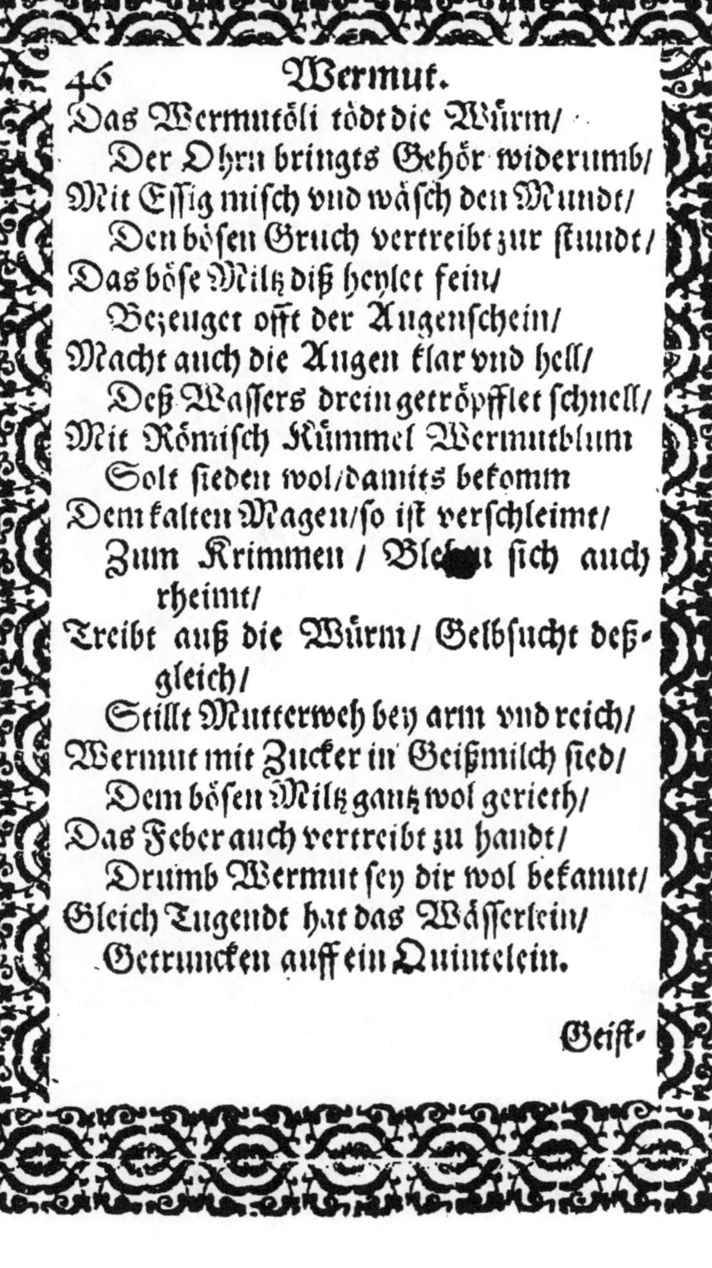

Das Wermutöli tödt die Würm/
Der Ohrn bringts Gehör widerumb/
Mit Essig misch vnd wäsch den Mundt/
Den bösen Gruch vertreibt zur stundt/
Das böse Miltz diß heylet fein/
Bezeuget offt der Augenschein/
Macht auch die Augen klar vnd hell/
Deß Wassers drein getröpfflet schnell/
Mit Römisch Kümmel Wermutblum
Solt sieden wol/damits bekomm
Dem kalten Magen/so ist verschleimt/
Zum Krimmen / Ble[illegible]n sich auch rheimt/
Treibt auß die Würm/ Gelbsucht deßgleich/
Stillt Mutterweh bey arm vnd reich/
Wermut mit Zucker in Geißmilch sied/
Dem bösen Miltz gantz wol gerieth/
Das Feber auch vertreibt zu handt/
Drumb Wermut sey dir wol bekannt/
Gleich Tugendt hat das Wässerlein/
Getruncken auff ein Quintelein.

Geist-

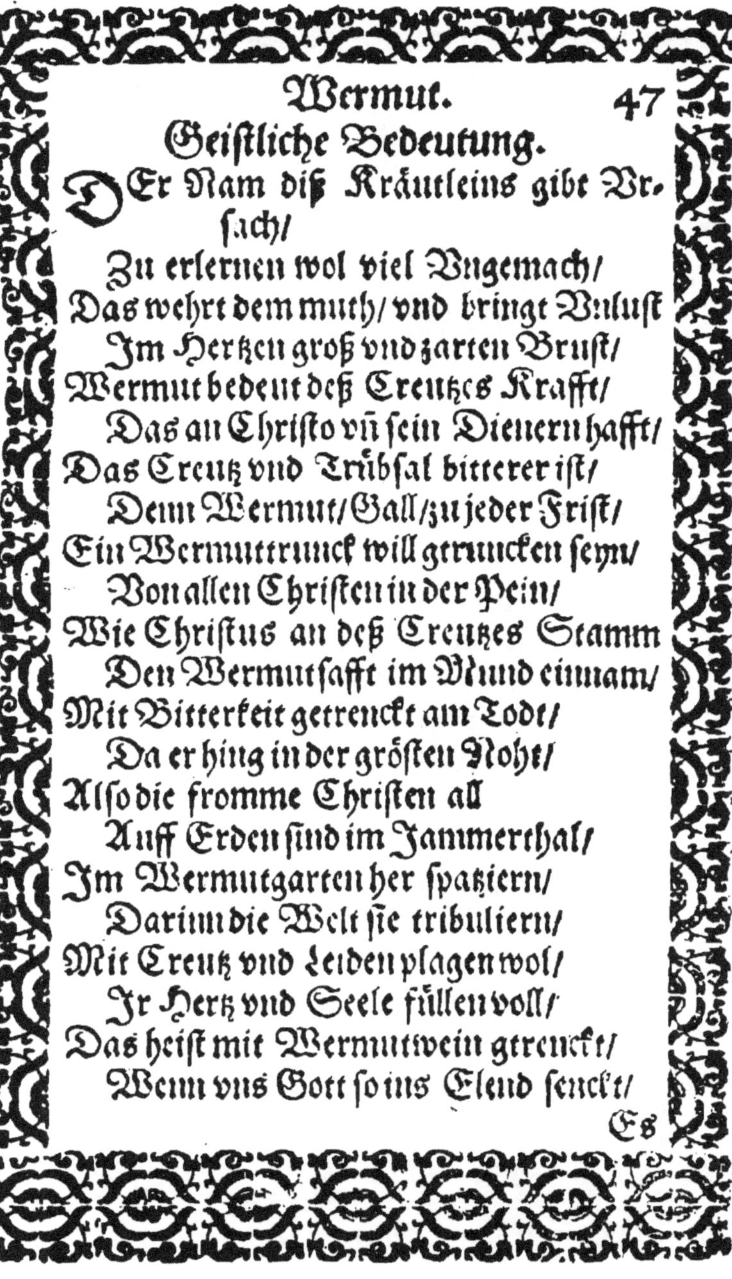

Geistliche Bedeutung.

DEr Nam diß Kräutleins gibt Vrsach/
Zu erlernen wol viel Vngemach/
Das wehrt dem muth/ vnd bringt Vnlust
Im Hertzen groß vnd zarten Brust/
Wermut bedeut deß Creutzes Krafft/
Das an Christo vñ sein Dienern hafft/
Das Creutz vnd Trübsal bitterer ist/
Denn Wermut/Gall/zu jeder Frist/
Ein Wermuttrunck will getruncken seyn/
Von allen Christen in der Pein/
Wie Christus an deß Creutzes Stamm
Den Wermutsafft im Mund einnam/
Mit Bitterkeit getrenckt am Todt/
Da er hing in der grösten Noht/
Also die fromme Christen all
Auff Erden sind im Jammerthal/
Im Wermutgarten her spatziern/
Darumb die Welt sie tribuliern/
Mit Creutz vnd Leiden plagen wol/
Jr Hertz vnd Seele füllen voll/
Das heist mit Wermutwein getrenckt/
Wenn vns Gott so ins Elend senckt/

Es

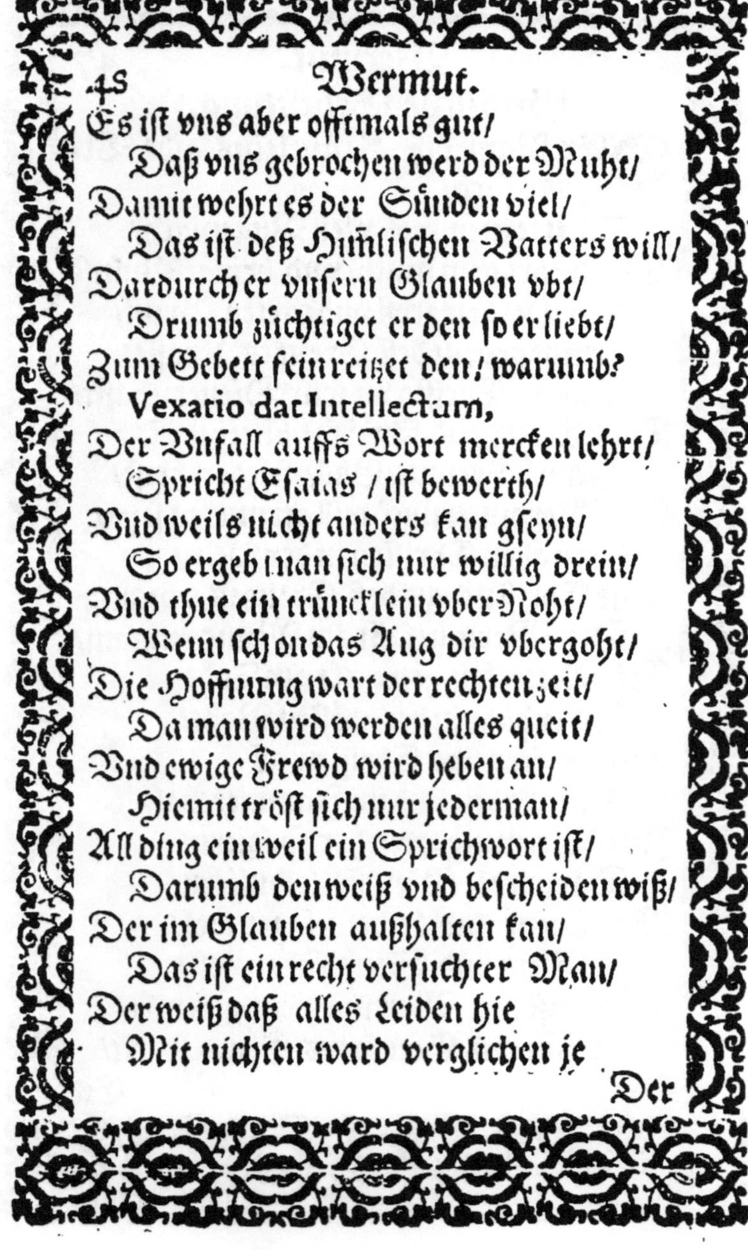

Es ist vns aber offtmals gut/
 Daß vns gebrochen werd der Muht/
Damit wehrt es der Sünden viel/
 Das ist deß Himlischen Vatters will/
Dardurch er vnsern Glauben vbt/
 Drumb züchtiget er den so er liebt/
Zum Gebett fein reitzet den/ warumb?
 Vexatio dat Intellectum,
Der Vnfall auffs Wort mercken lehrt/
 Spricht Esaias / ist bewerth/
Vnd weils nicht anders kan gseyn/
 So ergeb man sich nur willig drein/
Vnd thue ein trüncklein vber Noht/
 Wenn schon das Aug dir vbergoht/
Die Hoffnung wart der rechten zeit/
 Da man wird werden alles queit/
Vnd ewige Frewd wird heben an/
 Hiemit tröst sich nur jederman/
All ding ein weil ein Sprichwort ist/
 Darumb den weiß vnd bescheiden wiß/
Der im Glauben außhalten kan/
 Das ist ein recht versuchter Man/
Der weiß daß alles Leiden hie
 Mit nichten ward verglichen je

Der

Der künfftigen Frewd vnd Herrligkeit/
Drumb hie dich leid/ ist mein Bescheidt.

Sauwer Ampffer.

PSAL. VI.

Mein Gestalte ist verfallen für Trauren/ vnd ist alt worden/ denn ich allenthalben geängstiget werde. Weicht von mir jr Vbelthäter/ denn der HERR hört mein Weynen/ der HERR höret mein Flehen/ mein Gebett nimpt der HERR an.

Der Gerechte muß viel leiden/ aber der HERR hilfft jm auß.

Leibliche Wirckung.

DAs Ampffern Kraut erwehlet man/
Zur Artzeney mans brauchen kan/
Für viel Gebrechen/ so entstehn
Von Hitz im Leib/ die soll vergehn/
Es sey am Magen/ Leber/ Hertz/
Vertreibets gar bald on allen Schertz/
Mit Essig/ Haußwurtz misch es wol/
Das wilde Feuwer leschen sol/

Sauwer Ampffer.

Der Safft heylt Flecken/ Schwulst vnnd Brandt/
Wenn man jn drüber legt zu handt/

Ver-

Vermisch den Safft mit Bawmöl fein/
Vnd streich es an das Haupte dein/
Das vertreibt die Hitz vnd kühlet wol/
Der Gelbsüchtig es trincken soll/
Vnd wer die rote Rhur bekömpt/
Den Ohren Wehthumb es himimpt/
Diß Kraut/ Hysop/ vnd Fenchel grün
In Wasser sied/ vnd sey nur kühn/
In deiner Kranck Pastemen bricht/
In Büchern werd ich deß bericht.

Geistliche Wirckung.

DEr Sauwerampffer gleichfalls lehrt
Die Art deß Gsatzs/ so der Sünden werht/
Vnd wie dagegen sich verhalt
Der Reich vnd Arm/ beyd Jung vnnd Alt/
Auch in dem Creutz vnd Trübsals zeit/
Deß jederman gern were queit/
Doch wie die Sauwer Ampffer dir
Zur essen Speiß bringet Begier/
Also dichs Gsatz zu Christo bringt/
Vnd daß dirs Creutz dein wol gelingt/

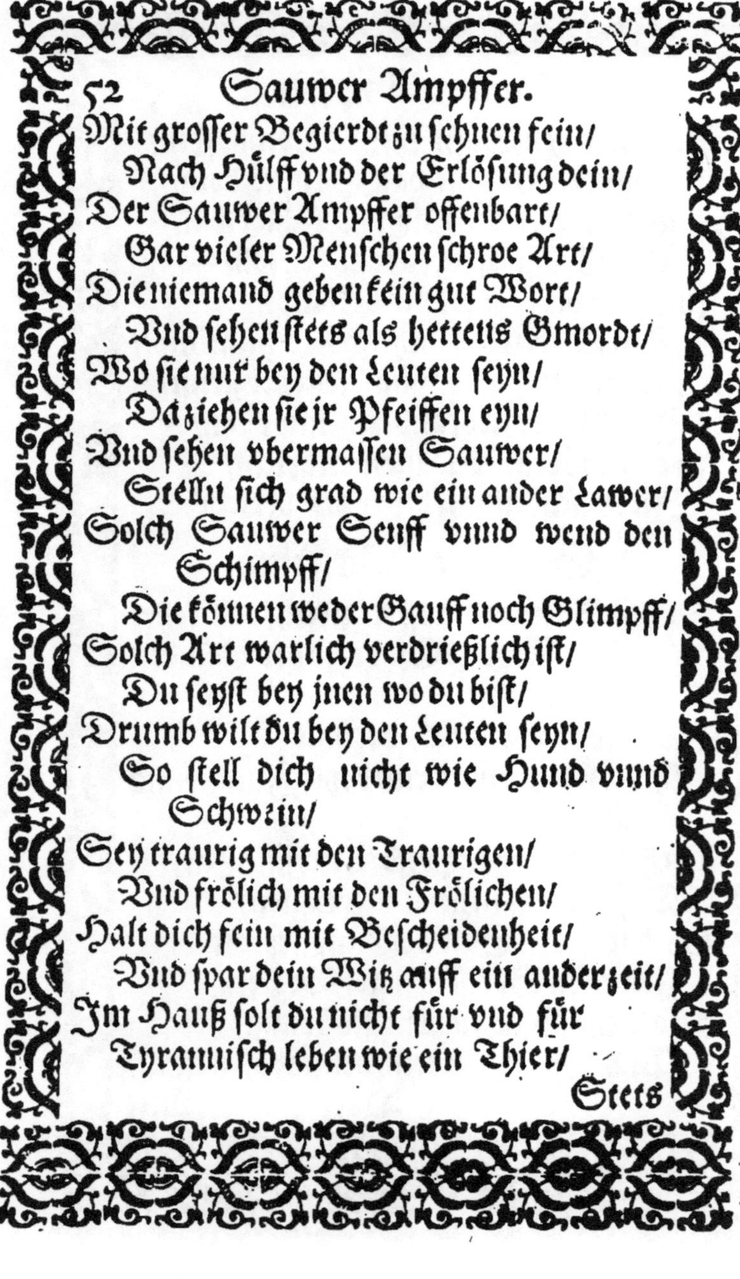

Mit grosser Begierdt zu sehnen fein/
Nach Hülff vnd der Erlösung dein/
Der Sauwer Ampffer offenbart/
Gar vieler Menschen schroe Art/
Die niemand geben kein gut Wort/
Vnd sehen stets als hettens Gmordt/
Wo sie nur bey den Leuten seyn/
Da ziehen sie jr Pfeiffen eyn/
Vnd sehen vbermassen Sauwer/
Stelln sich grad wie ein ander Lawer/
Solch Sauwer Senff vnnd wend den Schimpff/
Die können weder Gauff noch Glimpff/
Solch Art warlich verdrießlich ist/
Du seyst bey jnen wo du bist/
Drumb wilt du bey den Leuten seyn/
So stell dich nicht wie Hund vnnd Schwein/
Sey traurig mit den Traurigen/
Vnd frölich mit den Frölichen/
Halt dich fein mit Bescheidenheit/
Vnd spar dein Witz auff ein ander zeit/
Im Hauß solt du nicht für vnd für
Tyrannisch leben wie ein Thier/

Stets

Steets Murren/Beissen/Sauwer sehen/
Mit Weib vñ Kindern dich aufflehnen/
Solch scharpff Auffsehen/ernster Muht/
Jm Hauß nicht thut allwegen gut/
Wie Syrach lehrt/drumb halte maß
Jn allen dingen/dir zimpt baß.

Hysop.

PSAL. LI.

Entsündige mich mit Jsopen/daß ich rein werde/wasch mich/daß ich Schneweiß werde/verbirge dein Antlitz für meinen Sünden/vnd tilge all mein Missethat.

Leibliche Wirckung.

Diß Kraut man in den Gärtenziehlt/ (wilt/
Zur Artzeney wenns brauchẽ
Zum Husten must es sieden wol/
Mit Honig/Feygen mans brauchen sol/
Zur Lungensucht auch/mercke fein/
Gebrauchet wird diß Trünckelein/
Die Würm im Leib das Wasser gut
Vertreibt/vnd macht rein das Blut/

Sein Safft mit Kressen temperiert/
Fein sänfftiglich den Bauch laxiert.
Diß Kraut man siede wol in Wein
Mit Fenchelsamen/ gwiß soll seyn
Fürs Darmgicht vnd das Magenweh/
Ein Weib jhr Mutter damit beh/
Der Hysopwein sehr nützlich ist
Zur dämpffig Brust/ sag ich ohn List/
Vertreibt das Keichen/ löset auff
Die Phlegma bald/ merck ferner drauff/
Das außgebrännte Wässerlein
Zum Leib auch dir wird dienstlich seyn/
Für schweren Athem/ heissere Stimm/
Zu dem auch ferrner mich vernimm/
Die Wassersucht vnd Apostem/
Vnd was für Vnrath dazu käm/
Auch Seittenweh vnd böses Miltz/
Getruncken ein/ dasselbig stillts/
Mit Kerbelwasser/ Engelsüß/
Das Wasser dazu kommen muß/
Die Leber öffnets sittiglich/
Wenn du deß Wassers trinckst in dich/
Vertreibt die Gilb vnd bösen Schweiß/
Stercket die Zän/ so stecken leiß/

Stillt

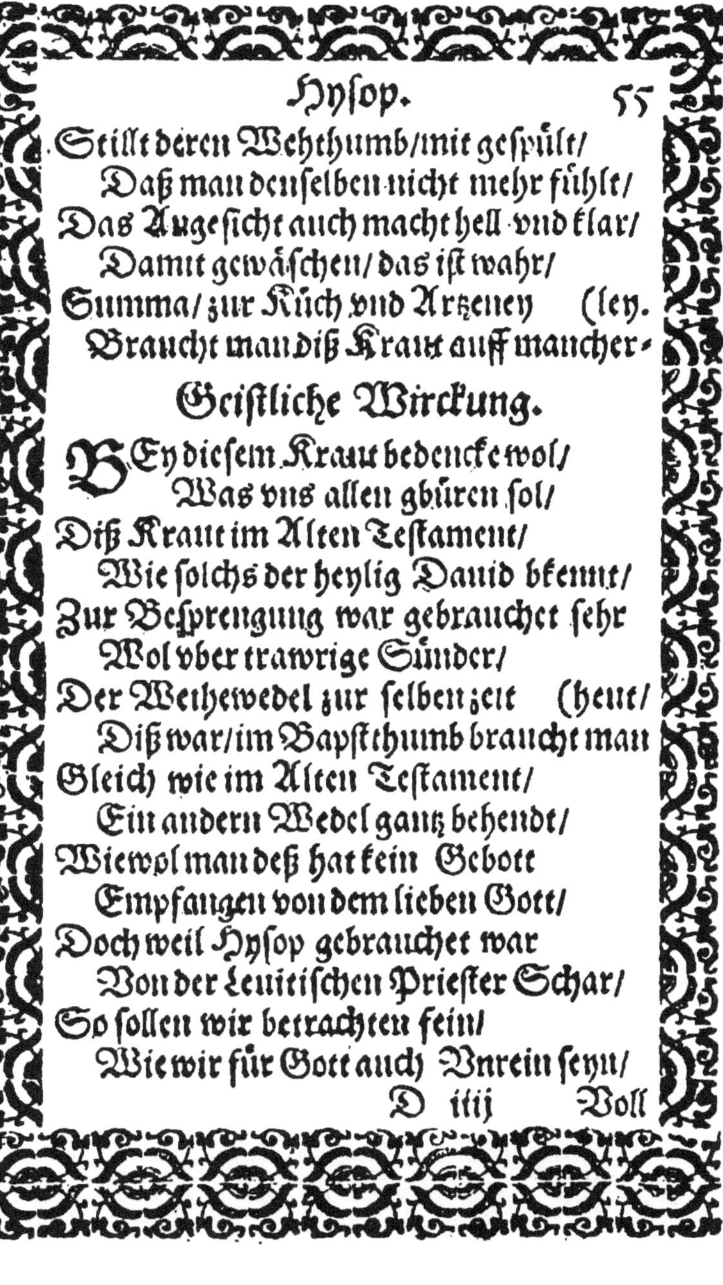

Stillt deren Wehthumb/mit gespült/
Daß man denselben nicht mehr fühlt/
Das Angesicht auch macht hell vnd klar/
Damit gewäschen/ das ist wahr/
Summa/ zur Küch vnd Artzeney (ley.
Braucht man diß Kraut auff mancher-

Geistliche Wirckung.

BEy diesem Kraut bedencke wol/
Was vns allen gbüren sol/
Diß Kraut im Alten Testament/
Wie solchs der heylig David bkennt/
Zur Besprengung war gebrauchet sehr
Wol vber trawrige Sünder/
Der Weihewedel zur selben zeit (heut/
Diß war/ im Bapstthumb braucht man
Gleich wie im Alten Testament/
Ein andern Wedel gantz behendt/
Wiewol man deß hat kein Gebott
Empfangen von dem lieben Gott/
Doch weil Hysop gebrauchet war
Von der Leuitischen Priester Schar/
So sollen wir betrachten fein/
Wie wir für Gott auch Vnrein seyn/

Voll Sünd vnd Vngerechtigkeit/
Von nöten thue die Reinigkeit/
Darumb zur Buß vns schicken wol/
Besprengen lassen jeder sol
Sich mit dem Wasser der heylgen Tauff/
Damit er werd genommen auff
Zu einem Kind der Seligkeit/
Auch mach er sich darnach Bereit/
Daß er besprengt werd mit dem Blut
Deß HERREN Christ/das allein gnug
thut
Für vnsere Sünde allzumal/
Das bringt vns in deß Himels Saal/
Vnd öffnet vnser Hertzen zart/
Gleich wie der Hysop hat die art/
Das Brustweh kan vertreiben fein/
Also wie schwer auch mag geseyn
Deß Hertzens Last vnd Sünden viel/
So ist bey Gott doch nie kein Ziel
Der Gnaden bey den Sündern all/
Wenn sie nur Buß thun nach dem
Fall/
Vnd nemmen Christum im Glauben an/
So können sie für Gott bestahn/

Nun

Nun hilff vns O Ewiger Gott/
Zu rechter Busse nicht zu spat/
Bekehr vns HERR/ so sind wir recht
Bekehrt/als deine arme Knecht.

Marien Magdalen Blum.

LVC. VII.

Jr sind viel Sünd vergeben/denn sie hat viel geliebet/welchem aber wenig vergeben wird/der liebt auch wenig.

EZECH. 18. 33.

Jch will nicht den Tode deß Sünders/ sondern daß sich der Sünder bekehre/ vnd lebe.

Leibliche Wirckung.

EIn liebliches Blümlein findest du hie/
Wolriechend vnd ohn alle müh/
Der Geruch gedörrt am stercksten ist/
Das Haupt vnnd Hirn sterckt zu jeder Frist/
Macht gut Gdechtnuß glegt in Wein/
Davon getruncken/soll auch seyn

Marien Blum.

Ein gut Artzney zu Miltz vnd Niern/
Das kan ein jeder ſelbſt probiern/

Mit Wermut ſied ſie wol in Wein/
Bringt gut Kühlung dem Magen dein/
Die Blümlein leg bey dein Gewandt/
Den Weibern iſt es wol bekandt/
Drumb magſt diß Blümlein halten hin/
Zu deinem Nutzen vnd Gewinn.

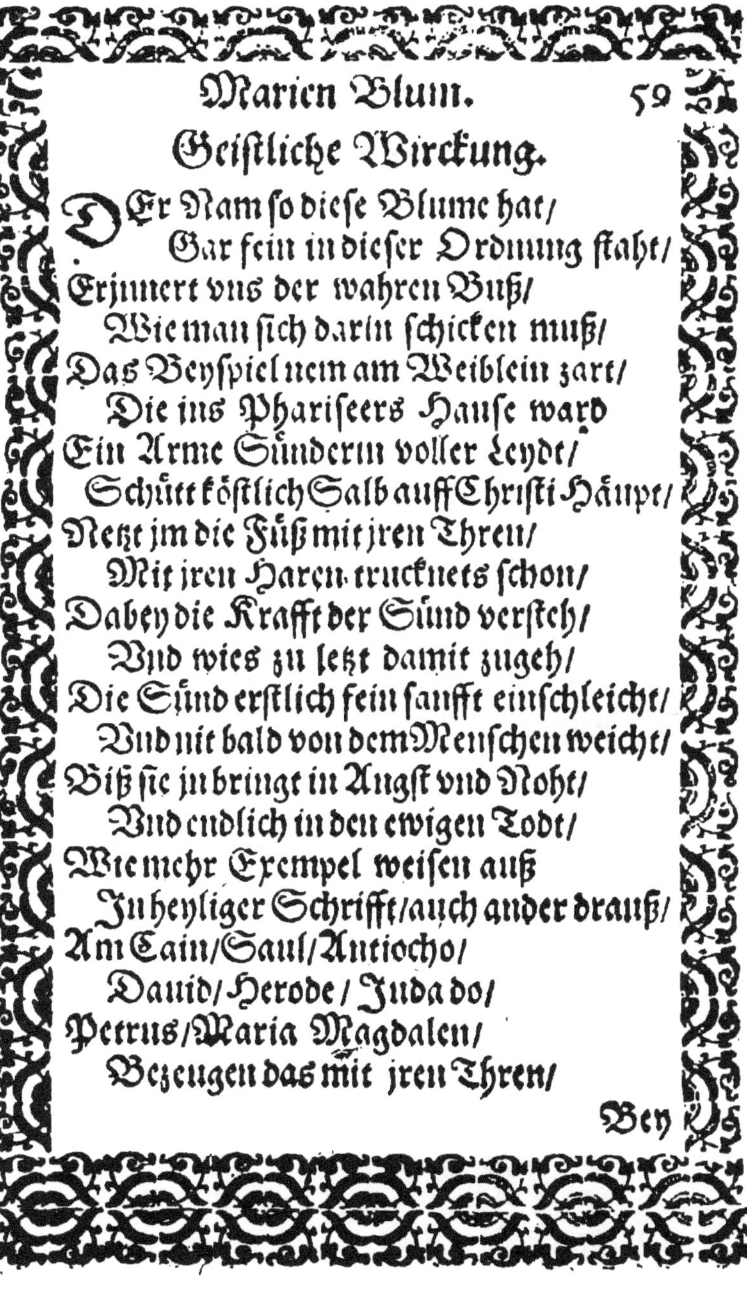

Geistliche Wirckung.

DEr Nam so diese Blume hat/
Gar fein in dieser Ordnung staht/
Erjnnert vns der wahren Buß/
Wie man sich darin schicken muß/
Das Beyspiel nem am Weiblein zart/
Die ins Phariseers Hause ward
Ein Arme Sünderin voller Leydt/
Schütt köstlich Salb auff Christi Häupt/
Netzt jm die Füß mit jren Thren/
Mit jren Haren trucknets schon/
Dabey die Krafft der Sünd versteh/
Vnd wies zu letzt damit zugeh/
Die Sünd erstlich fein sanfft einschleicht/
Vnd nit bald von dem Menschen weicht/
Biß sie jn bringt in Angst vnd Noht/
Vnd endlich in den ewigen Todt/
Wie mehr Exempel weisen auß
Jn heyliger Schrifft/auch ander drauß/
Am Cain/Saul/Antiocho/
Dauid/Herode/Juda do/
Petrus/Maria Magdalen/
Bezeugen das mit jren Thren/

Bey

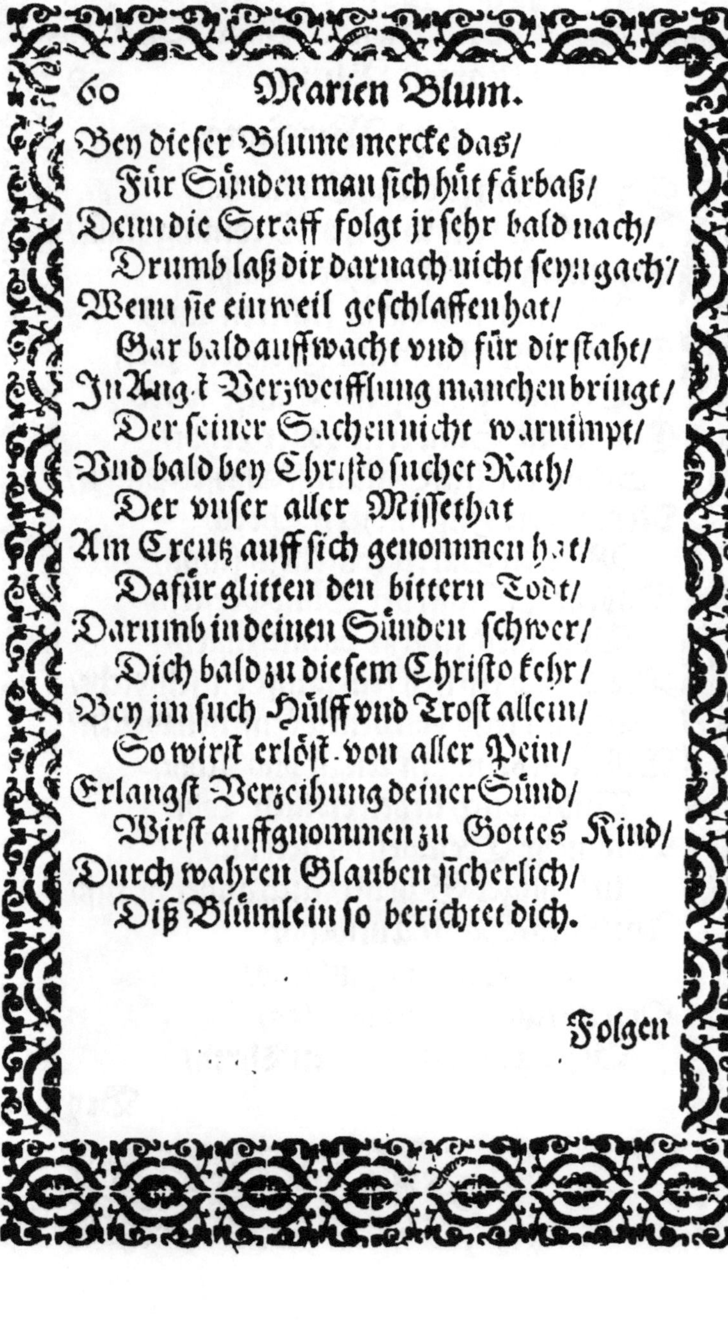

Bey dieser Blume mercke das/
Für Sünden man sich hüt fárbaß/
Denn die Straff folgt jr sehr bald nach/
Drumb laß dir darnach nicht seyn gach/
Wenn sie ein weil geschlaffen hat/
Gar bald auffwacht vnd für dir staht/
In Angst Verzweifflung manchen bringt/
Der seiner Sachen nicht warnimpt/
Vnd bald bey Christo suchet Rath/
Der vnser aller Missethat
Am Creutz auff sich genommen hat/
Dafür glitten den bittern Todt/
Darumb in deinen Sünden schwer/
Dich bald zu diesem Christo kehr/
Bey jm such Hülff vnd Trost allein/
So wirst erlöst von aller Pein/
Erlangst Verzeihung deiner Sünd/
Wirst auffgnommen zu Gottes Kind/
Durch wahren Glauben sicherlich/
Diß Blümlein so berichtet dich.

Folgen

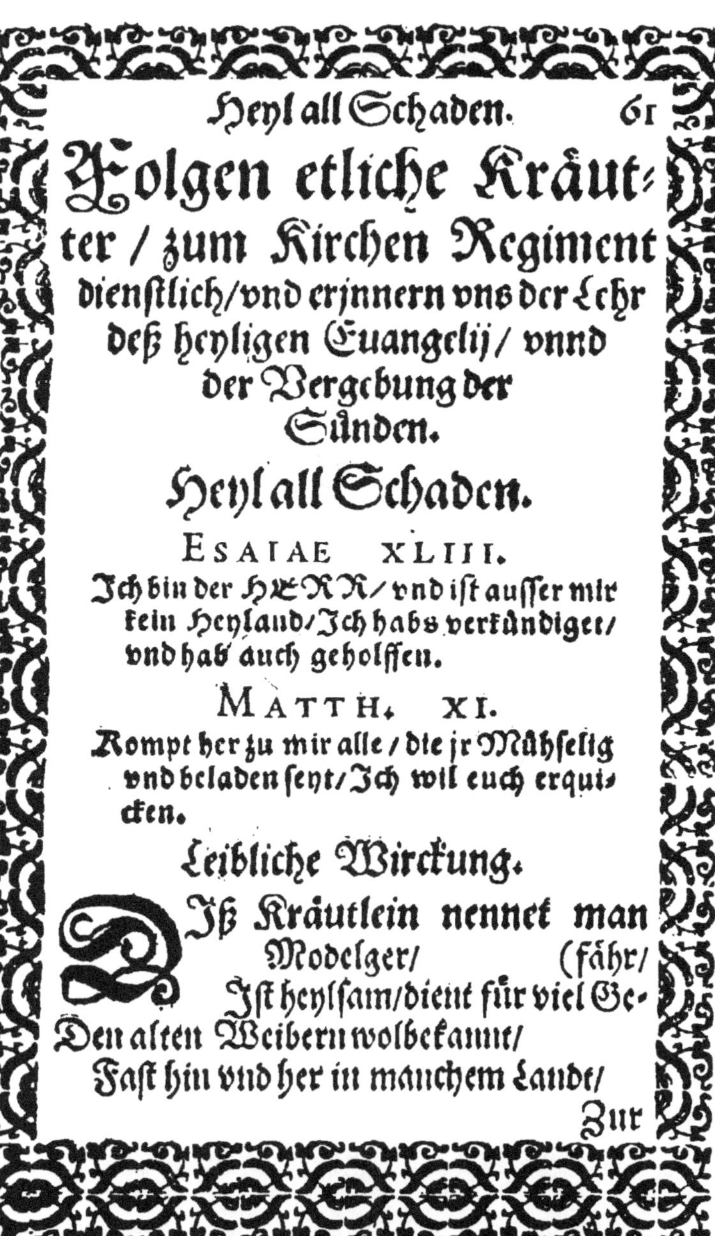

Folgen etliche Kräutter / zum Kirchen Regiment dienstlich / vnd erjnnern vns der Lehr deß heyligen Euangelij / vnnd der Vergebung der Sünden.

Heyl all Schaden.

ESAIAE XLIII.

Ich bin der HERR / vnd ist ausser mir kein Heyland / Ich habs verkündiget / vnd hab auch geholffen.

MATTH. XI.

Kompt her zu mir alle / die jr Mühselig vnd beladen seyt / Ich wil euch erquicken.

Leibliche Wirckung.

DJß Kräutlein nennet man Modelger /
Ist heylsam / dient für viel Gefähr /
Den alten Weibern wolbekannt /
Fast hin vnd her in manchem Lande /

Zur

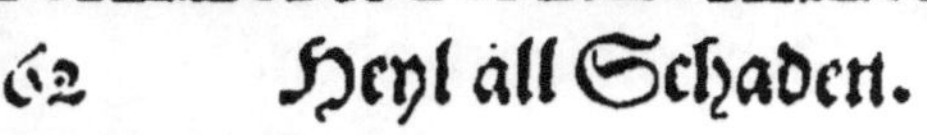

Zur Bulschafft sies fast sam̃len ein/
Hiezu ein gute Hülff soll seyn/

Zu erwecken bald Fleischliche Lust/
So sich zutragen inn der Brust/
Und ander mehr Kunst treibens mit/
Meyn sie es böß/schütt sie der Ritt/

Voll

Voll Aberglaubens gmeinlich sindt/
Verführen manchem frommen Kindt/
Dazu gehört ein newwer Sack/
Vnnd Wassers gnug/ daß mans drein pack/
Die Wurtz das kranck Vieh heylen sol/
Den frischen Wunden dienets wol.

Geistliche Bedeutung.

BEy diesem Kräutlein sey eindenck/
Wz Christus sey für ein Gschenck/
Daß er sey besser denn Silber/ Goldt/
Drumb wir jm billich werden holdt/
Kein Schad vnd Kränck so groß kan seyn/
Er thut sie heylen alle fein/
An Leib vnd Seel das wiß fürwar/
Kan ers abnemmen gantz vnd gar/
Drumb was dir fehlet vnd gebrist/
Alles fein findst bey Jesu Christ/
Der heist Heyl Schaden recht vnd wol/
Drumb jeder zu jm kommen soll/
Wie er denn rufft: Kompt her zu mir/
Seyt jhr Mühselig für vnd für/

Euch

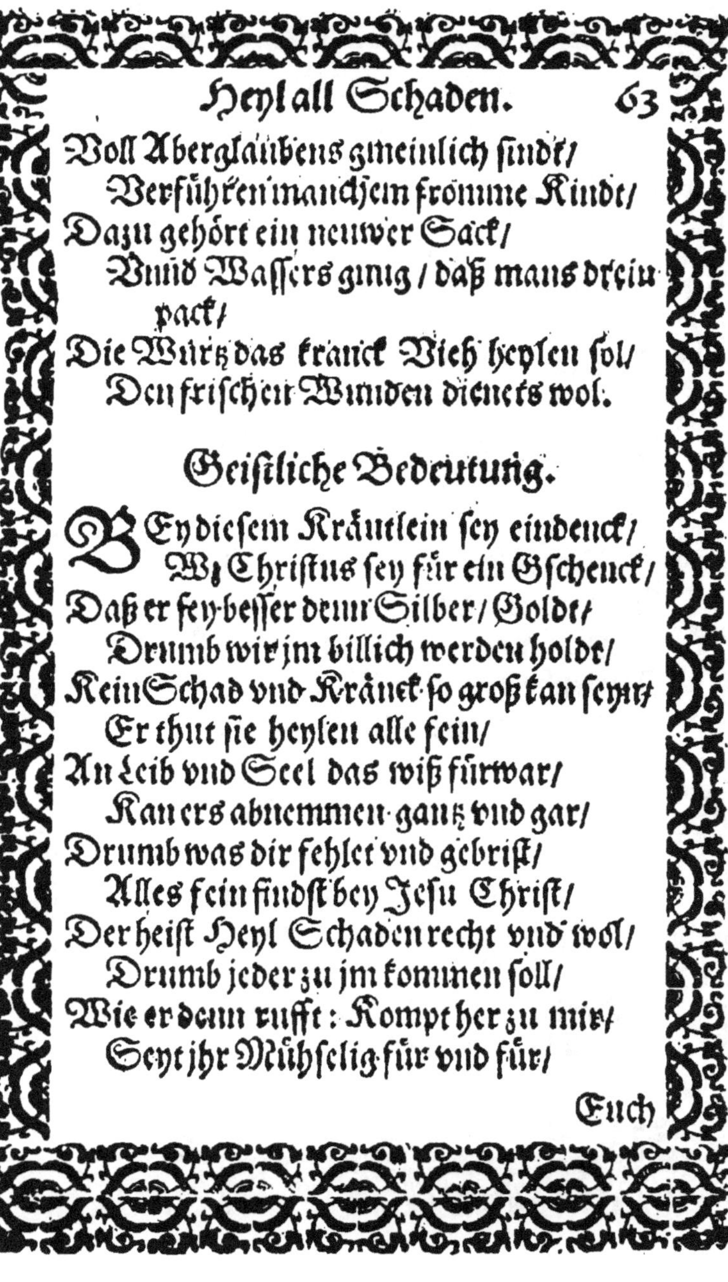

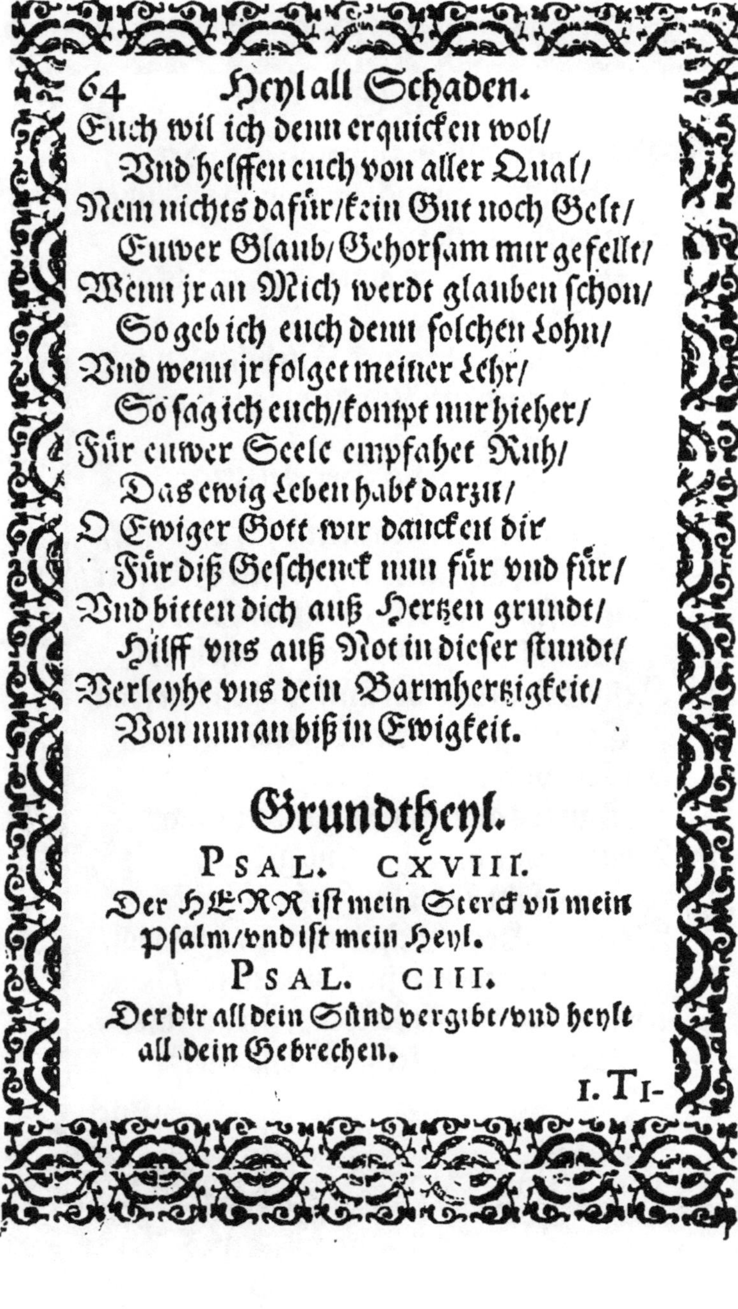

Euch wil ich denn erquicken wol/
Vnd helffen euch von aller Qual/
Nem nichts dafür/kein Gut noch Gelt/
Euwer Glaub/Gehorsam mir gefellt/
Wenn jr an Mich werdt glauben schon/
So geb ich euch denn solchen Lohn/
Vnd wenn jr folget meiner Lehr/
So sag ich euch/kompt nur hieher/
Für euwer Seele empfahet Ruh/
Das ewig Leben habt darzu/
O Ewiger Gott wir dancken dir
Für diß Geschenck nun für vnd für/
Vnd bitten dich auß Hertzen grundt/
Hilff vns auß Not in dieser stundt/
Verleyhe vns dein Barmhertzigkeit/
Von nun an biß in Ewigkeit.

Grundtheyl.

PSAL. CXVIII.

Der HERR ist mein Sterck vn̄ mein Psalm/vnd ist mein Heyl.

PSAL. CIII.

Der dir all dein Sünd vergibt/vnd heylt all dein Gebrechen.

I. Ti-

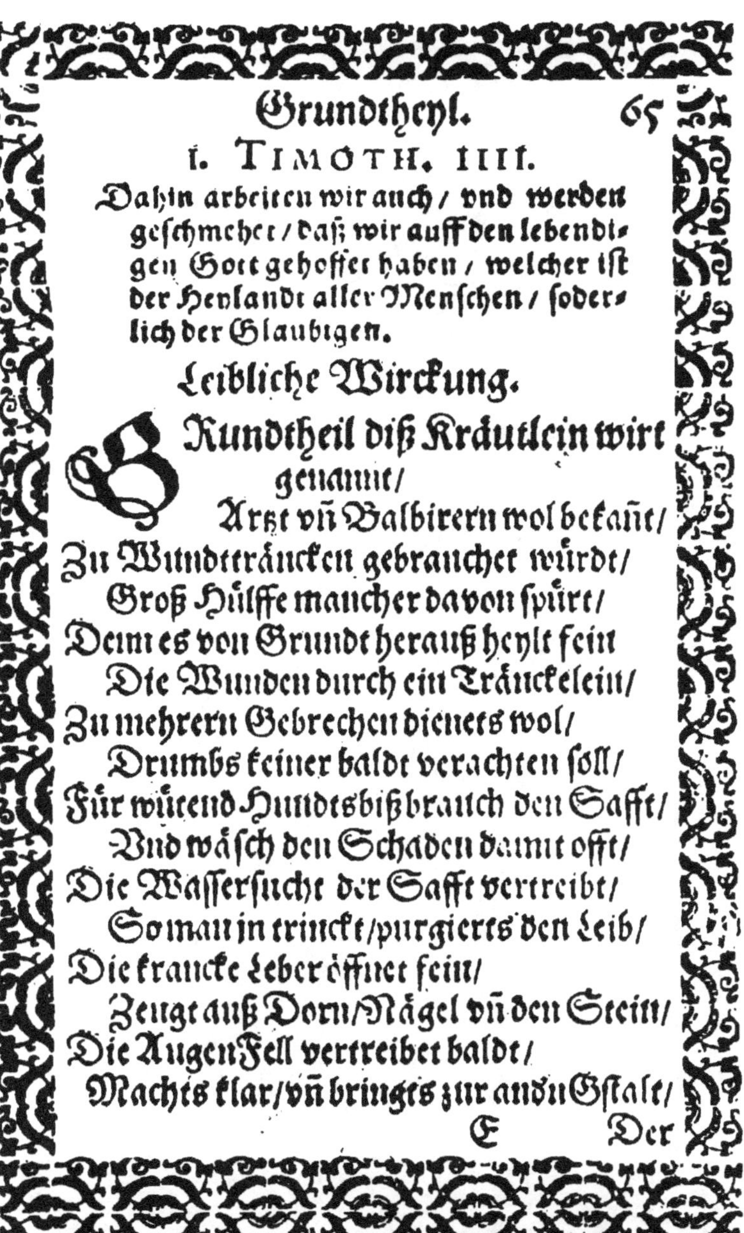

I. TIMOTH. IIII.

Dahin arbeiten wir auch / vnd werden geschmehet / daß wir auff den lebendigen Gott gehoffet haben / welcher ist der Heylandt aller Menschen / sonderlich der Glaubigen.

Leibliche Wirckung.

GRundtheil diß Kräutlein wirt genannt /
Artzt vñ Balbirern wol bekañt /
Zu Wundtränckẽ gebrauchet würdt /
Groß Hülffe mancher davon spürt /
Denn es von Grundt herauß heylt fein
Die Wunden durch ein Tränckelein /
Zu mehrern Gebrechen dienets wol /
Drumbs keiner baldt verachten soll /
Für wütend Hundsbiß brauch den Safft /
Vnd wäsch den Schaden damit offt /
Die Wassersucht der Safft vertreibt /
So man in trinckt / purgierts den Leib /
Die krancke Leber öffnet fein /
Zeugt auß Dorn / Nägel vñ den Stein /
Die AugenFell vertreibet baldt /
Machts klar / vñ bringts zur andn Gstalt /

Der Safft zur Nasen genommen ein/
Purgiert das Hirn vnd macht es rein/
Der Afterdarm/ so er außgehet/
Blaw Grundtheyl bald jm widerstehet/
Dasselb rot Kräutlein verstellt das Blut/
Wenn man es in die Nasen thut.

Geistliche Wirckung.

WEnn wir diß Kräutlein schawen an
Mit geistlichen Augen auffgethan/
Baldt werden wir erjnnert schon
Deß rechtẽ Grundtheyls Gottes Son/
Der heylt von Grundt auß vnser Seel/
Vnd nimpt hin von vns allen Fähl/
Kein Artzt ist in der gantzen Welt/
Der besser Gsundtheit vns zustellt/
Denn dieser Grundtheyl Jesus Christ/
Der vns vom Himmel kommen ist/
Er ist das Heyl/ der selig Trost/
Durch welchen wir all sindt erlost/
Geheylet von dem Schlangen Biß
Deß Teuffels/ sag ich dir gwiß.
Solch Artzeney/ wem sie gefellt/
Im Predigampt wirdt fürgestellt/

Das ist die Himlisch Apoteck/
Da man vns zeigt den rechten Weg
Zu diesem Artzt/veracht es nicht/
Mach dich herbey/darnach dich richt/
Du darffst doch weder Gelt noch Gut/
Denn dieses heylt allein sein Blut/
Welches er für vns vergossen hat/
Drumb bey demselben suche Rath/
O Christe hilff vns diese Stundt/
Heyl vnsers Hertzen tieffen Grundt
Von aller Sünd vnd Missethat/
Wend von vns ab der Seelen Schad/
Vnd nem vns alle auff zu gleich
Zu dir ins ewig Himmelreich.

Engelsüß.

PSAL. CXIX.

Dein Wort ist meinem Mundt süsser denn Honig/drumb liebe ich dein Gebott vber Goldt vnd fein Goldt.

PSAL. I.

Die Gerechten haben lust am Wort Gottes/vnd reden gern dauon Tag vnd Nacht.

ROM.

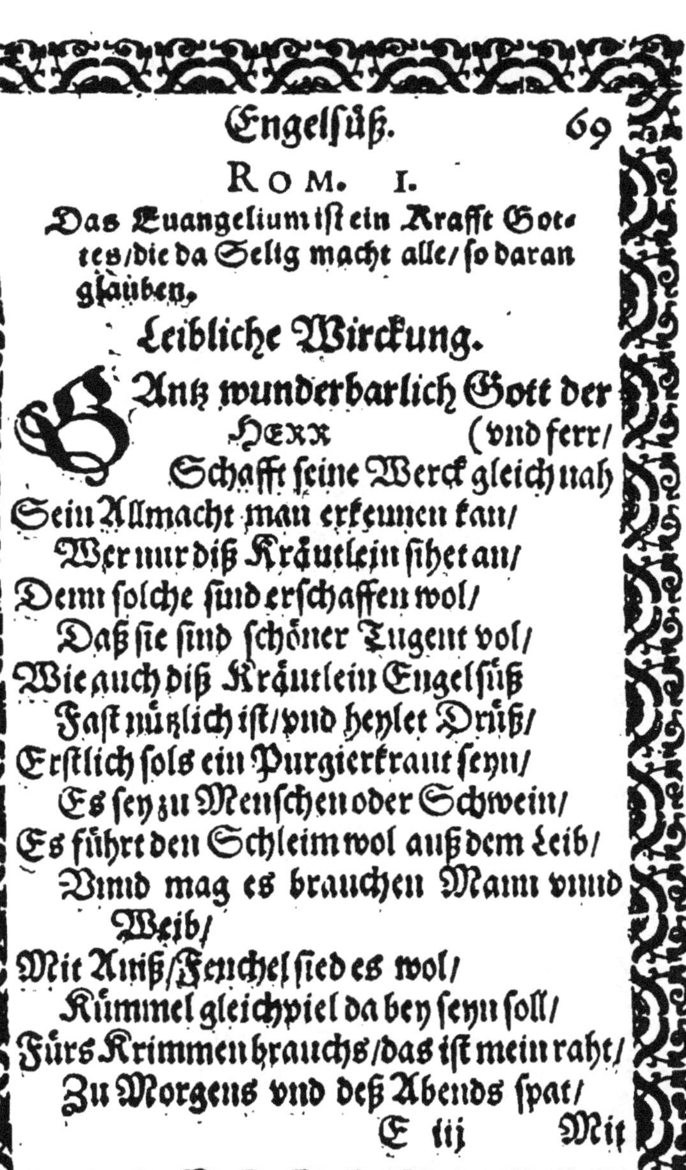

ROM. I.

Das Euangelium ist ein Krafft Gottes/ die da Selig macht alle/ so daran glauben.

Leibliche Wirckung.

GAntz wunderbarlich Gott der
HERR (vnd ferr/
Schafft seine Werck gleich nah
Sein Allmacht man erkennen kan/
Wer nur diß Kräutlein sihet an/
Denn solche sind erschaffen wol/
Daß sie sind schöner Tugent vol/
Wie auch diß Kräutlein Engelsüß
Fast nützlich ist/ vnd heylet Drüß/
Erstlich sols ein Purgierkraut seyn/
Es sey zu Menschen oder Schwein/
Es führt den Schleim wol auß dem Leib/
Vnnd mag es brauchen Mann vnnd
Weib/
Mit Aniß/ Fenchel sied es wol/
Kümmel gleichviel da bey seyn soll/
Fürs Krimmen brauchs/ das ist mein raht/
Zu Morgens vnd deß Abends spat/

Mit Pappeln/ Mangoldt sied es fein/
Mit Hünerbrü solt trincken ein/

Die atram bilem führts hinweg/
Die Melancholey also außfeg/
Mit Jngber/ Aniß/ Fenchel rein/
Gesotten wol in Firnem Wein/

Den-

Den trinck / das macht dir gut Gblůt /
Fürm Feber / wiß / dich auch behůt /
Sonst ander Tugent mehr fürwar
Wirdt dir von Doctorn offenbar.

Geistliche Bedeutung.

JN der Kirchen findt man Engelsüß /
Wenn man dasselb vngefelschet ließ /
Das wer ein Edel schön Recept
Für jedern / so auff Erden lebt /
Das ist das Euangelium /
Ein süsse Lehr fürwar / hierumb
Die Sünder hörens vbergern /
Wenn man das in der Kirch thut lehrn /
Vnd wenns hefftig erschrecket sind
Durchs Gsatz / den machet diß gelind
Jr Hertzen vnd Gewissen schwer /
Daß sie sich förchten nicht zu sehr /
In dieser Lehr wirdt Gnad vnd Gunst
Vns angebotten gar vmb sonst /
Vnd ist ein gute newe Mehr /
Ein Engelsüß / Himlische Lehr /
Von Christo vnserm Heyland schon /
Dem Eingebornen Gottes Son /

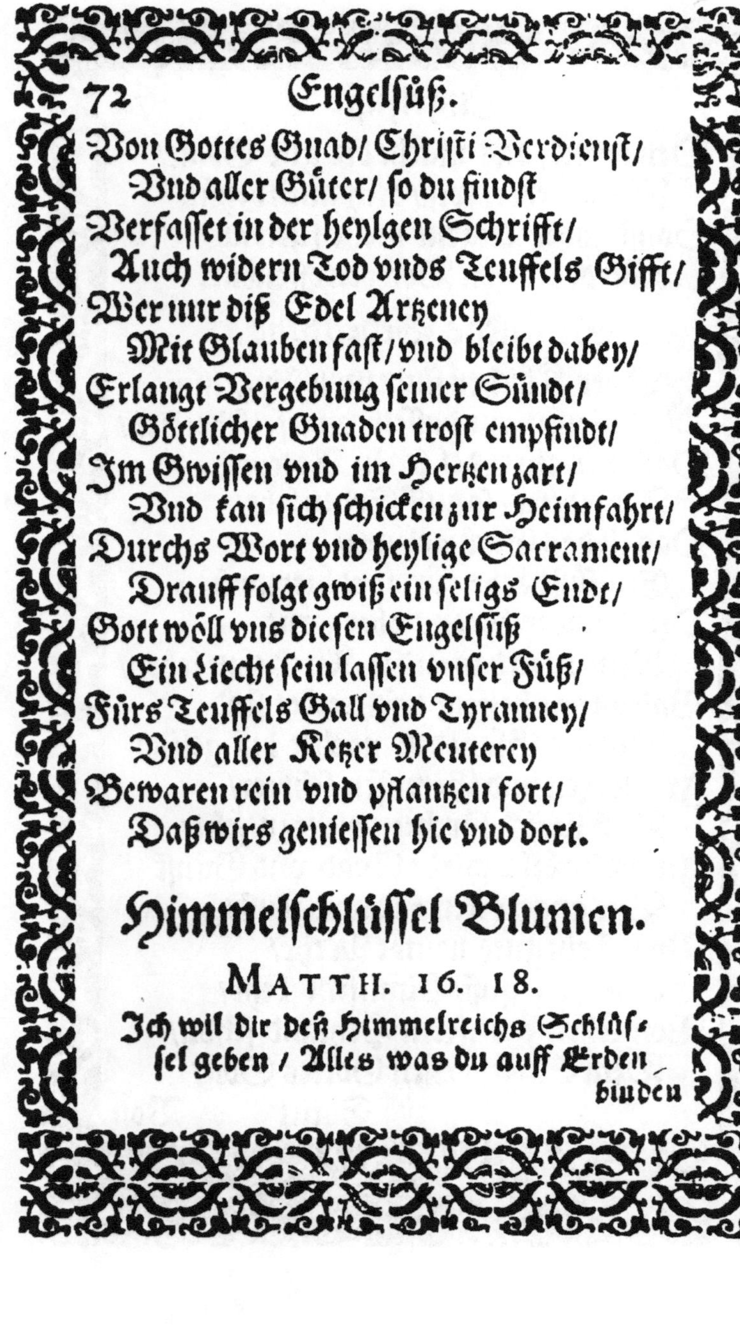

Von Gottes Gnad/ Christi Verdienst/
Vnd aller Güter/ so du findst
Verfasset in der heylgen Schrifft/
Auch widern Tod vnds Teuffels Gifft/
Wer nur diß Edel Artzeney
Mit Glauben fast/ vnd bleibt dabey/
Erlangt Vergebung seiner Sündt/
Göttlicher Gnaden trost empfindt/
Im Gwissen vnd im Hertzen zart/
Vnd kan sich schicken zur Heimfahrt/
Durchs Wort vnd heylige Sacrament/
Drauff folgt gwiß ein seligs Endt/
Gott wöll vns diesen Engelsüß
Ein Liecht sein lassen vnser Füß/
Fürs Teuffels Gall vnd Tyranney/
Vnd aller Ketzer Meuterey
Bewaren rein vnd pflantzen fort/
Daß wirs geniessen hie vnd dort.

Himmelschlüssel Blumen.

MATTH. 16. 18.

Ich wil dir deß Himmelreichs Schlüssel geben / Alles was du auff Erden

binden

binden wirst/ soll auch im Himmel gebunden seyn/ vnd alles/ was du auff Erden lösen wirst/ soll auch im Hiṁel loß seyn.

PHILIPP. III.

Vnser Burgerschafft ist im Hiṁel/ von dannen wir erwarten vnsers Herrn vnd Heylandes Jesu Christi/ꝛc.

Leibliche Wirckung.

EIn wolgestaltes Kräutelein
Mit seinen Blůmlein diß mag seyn/
Ohn Tugent schon findstu es nicht/
An Händen/ Füssen heylt das Gicht/
Wenn man die Blůmlein seudt in Wein/
Das soll ein guts remedium seyn/
Das gebrannte Wasser besser ist/
Von vielen wirdt gebraucht ohn List/
Zweymal im Tag trincks auff zwey Loht/
Vertreibt im Magen auch den Sodt/
Dem kalten Magen dienet wol/
Zur kalten Leber mans brauchen soll/
Zu Masen/Flecken im Angesicht
Das Wasser brauch/ Galenus spricht/

Fürs Lenden Grien vnd Blasen Stein
Braucht man das Wasser in gemein/

An Händn vñ Häupt den Schmertzē legt/
Vnd was sich böß im Magen regt/
Ein Tuch genetzt vnd auffgebunden/
Heylt gifftiger Thier Biß vñ Wundē/

Dem

Dem Hertzen nimpt es Ohnmacht viel/
Drumb dazu brauchs / ist es dein Will.

Geistliche Bedeutung.

BEy diesem Kräutlein soll man sich
Gar fein erinnern fleissiglich
Der Himmel Schlüssel / so zur Hande
Gebraucht werden im Predigampt/
Kein materliche Schlüssel sindt/
Wie man sie bey den Schlossern findt/
Es ist das kräfftig Göttlich Wort/
Vnd Gwalt / den Christus geben hat/
Da er zu Petro saget fein/
Ich geb dirs Himmels Schlüsselein/
Was du auff Erden lösen würst/
Im Himmel auch also gedürst/
Dasselbig soll gelöset seyn/
Mehr sag ich dir ohn falschen Schein/
Was du auff Erden binden thust/
Im Himmel solches gelten muß/
Bey Joanne sagt er eben das/
Daß/welchem man die Sünde erlaß/
Im Himmel solln erlassen seyn/
Bey allen Christen in gemein/

Also

Also Christus gab vollu Gewalt
Sein Jüngeru/ die Sünde manigfalt
Zu binden/ lösen/schliessen auff
Den Himmel/nicht/ daß mans erkauff
Umb loses Gelt/wie längst geschehn/
Da man verkaufft Ablaß und Poen
Umb grosses Gelt vom Bapst zu Rom/
Und sein vermeynten Dienern from/
Ja solchen Gwalt in massen zu/
Der Gott allein gebüren thu/
Viel neben Diederich braucht man do/
Rechter Schlüssel war Niemandt fro/
In Gottes Wort gegründet recht/
Drumm wardt betrogē Herr vn̄ Knecht/
Jetzt wirdt der Gbrauch nun recht gefürt/
Wie mans in wahren Kirchen spürt/
Da Gottes Wort lauter und klar
Geprediget wirdt frey offenbar/
Wer nun mit rechter Rew und Leydt/
In Demut ist zur Busse bereit/
Im Glauben sich an Christum hellt/
Den besten Schatz hat in der Welt/
Brauch sich der Absolution/
Welch eingesatzt hat Gottes Sohn/

Im

Im Ampt der Schlüſſel alſo klar
Ablaß der Sünden haſt fürwar.

Folgen nuhn etliche Kräutter/ſo vns der erworbenen Gnade Gottes durch Chriſtum erjnnern.

Chriſtwurtz.

ESAIAE XI.

Es wirdt geſchehen zu der zeit/ daß die Wurtzel Iſai/ die da ſtehe zum Panir den Völckern/ nach der werden die Heyden fragen/ vnd ſein Ruhe wirdt Ehr ſeyn.

MATTH. XVI.

Du biſt Chriſtus deß Warhafftigen lebendigen Gottes Sohn.

Leibliche Wirckung.

CHRIſtwurtz ein Art der Nießwurtz
wurtz iſt/ (zumiſt/
Drumb man jr auch ſolch Krafft

Für

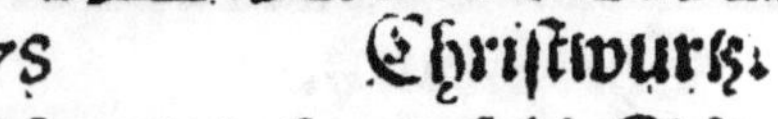

Für etlich Jarn solch Schwachheit war/
Die Leuth vom Niesen sturben gar/

Dafür braucht man kein andern Behelff/
Dann wünschet jn/ daß nur Gott helff/
O Christe/ hilff jetzt also baldt/
Das wünscht einander Jung vnd Alt/

Daher diß Kraut man nennt Christwurtz/
Weils auch erregt das Niesen kurtz/
In Leib mans selten brauchen soll/
Doch wer der Melancholey ist voll/
Der legs in Wein vnd trinck darvon/
Den Schwindel auch vertreibet schon/
Die reudig Haut auch heylet gschwindt/
Gekocht in Essig heylt den Grindt/
Das Ohren brausen auch vertreibt/
Wie solchs Hieronymus Bock bschreibt/
Den Weibern ist es nütz vnd gut/
Damit zu fordern der Mutter Blut/
Doch brauch es mit Bescheydenheit/
Es wirdt dir sonst gewißlich leydt.

Geistliche Bedeutung.

DJe bitter Christwurtz ist verschrenckt/
Mit vielen Wurtzeln drangehenckt.
Solchs Gewürtzel vns erinnert wol/
Daß jeder einverleibt seyn sol
Der Hertzwurtz Christi vnsers Herrn/
Von jm zu scheyden je vngern/
Ob gleich sein Gschmack vñ Gruch bitter
Der Welt scheint seyn vnd zuwider/

Den-

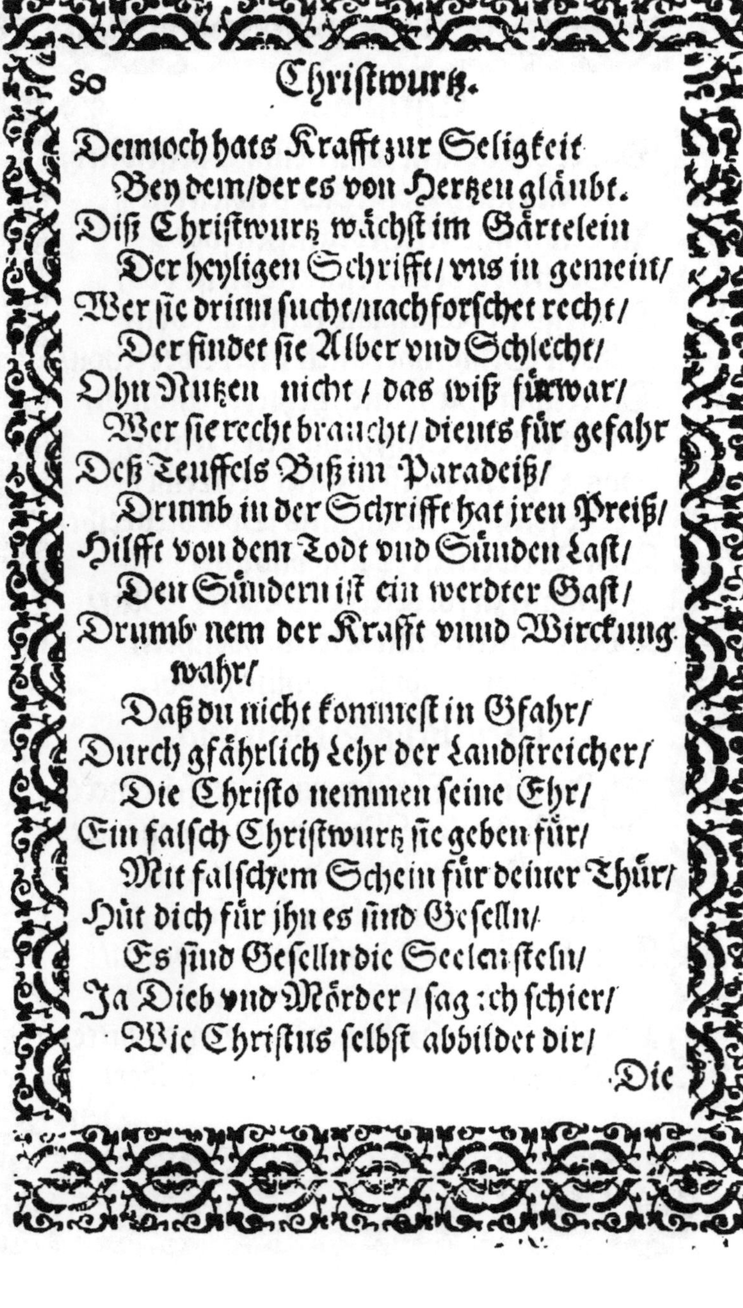

Dennoch hats Krafft zur Seligkeit
Bey dem / der es von Hertzen gläubt.
Diß Christwurtz wächst im Gärtelein
Der heyligen Schrifft / vns in gemein /
Wer sie drinn sucht / nachforschet recht /
Der findet sie Alber vnd Schlecht /
Ohn Nutzen nicht / das wiß fürwar /
Wer sie recht braucht / dients für gefahr
Deß Teuffels Biß im Paradeiß /
Drumb in der Schrifft hat jren Preiß /
Hilfft von dem Todt vnd Sünden Last /
Den Sündern ist ein werdter Gast /
Drumb nem der Krafft vnnd Wirckung wahr /
Daß du nicht kommest in Gfahr /
Durch gfährlich Lehr der Landstreicher /
Die Christo nemmen seine Ehr /
Ein falsch Christwurtz sie geben für /
Mit falschem Schein für deiner Thür /
Hüt dich für jhn es sind Geselln /
Es sind Geselln die Seelen steln /
Ja Dieb vnd Mörder / sag ich schier /
Wie Christus selbst abbildet dir /

Die

Die recht Christwurtz ist Gottes Son/
Wer sich verführen lest davon/
Zur Seligkeit kompt nimmermehr/
Drumb hüt dich für der falschen Lehr.

Schafripp oder Keusch-Lamb.

IOHAN. I.

Sihe/das ist Gottes Lamb/welchs der Welt Sünde trägt.

I. PETRI I.

Wist/daß jr nicht mit vergänglichem Silber oder Gold erlöset seyt/von ewrem eyteln Wandel/nach Vätterlicher Weiß/sonder mit dem thewren Blut Jesu Christi/als eins vnschuldigen vnd vnbefleckten Lämbleins.

Leibliche Wirckung.

EIn nützlichs Kräutlein findest hie/
Das kan man brauchen ohne (Mühe
Zu diesen Kräfften/wie da folgt/
Ist offtmals besser/denn Silber/Goldt/

So manches Ripplein findest dran/
So manche Tugent soll es han/

Für Gschwulst der Wunden dienets wol/
Drumb man diß darauff binden soll/
Wer drüber trinckt/ hilfft für den Stein/
Den Harn es treibt/ macht d Blasen rein/
Das geronnen Blut zertheilet baldt/
Es sey der Mensch Jung oder Alt/
Die Spülwürm in dem Leibe dein
Vertreibt/ mit Wein getruncken ein/

Die Pri[illegible]lentzisch Gifft deßgleich
Vertreibt von Armen vnd von Reich/
Wenn

Wenn man Confect darvon bereit
Mit Tyriack / der Artzte seit/
Das Außgebrannte Wasser hat
Fast gleiche Wirckung/wie obstaht/
Das ander Kräutlein wird bekannt/
So es Schafmülle wirdt genannt/
Das dient zu vielen Gbrechen schwer/
Für Wassersucht brauchts mancher Herr/
Heylt gifftige Biß vnd Stich fürwar/
Vertreibt Vnkeuschheit gantz vnd gar/
Die Münch vnd Nonnen/ vnnd Geistlich Standt/
Wie sie im Bapstthumb sind genannt/
Der Artzney Notturfftig sindt/
Die Vnzucht in vergienge schwindt/
Manch Weib vnd Magd behüt hinfur/
Daß sie nicht wurde zu einer Hur/
Das Laub gesotten wol in Wein/
Soll ein gewiß Remedium seyn
Zum bösen Mundt/ dazu man nem
Ein wenig Honig oder Seym/
Das Zahngeschwer/Schrunden vñ Riß/
An Handt vnd Füssen / heylts gewiß/

Zu deiner Not magsts samlen ein/
Vnd durch das Jar gebrauchen fein.

Geistliche Wirckung.

BEy dieser Schafripp soll man sich
Erinnern wol vnd fleissiglich
Deß heyligen Lämbleins Christi zart/
Vnd daß er sey Göttlicher Art/
Voll Tugendt schön vnd Herrligkeit/
Wie er in dieser letzten Zeit
Menschlich Natur genommen an/
In der für vns genug gethan/
Für vnser Sünde gelitten viel/
Wie solchs war seines Vatters Will/
Am Creutz für vns geschlachtet warde
Das heylige Lämblein also zart/
An seinem Leib die Rippen all
Kondt man da zehlen im Vnfall/
Sein Händt vnd Füß durchstochen gar/
Sein Seiten jm geöffnet war/
Drauß floß sein rosenfarbes Blut/
Ist geschehen warlich vns zu gut/
Auff daß er vns erlöset all
Von der Sünden/ Straff vnd Vnfall/
Vnd

Vnd brecht vns in das Himlisch Reich/
Vnd macht vns seinen Engeln gleich/
Wie solchs für längst geweissagt ist
Von Gottes Sohne Jesu Christ/
Vnd die Figur fein zeiget an
Deß Osterlämbleins/ so findst stahn
Im andern Buch/ so Moyses schreibt/
Vnd Esaias einverleibt/
Im drey vnd fünfftzigsten Capitel/
Frey offenbar vnd ohne Hehl/
Spricht Christus sey das zarte Lamb
Für vns geschlagē ans Creutzes Stam̄/
Sanct Joannes vns also bericht/
Er sey das Lämblein Gottes/ spricht/
Welchs trag der gantzen Welte Sündt/
Zu vnserm Heyl vnd Nutzen dient/
Wer nur glaubt an diß Lämblein fein/
Erlöset wirdt von Todt vnd Pein/
Die ewige Frewd vnd Seligkeit
Erlanget der/ so an jn gläubt/
Hiefür bist schuldig Lob vnd Danck
Deim lieben Gott dein Lebenlang/
Diß hastu bey dem Kräutelein
Schafripp dich zu erinnern fein/

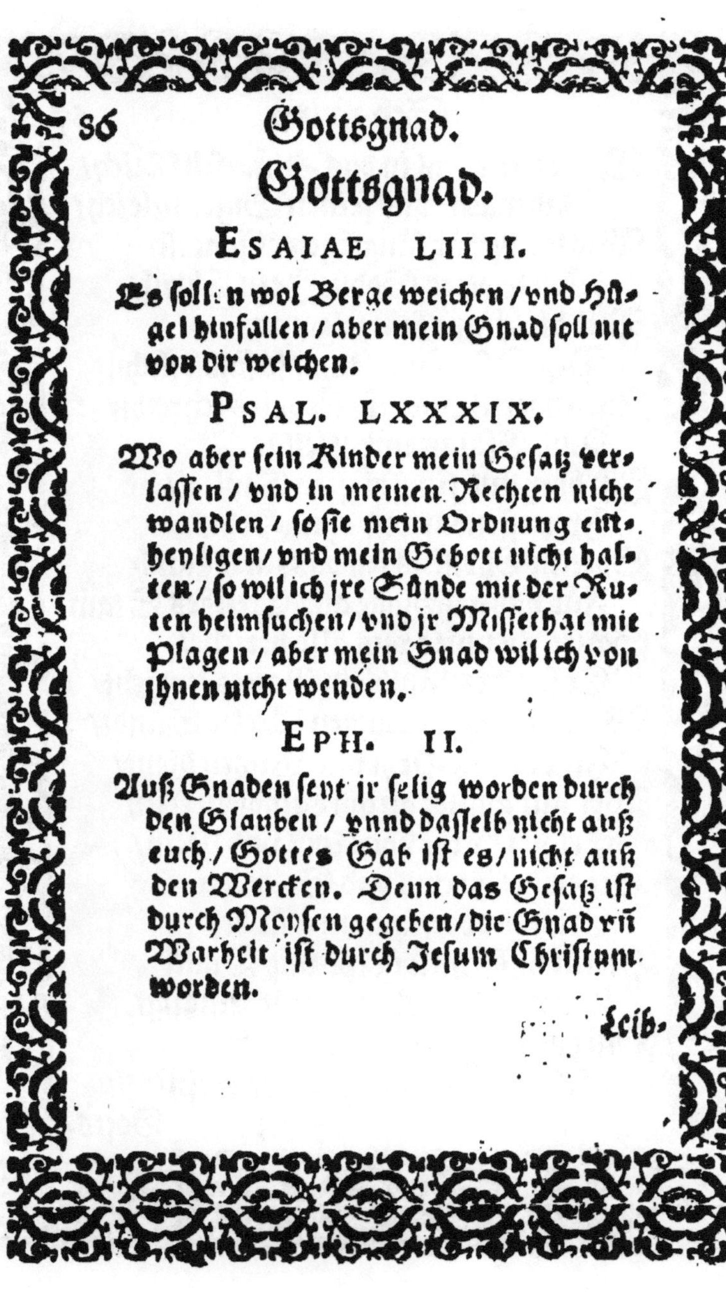

Gottsgnad.

ESAIAE LIIII.

Es sollen wol Berge weichen / vnd Hügel hinfallen / aber mein Gnad soll nit von dir weichen.

PSAL. LXXXIX.

Wo aber sein Kinder mein Gesatz verlassen / vnd in meinen Rechten nicht wandlen / so sie mein Ordnung entheyligen / vnd mein Gebott nicht halten / so wil ich jre Sünde mit der Ruten heimsuchen / vnd jr Missethat mit Plagen / aber mein Gnad wil ich von jhnen nicht wenden.

EPH. II.

Auß Gnaden seyt jr selig worden durch den Glauben / vnnd dasselb nicht auß euch / Gottes Gab ist es / nicht auß den Wercken. Denn das Gesatz ist durch Moysen gegeben / die Gnad vñ Warheit ist durch Jesum Christum worden.

Leibliche Wirckung.

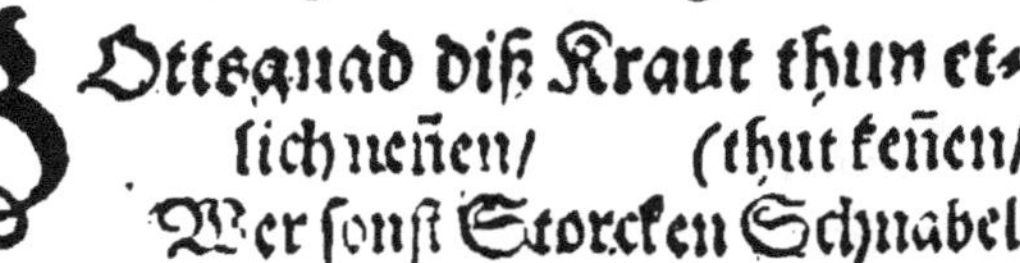
GOttsgnad diß Kraut thun etlich nennen/
Wer sonst Storcken Schnabel (thut kennen/

Der hat fürwar dasselbig Kraut/
Vnd dienet jm zur bösen Haut/

Fürn Grindt vnd Rotlauff sag ich dir/
Die Glieder külets für vnd für/
Wer lawlicht auffschlegt dieses Kraut/
Vertreibt den Rotlauff in der Haut/
Der Safft diß Kräutleins heylet fein
Faul Schäden an dem Leibe dein/
Es stercket das Hertz vnd machet Frewdt/
Fürn Stein so wirdt es auch bereit/
Den Safft vnd Wasser senfftiglich
Solt trincken ein/ glaubs sicherlich/
Zum drittenmal genommen ein/
Ein guts remedium soll seyn/
Ein heylsam Kräutlein ists / wers glaubt/
Fast allen Gliedern vnd dem Haupt.

Geistliche Wirckung.

Gleich wie diß Kräutlein vff dem Felß
Zu wachsen pflegt/ also bestells/
Zu wachsen in dem Hertzen dein/
Daß Gottes Gnad möge bey dir seyn/
Die Gotts Gnad auff dem Felsen ruhet/
In Christo Jesu / vnd schön blüet/
Dein Glauben gründ auff diese Gnad/
So wird geheylt der Sünden Schad/

Auff

Auff Christum stell dein Sinn vnd Mut/
Gotts Gnade hast vnd ewigs Gut/
Auff kein Verdienst Menschlicher werck
Setz dein Vertrawen / solches merck/
Wie Paulus zun Ephesern lehrt/
Die Römer auch also bewehrt/
Die Vrsach vnser Seligkeit
Steht in Gottes Barmhertzigkeit/
Wie Christus vns verkündiget hat/
Am dritten Johannis solches staht/
Christi Gehorsam vnd Demuts/
Vergiessung seines theuwren Bluts/
Das ist die Vrsach sag ich dir/
Daß Gottes Gnad geht für vnd für/
Doch muß man auch nicht leben hin/
In allen Lastern also schwimm/
Denn wer in Sünden leben wolt/
Die Gotts Gnad von jm weichen solt/
Vnd förcht fürwar die Göttlich Gnad/
Die er also mißbrauchet hat/
Werd schwerlich schweben vber im/
Drumb hab für augen Gottes Stim̃/
Halt dich darnach vnd folg allzeit/
So bleibt dir Gnad in Ewigkeit.

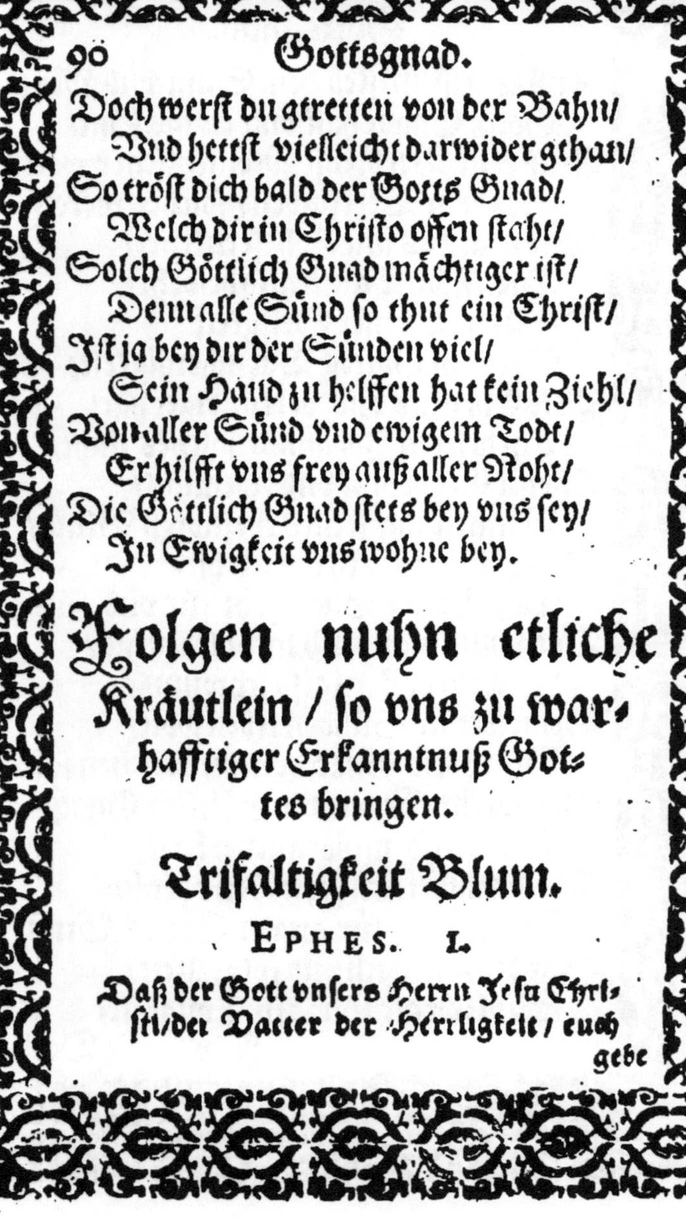

Doch werst du gtretten von der Bahn/
Vnd hettst vielleicht darwider gthan/
So tröst dich bald der Gotts Gnad/
Welch dir in Christo offen staht/
Solch Göttlich Gnad mächtiger ist/
Denn alle Sünd so thut ein Christ/
Ist ja bey dir der Sünden viel/
Sein Hand zu helffen hat kein Ziehl/
Von aller Sünd vnd ewigem Todt/
Er hilfft vns frey auß aller Noht/
Die Göttlich Gnad stets bey vns sey/
In Ewigkeit vns wohne bey.

Folgen nuhn etliche Kräutlein / so vns zu warhafftiger Erkanntnuß Gottes bringen.

Trifaltigkeit Blum.

EPHES. I.

Daß der Gott vnsers Herrn Jesu Christi/ der Vatter der Herrligkeit / euch

gebe

gebe den Geist der Weißheit vnd der Offenbarung.

II. IOHAN. V.

Denn Gottes Zeugnuß ist das / daß er gezeuget hat von seinem Sohn / der da kompt mit Wasser vnd Blut / vnd der Geist ists / der da zeuget / 2c. Joan. 15.

Leibliche Wirckung.

DEr Nam diß Kräutleins nit bekennt (gnennt/
Ist jederman / wirdt Freysam
Sein Tugent ist zu loben sehr/
Fürs Freysam vnnd für Schwachheit mehr/
Den Kindern soll mans auff den Brey
Eingeben / macht sie dauon frey/
Den Alten gibt mans ein mit Wein/
Den sied / ein gewisse Hülff soll seyn
Fürs Freysam / dazu muß man thun
Chamillen blüt auch Sinauw schon/
Acht Morgen soll mans trincken eyn/
Das sol ein Heylsams Tränckleín seyn/
Für Wust / Grind / Schleim vnd böse Kretz/
So sich zwischen Fleisch vnd Haut gesetzt/

Das

Das außgebrannte Wässerlein
Deß freysams Krauts sol auch gut seyn

Für solche Schmertzen allesampt/
Zwey Loht getruncken vertreibt zhande
Das Bauchweh/Grimmen vnd Gsegnet/
Das sich mit Schwülste bald erreget/

Ein

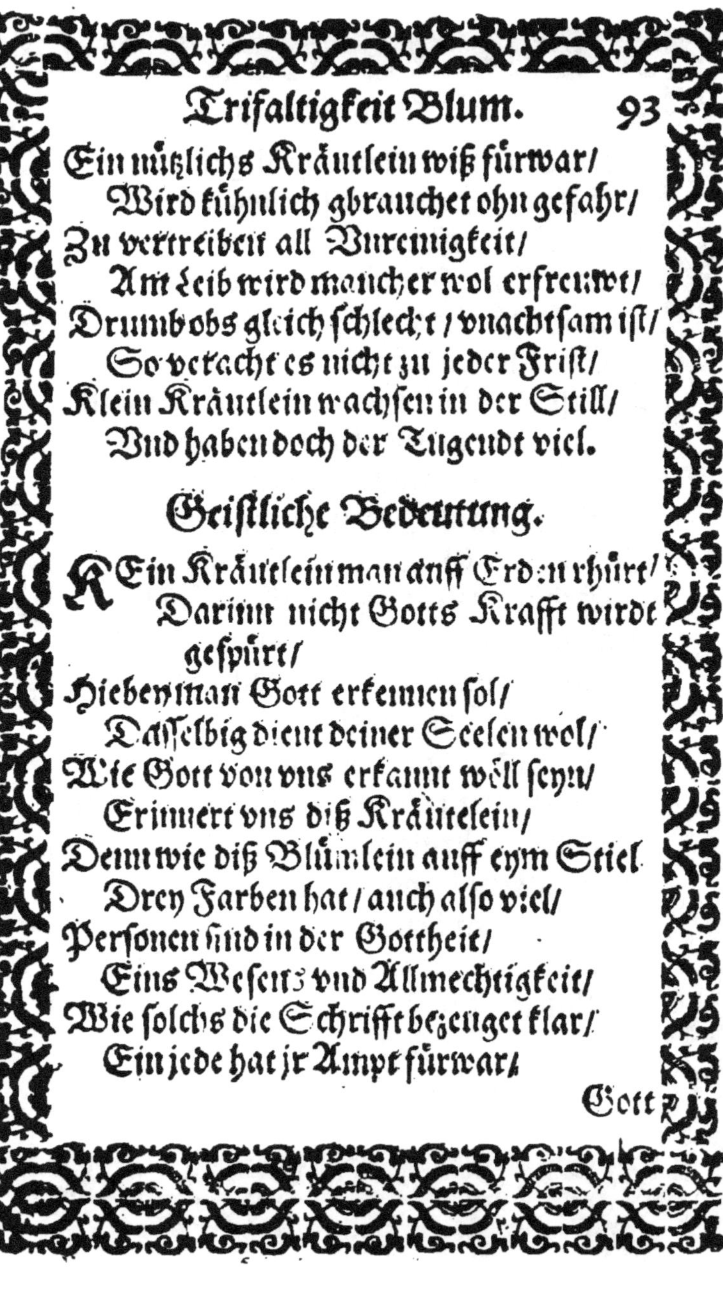

Ein nützlichs Kräutlein wiß fürwar/
Wird kühnlich gbrauchet ohn gefahr/
Zu vertreiben all Vnreinigkeit/
Am Leib wird mancher wol erfrewet/
Drumb obs gleich schlecht/ vnachtsam ist/
So veracht es nicht zu jeder Frist/
Klein Kräutlein wachsen in der Still/
Vnd haben doch der Tugendt viel.

Geistliche Bedeutung.

KEin Kräutlein man auff Erden rhürt/
Darinn nicht Gotts Krafft wirdt gespürt/
Hiebey man Gott erkennen sol/
Dasselbig dient deiner Seelen wol/
Wie Gott von vns erkannt wöll seyn/
Erinnert vns diß Kräutelein/
Denn wie diß Blümlein auff eym Stiel
Drey Farben hat/ auch also viel/
Personen sind in der Gottheit/
Eins Wesens vnd Allmechtigkeit/
Wie solchs die Schrifft bezeuget klar/
Ein jede hat jr Ampt fürwar/

Gott

Gott Vatter/Son vnd heyliger Geist/
 Also die Schrifft d Personen heist/
Gott Vatter ist der Schöpffer gut/
 So alles erschaffen ernehren thut/
Der Vatter jm von Ewigkeit
 Ein einigen Son hat zubereit/
Der ist sein Bildt/sein Wort vnd Glantz/
 Durch welchen ist erschaffen gantz
Der Himmel vnd all Creaturn/
 So man auff Erden hie thut spürn/
Der heylige Geist der Tröster ist/
 Behüt vns für deß Teuffels List/
Vnd führt vns auß dem Jammerthal/
 Ja durch den Todt ins Hiṁels Saal/
Diß heylige Trifaltigkeit
 Lebt vnd Regiert in Ewigkeit/
Also wil Gott erkennet seyn/ (Pein/
 Wers nicht glaubt/kompt in der Hellen
Wie Jüden/Heyden/Türcken viel/
 So all glauben das Widerspiel/
Drumb müssens zu der Hell hinnein/
 Vnd mit den Teuffeln leiden Pein/
Die heylige Trifaltigkeit
 Wöll vns bewahrn für solchem Leyde.

Heyli.

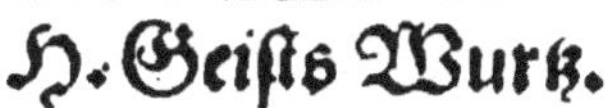

Heyligen Geists Wurtz.

ESAIAE LIX.

Vnd ich mach solchen Bundt mit jhn/ spricht der HERR/ Mein Geist/ der bey dir ist vnd mein Wort/ die ich in dein Mundt geleget hab/ sollen von deinem Munde nicht weichen/ noch von dem Munde deines Samens vñ Kindts Kindt/ spricht der HERR/ von nun an biß in ewigkeit.

IOAN. XV.

Wenn aber der Tröster kommen wirdt/ welchen ich euch senden werde vom Vatter/ der Geist der Warheit/ der vom Vatter außgehet/ der wirdt zeugen von mir.

Leibliche Wirckung.

DIß Krauts vornemste Tugent ist
Gifft zuuertreiben dem gebrist/
Hilfft wider Gifft vnd Pestilentz/
Schweißsucht vnd Gifftig Accidentz/
Der nem der Wurtz Angelicam/
Doch daß gepülvert sey voran

Ein halbes Quintlein/ sag ich dir/
Mit Tiriack das zimlich thür/

Vnd brauch es zu der Notturfft dein/
Ein guts Remedium soll seyn/
Fürn Schlag deß Wassers trinck/ ich rath/
Drey Löffel voll/ in Büchern staht/.

Das

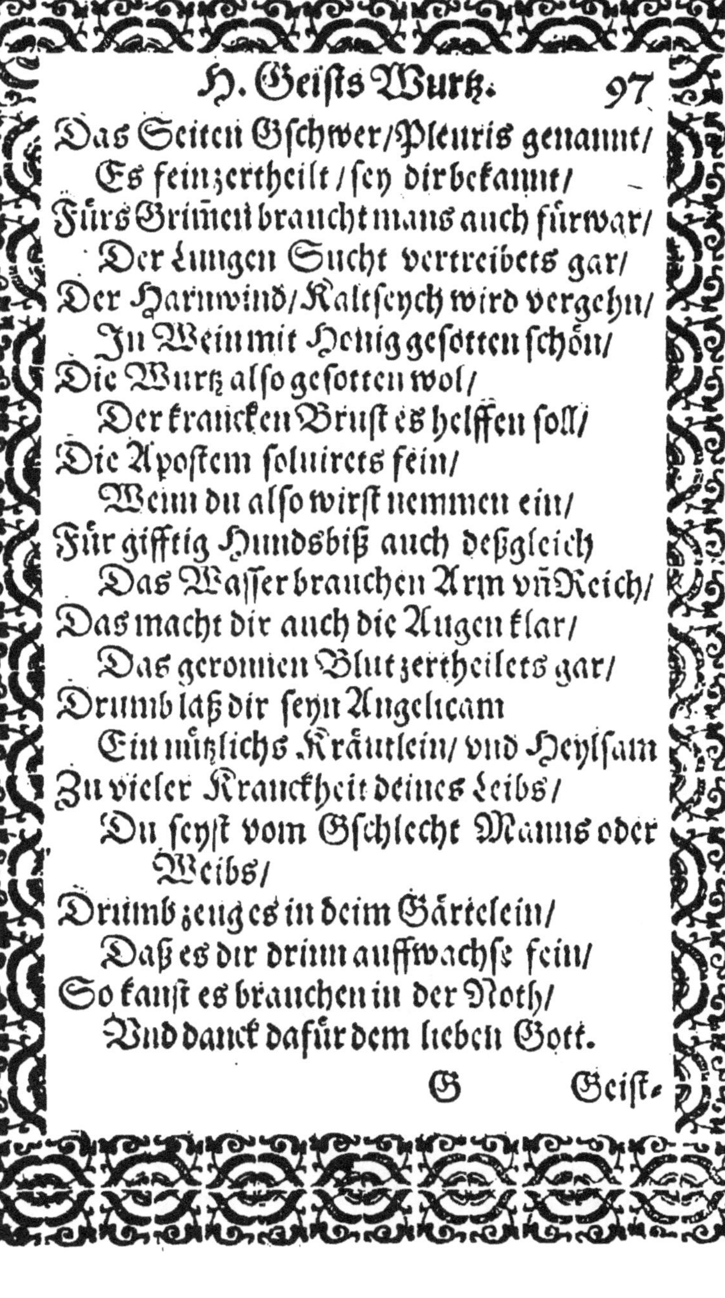

Das Seiten Gschwer/Pleuris genannt/
Es fein zertheilt/sey dir bekannt/
Fürs Grim̃en braucht mans auch fürwar/
Der Lungen Sucht vertreibets gar/
Der Harnwind/Kaltseych wird vergehn/
In Wein mit Honig gesotten schön/
Die Wurtz also gesotten wol/
Der krancken Brust es helffen soll/
Die Apostem soluirets fein/
Wenn du also wirst nemmen ein/
Für gifftig Hundsbiß auch deßgleich
Das Wasser brauchen Arm vñ Reich/
Das macht dir auch die Augen klar/
Das geronnen Blut zertheilets gar/
Drumb laß dir seyn Angelicam
Ein nützlichs Kräutlein/ und Heylsam
Zu vieler Kranckheit deines Leibs/
Du seyst vom Gschlecht Manns oder Weibs/
Drumb zeug es in deim Gärtelein/
Daß es dir drinn auffwachse fein/
So kanst es brauchen in der Noth/
Und danck dafür dem lieben Gott.

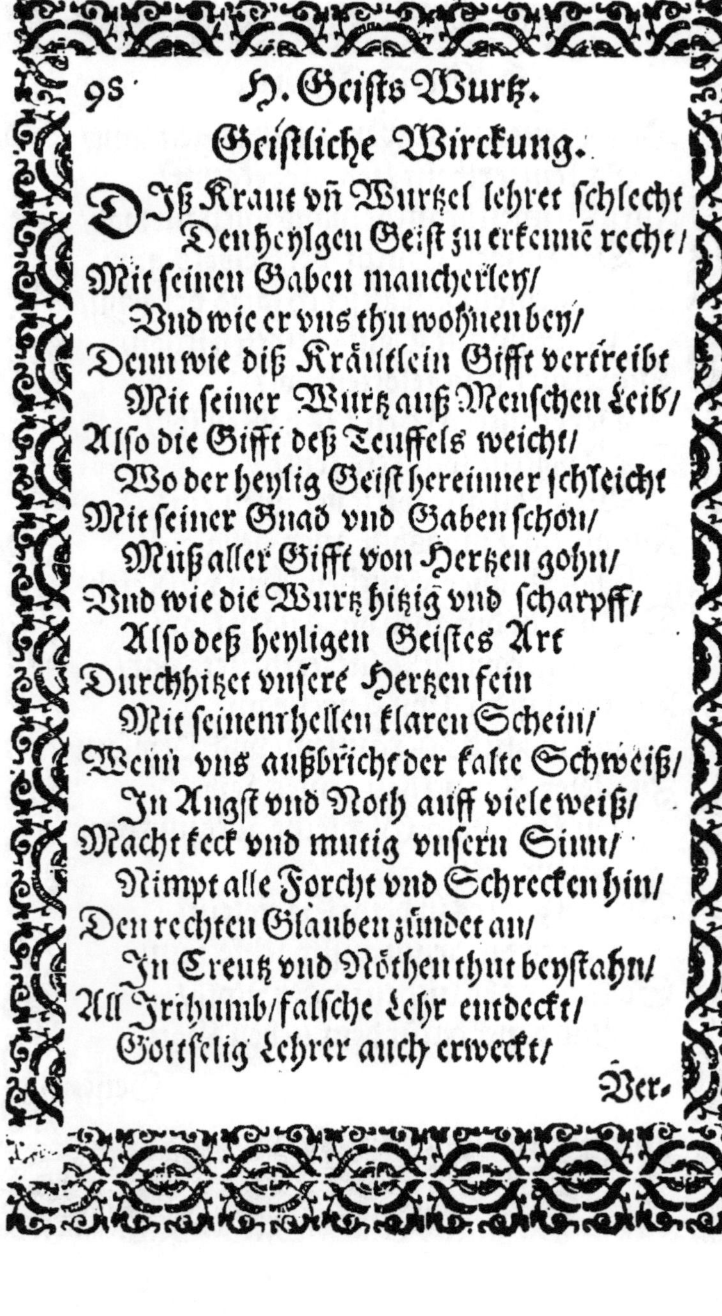

Geistliche Wirckung.

Diß Kraut vñ Wurtzel lehret schlecht
Den heylgen Geist zu erkennē recht/
Mit seinen Gaben mancherley/
Vnd wie er vns thu wohnen bey/
Denn wie diß Kräutlein Gifft vertreibt
Mit seiner Wurtz auß Menschen Leib/
Also die Gifft deß Teuffels weicht/
Wo der heylig Geist hereinner schleicht
Mit seiner Gnad vnd Gaben schön/
Muß aller Gifft von Hertzen gohn/
Vnd wie die Wurtz hitzig vnd scharpff/
Also deß heyligen Geistes Art
Durchhitzet vnsere Hertzen fein
Mit seinenr hellen klaren Schein/
Wenn vns außbricht der kalte Schweiß/
In Angst vnd Noth auff viele weiß/
Macht keck vnd mutig vnsern Sinn/
Nimpt alle Forcht vnd Schrecken hin/
Den rechten Glauben zündet an/
In Creutz vnd Nöthen thut beystahn/
All Irthumb/falsche Lehr entdeckt/
Gottselig Lehrer auch erweckt/

Ver-

Vergwisset vns der Seligkeit/
Im Hertzen richt er an groß Frewd/
Vnd gibt vns Christum recht zu erkenn/
Auch Gott den HERRN ein Vatter nenn/
Daß Christus sey allein das Heyl
Der Welt/ vnd geb deß Himels Theil/
Die glauben an den Namen sein/
Ohn Heucheley vnd falschen Schein/
Er treibt von vns der Sünden Schleim/
So in vns klebt/ gleich wie ein Leym/
Er schärpffet Gsatz/ vnd straffet hart
Die Sündt vnd alle Missethat/
Im Predigampt ohn Schmeichelen
Eim jeden zeigt sein Sünde frey/
Durchs Wort vnd heylige Sacrament/
Allzeit er führt sein Regiment/
Das hat man sich beym Kräuttelein
Deß heylgen Geists zurjnnern fein.

Ehrenpreiß.

PSAL. VIII.

Du wirst jhn lassen ein kleine zeit von Gott verlassen sein/ aber mit Ehren

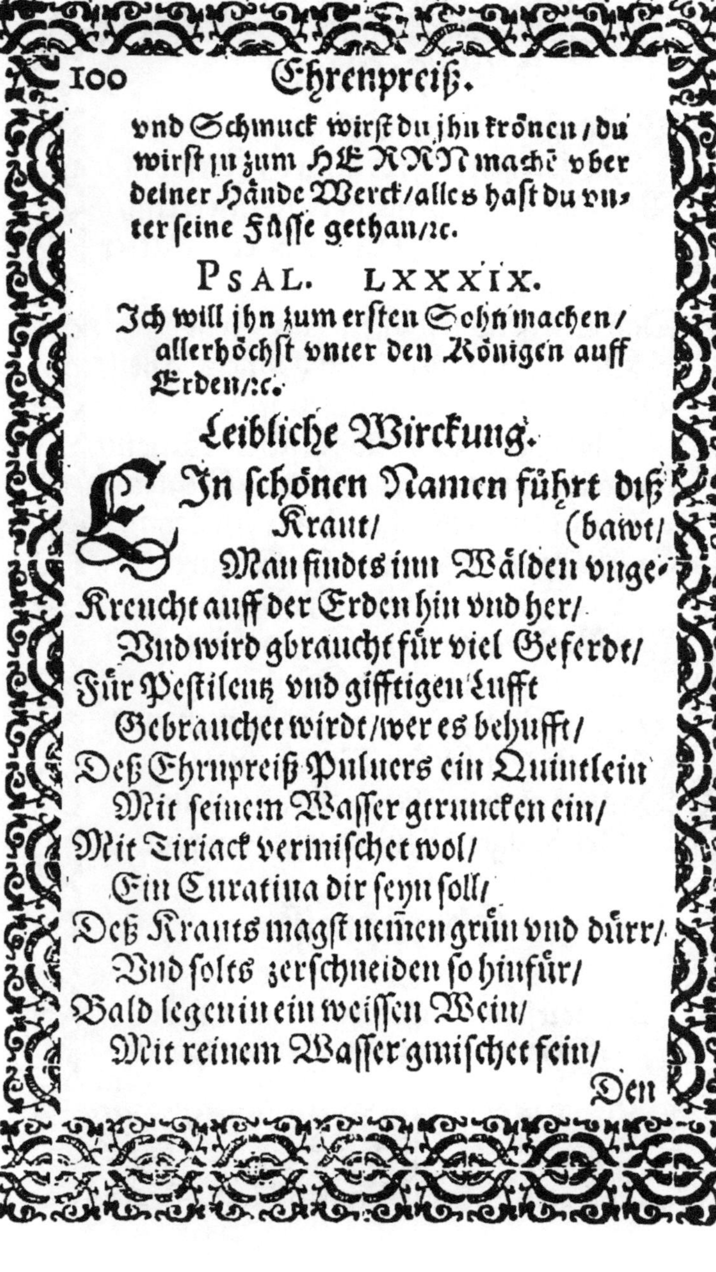

vnd Schmuck wirst du jhn krönen / du wirst jn zum HERRN machē vber deiner Hände Werck / alles hast du vnter seine Füsse gethan / ꝛc.

PSAL. LXXXIX.

Jch will jhn zum ersten Sohn machen / allerhöchst vnter den Königen auff Erden / ꝛc.

Leibliche Wirckung.

EIn schönen Namen führt diß Kraut / (bawt /
Man findets imm Wälden vngebawt /
Kreucht auff der Erden hin vnd her /
Vnd wird gbraucht für viel Geferdt /
Für Pestilentz vnd gifftigen Lufft
Gebrauchet wirdt / wer es behufft /
Deß Ehrnpreiß Puluers ein Quintlein
Mit seinem Wasser getruncken ein /
Mit Tiriack vermischet wol /
Ein Curatiua dir seyn soll /
Deß Krauts magst nem̄en grün vnd dürr /
Vnd solts zerschneiden so hinfür /
Bald legen in ein weissen Wein /
Mit reinem Wasser gmischet fein /

Den

Den dritten theil laß sieden ein/
Honig vnd Zucker thue darein/

Der Tranck zu Wunden dienet wol/
Damit man sie auch waschen sol/
Ein Bad gemacht von diesem Kraut/
Vertreibt den Grindt vnnd heylt die
Haut/

Den Harwurm tödt das Pülverlein/
So man es drüber streuwet fein/
Der Krancken Lungen/wiß fürwar/
Es hilfft/ daß sie geneset gar/
Die Hierten brauchens zu dem Vihe/
Mit Saltz vermengt/für solches Wee/
Das außgebrannte Wässerlein
Ein schöne Artzeney soll seyn
Zum harten Miltz/ ist offt bewerth/
Dem Menschen ists von Gott beschert.

Geistliche Wirckung.

DIß Kräutlein / so kreucht hin vnd her/
Gibt vns fürwar ein schöne Lehr/
Daß wir sich solln demütigen/
Vnd nicht mit Hoffart einher gehn/
Ob wir gleich haben Tugent viel/
Deß Reichthumbs auch ohn alle Ziel/
Zur Erden vns da halten hin/
Denn Demut ist ein groß Gewinn/
Dardurch bekompt man Ehr vnd Preiß
Bey jederman/das merck mit fleiß/
Ein fein Exempel dessen hast
An Christo Jesu/dem edlen Gast/

Der

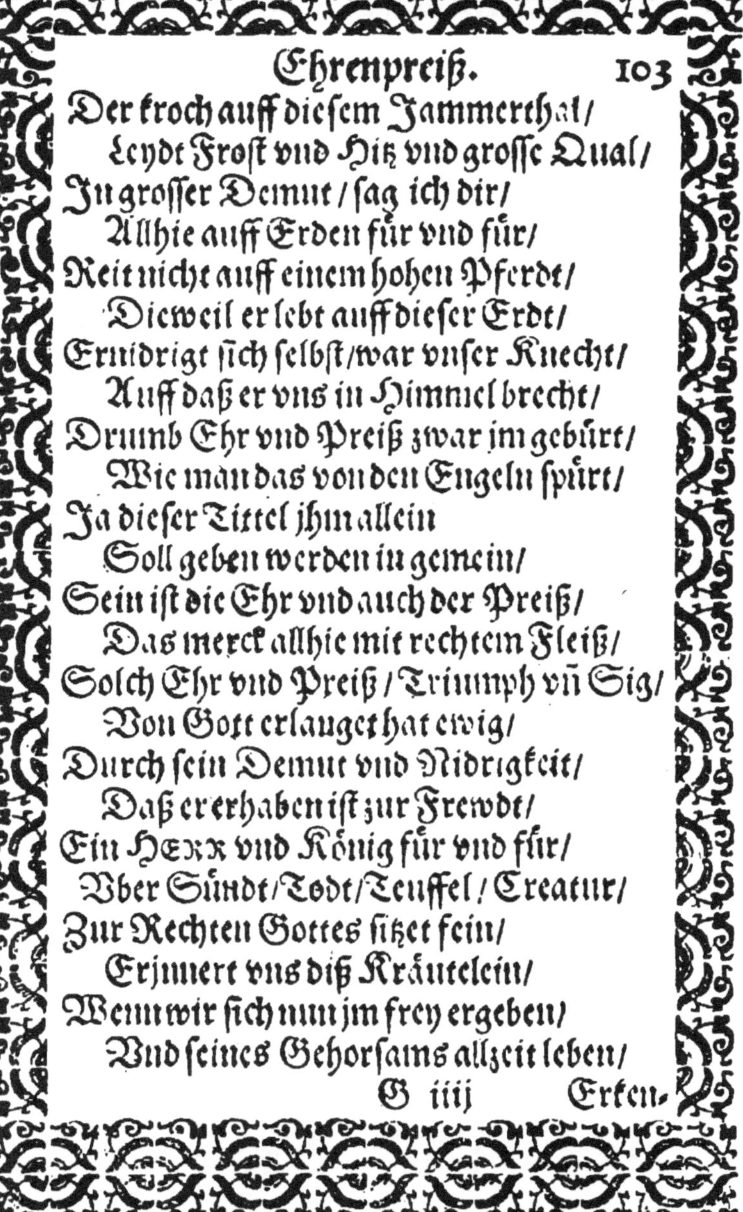

Der kroch auff diesem Jammerthal/
Leydt Frost vnd Hitz vnd grosse Qual/
In grosser Demut/ sag ich dir/
Allhie auff Erden für vnd für/
Reit nicht auff einem hohen Pferdt/
Dieweil er lebt auff dieser Erdt/
Ernidrigt sich selbst/ war vnser Knecht/
Auff daß er vns in Himmel brecht/
Drumb Ehr vnd Preiß zwar jm gebürt/
Wie man das von den Engeln spürt/
Ja dieser Tittel jhm allein
Soll geben werden in gemein/
Sein ist die Ehr vnd auch der Preiß/
Das merck allhie mit rechtem Fleiß/
Solch Ehr vnd Preiß/ Triumph vñ Sig/
Von Gott erlanget hat ewig/
Durch sein Demut vnd Nidrigkeit/
Daß er erhaben ist zur Frewdt/
Ein HErr vnd König für vnd für/
Vber Sündt/ Todt/ Teuffel/ Creatur/
Zur Rechten Gottes sitzet fein/
Erjnnert vns diß Kräutelein/
Wenn wir sich nun jm frey ergeben/
Vnd seines Gehorsams allzeit leben/

Erkennen jhn für vnsern HERRN/
Vnd folgen seiner Lehre gern/
So wirdt er vns auch bringen fein/
Da alle heylige Engel seyn/
Zur Ehr vnd Preiß beyd hie vnd dort/
Wie er zusagt in seinem Wort.

Violen.

MATTH. VI.

Vnd warumb sorgt jhr für Kleydung/ schawet die Lilien auff dem Feldt an/ wie sie wachsen / sie arbeiten nicht/ auch spiñen sie nicht/ich sage euch/ daß auch Salomon in aller seiner Herrligkeit nicht beklendt gewesen ist/ als derselben eins. So denn Gott das Graß auff dem Felde also kleydet / das heut steht / vnd morgen in Ofen geworffen wirdt / solt er das nicht viel mehr euch thun/O ihr Kleinglaubigen?

IOB. XIIII.

Der Mensch von einem Weib geboren/ lebt ein kurtze Zeit/vñ ist voll Vnruhe/ er gehet auff/wie ein Blum/vnnd fällt ab/2c.

ESA-

Esaiae XL.

Alles Fleisch ist Hewe/ vnd all sein Gut/
wie ein Blum auff dem Feldt/ &c.

Leibliche Wirckung.

Je Viol ist ein gmeine blum/
Vnd hat diß Krafft inn einer
Summ/
Daß sie vertreibt Gschwulst vnd Hitz/
Das Halßgeschwer entzündet jetzt/
Wenn man den Safft außpresset wol/
Vnd drüber schlegt/ das helffen sol/
Die Wurtzel sied in gutem Wein/
Soll gleichfalls ein Remedium seyn
Fürs gschwollen Miltz/ darauff gelegt/
Vnd was sich böß am selben regt/
Die tunckle Augen machet klar/
Der Safft vertreibt die Flecken gar/
Die tode Frucht treibts auß dem Leib/
Die Mutter reiniget auch dem Weib/
Bringt in jr Zeit/ vnd kühlet fein
Die entzündt Mutter den Weiberlein/
Das Hauptweh stillt/ bringt schlaf vñ rhu/
Wenn man Viol Syrup braucht hiezu/

Das schwerendt Zahnfleisch heylt Viol/
Wenn man sie seudt vnd wäschet wol/

Dem gschwollen Miltz hilfft es zu recht/
Es sey beym Herren oder Knecht/

Deß

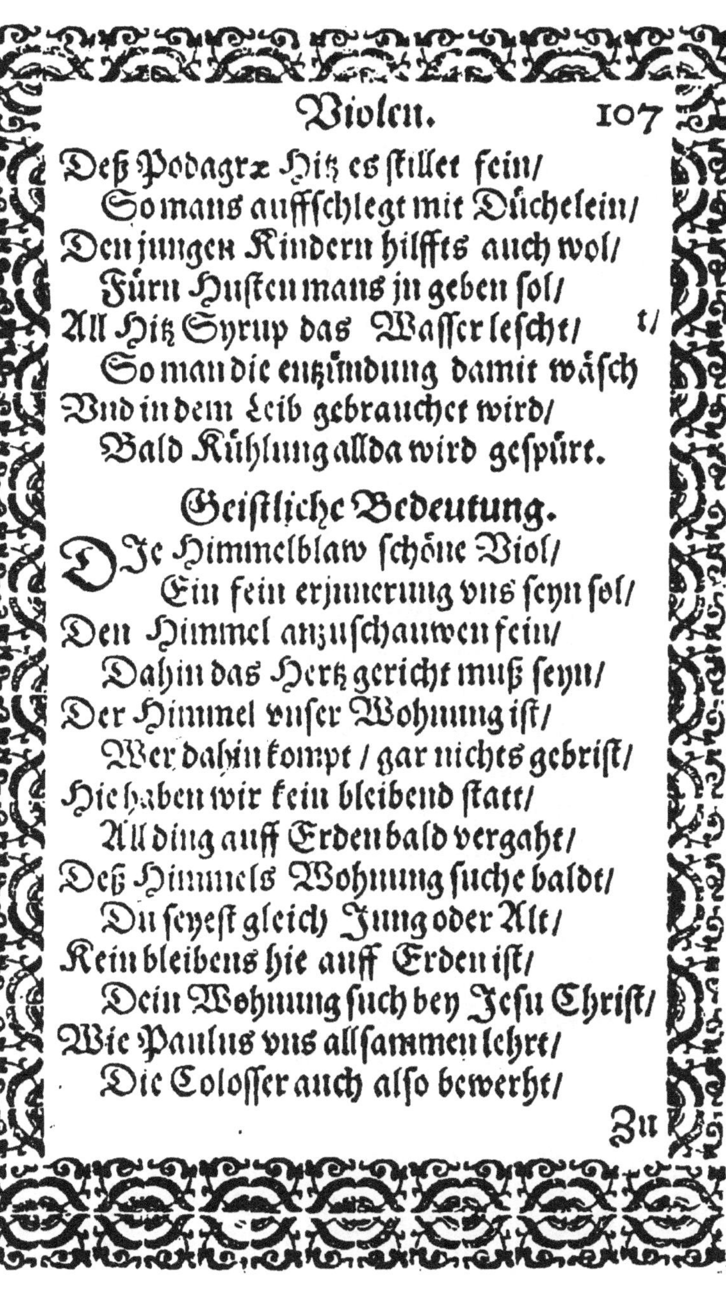

Deß Podagræ Hitz es stillet fein/
So mans aufschlegt mit Düchelein/
Den jungen Kindern hilffts auch wol/
Fürn Husten mans jn geben sol/
All Hitz Syrup das Wasser lescht/
So man die entzündung damit wäscht/
Vnd in dem Leib gebrauchet wird/
Bald Kühlung allda wird gespürt.

Geistliche Bedeutung.

DJe Himmelblaw schöne Viol/
Ein fein erjnnerung vns seyn sol/
Den Himmel anzuschauwen fein/
Dahin das Hertz gericht muß seyn/
Der Himmel vnser Wohnung ist/
Wer dahin kompt / gar nichts gebrist/
Hie haben wir kein bleibend statt/
All ding auff Erden bald vergaht/
Deß Himmels Wohnung suche baldt/
Du seyest gleich Jung oder Alt/
Kein bleibens hie auff Erden ist/
Dein Wohnung such bey Jesu Christ/
Wie Paulus vns allsammen lehrt/
Die Colosser auch also bewerht/

Zu

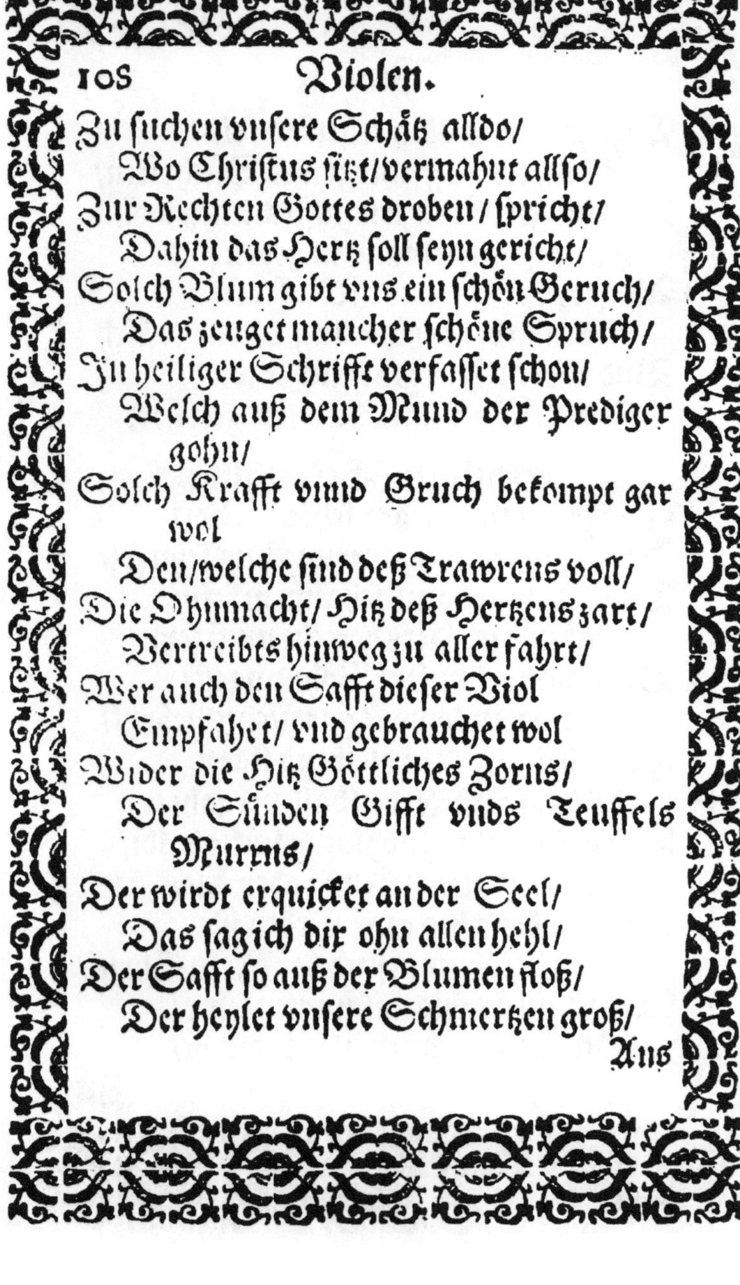

Zu suchen vnsere Schätz alldo/
Wo Christus sitzt/ vermahnt allso/
Zur Rechten Gottes droben/ spricht/
Dahin das Hertz soll seyn gericht/
Solch Blum gibt vns ein schön Geruch/
Das zeuget mancher schöne Spruch/
In heiliger Schrifft verfasset schon/
Welch auß dem Mund der Prediger gohn/
Solch Krafft vnnd Gruch bekompt gar wol
Den/ welche sind deß Trawrens voll/
Die Ohnmacht/ Hitz deß Hertzens zart/
Vertreibts hinweg zu aller fahrt/
Wer auch den Safft dieser Viol
Empfahet/ vnd gebrauchet wol
Wider die Hitz Göttliches Zorns/
Der Sünden Gifft vnds Teuffels Murrns/
Der wirdt erquicket an der Seel/
Das sag ich dir ohn allen hehl/
Der Safft so auß der Blumen floß/
Der heylet vnsere Schmertzen groß/

Ans Creutzes Stamm solches geschach/
Im Abendmal dasselb empfach/
Vnd kühl damit das Gwissen dein/
Das wäscht dir ab die Sünde fein/
Bringt ewige Frewd vnd selige Rhu/
Gott geb vns sein Gnad dazu/
Durch Jesum Christum seinen Sohn/
Der mit jm Herrscht in seinem Thron.

Vergiß Mein nicht.

ESAIAE XLIIII.

O Israel vergiß mein nicht/ ich vertilge deine Missethat/ wie ein Wolck/ vnd dein Sünde wie ein Nebel/ kehre dich zu mir/ denn ich erlöse dich/ etc.

HIEREM. II.

Vergist doch ein Jungfraw jres schmucks nicht/ noch ein Braut jres Schleyers/ aber mein Volck vergist mein ewiglich.

Leibliche Wirckung.

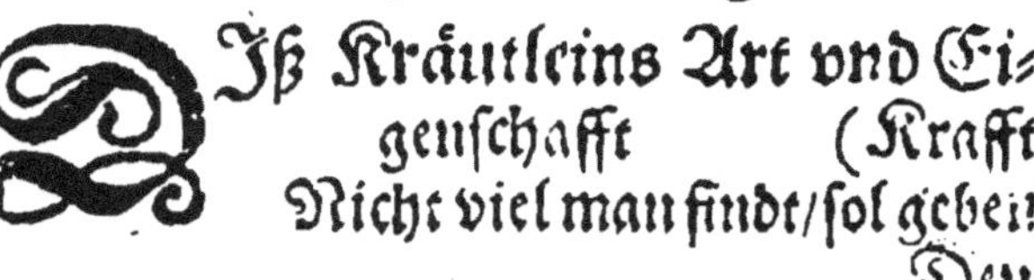

DIß Kräutleins Art vnd Eigenschafft (Krafft
Nicht viel man findt/ sol geben

Den

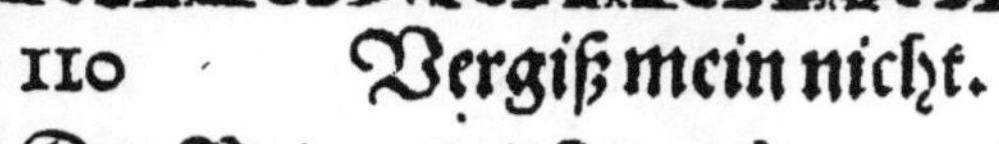

Den Bulern/vnd sie machen werth
Den Weibern/also gar verkehrt

Sindt Abergläubisch Leut fürwar/
Vnd hilfft doch offtmals nit ein Haar/
Doch wil die Welt betrogen seyn/
Vnd solt sie Schaden nemmen eyn/

Ja

Ja wenn du prangst mit Silber/Goldt/
So werden dir die Mägdlein holdt/
Wer deß viel hat/ den Leuten gfellt/
Vnd ist der Lauff jetzt in der Welt/
Du seyst denn gleich Hur oder Dieb/
Hast du nur Gelt / so wirst du lieb/
Diß bringt den Bulern Macht vñ Krafft/
Vnd wirst mit Bulen bald behafft/
Vergiß Mein nicht/ mein schönes Lieb/
Mit Gschenck vnd Gaben so dich vb/
So wil ich nicht vergessen dein/
Dieweil der Seckel auffstehe fein/
Also sich manche dir beut feyl/
Vnd führt dich an dem Narrenseyl/
Zu letzt es heist/ wie man wol spricht
Im Sprichwort / wie ich werd bericht/
Hast nicht mehr Gelt / bist nit mein Gsell/
Fahr immer hin nur in die Hell/
Dem Buler es also ergeht/
Daß er zu letzt in Schanden steht/
Sonst pflegt man dieses Kräutlein zart
Zu legen/ da ein Gschwulste wardt/
Wenn mans zuuor zerstösset wol/
Auff harte Beuln mans legen soll/

Es

Es soll zertheilen solche baldt/
Es sey der Mensch Jung oder Alt.

Geistliche Bedeutung.

DIß Kräutleins Nam holdselig ist/
Erjnnert vns zu aller frist/
Daß jeder eingdenck soll seyn/
Vnd bilden in das Hertze fein
Den HERREN Christ vñ sein Verdienst/
Wie du solchs in seim Wörte findst/
Vergiß mein nicht/ O Jsraël/
Denn ich vertilge deine Fähl/
Kein Jungfraw ist/ spricht Gott/ das wist/
So jres schmucks vñ Schleyers vergist/
Doch bald mein Volck vergisset Mein/
O Jsrael das sol nicht seyn/
Was kan der Mensch doch bessers je
Betrachten/ all dieweil er hie
Auff Erden lebt/ denn Gott den HERRN/
So jm thut Leib vnd Seel bescheren/
Drumb allezeit an Gott gedenck/
In Gesundtheit vnd zu deiner Kranck/
In Glück vnd Vnglück jmmerdar/
So kanst vermeiden groß Gefahr/

Für

Für Augen hab Gott allezeit/
Und zu gedencken sey bereit
Der grossen Wolthat uns beweist/
Wer sich derselben stetigs fleist/
Der Dancksag zwar er nicht vergist/
Gott und seim Sone Jesu Christ/
Der dir so herrlich Artzeney (Frey
Vom Himmel bracht / und macht dich
All deiner Sünd und Straffen groß/
Da er sein Blut für dich vergoß/
Schenckt dir das ewig Leben gwiß/
Drumbs billich heist / mein nit Vergiß.

Folgen etliche Kräutter/ so das Hertz stercken/ und bringen Gottselige Gedancken.

Weinstock.

IOHAN. XV.

Ich bin ein Weinstock/ Ihr seyt die Reben/ wer in mir bleibt/ und ich in jme/ der bringt viel Frücht / denn one mich

könnt

könnt jr nichts thun / wer nicht in mir bleibet / der wirdt weg geworffen / wie ein Rebe / vnd verdort / vnd man sam̃let sie / vnd wirfft sie ins Feuwer / ꝛc.

Leibliche Wirckung.

DEr Wein ein Edler Reben-
saffť/ (grosse Krafft/
Bringt mit sich Freuwd vnnd
Züchtig getruncken / dienet wol (sol
Für manche Kranckheit / drumb man
Sein brauchen recht vnd mit Verstandt/
Damit nicht Vnglück folg zu handt/
Der außgepreste Blättersafft/
Von dir die rote Rhur abschafft/
Das Magenwehthumb auch vertreibt/
Vnd was Vngsundts darinnen leyt/
Wer Brustweh hat/ vnd Blut Geschwer/
Der Safft der blätter zertheilets ferr/
Von Weibern ein Coction bereit/
Hat gleiche Würckung/ wie man seyt/
Flechten/ Malezey vnd Haar vertreibt/
Vnd reiniget die Haut/ daß nichts d'ran bleibt/

Wenn

Wenn der Safft mit Oel vermischet wirt/
Als denn die Hülffe man bald spürt/

Der Safft mit Raut vermischet wol/
Auch Rosenessig man nemmen sol/
Entzündtem Miltz ist trefflich gut/
Wenn mans also drauff schlagen thut/

Die Weintrester mit Saltz vermengt/
Vnd auffgeschlagen/ tilgt behende
Die auffgeschwollene Brüste dein/
Solchs wirt dich lehrn der Augenschein/
Den Durchlauff stillt diß Artzeney
In deinen Därmen/ sag ich frey/
Die Weinberkern zerstossen wol/
Gebraten auch man brauchen soll/
Fürn Durch vnnd Durch / hat gleiche Krafft/
Wie von den Blättern thut der Safft/
Das Rebenwasser/ ich bericht/
Macht klare Augen/ stercktes Gesicht/
Heylt Flecken/ Grindt vnd Malezey/
Wenns mit Salpeter gerieben sey/
Weinreben Asch mit Essig misch/
Dient für die Feigwartz/ ist gewiß.

Geistliche Wirckung.

DEr Weinstock ist ein tröstlich Bildt/
Bedeut Christum den Herren mildt/
Eim fruchtbarn Weinstock sich vergleicht/
Mit vielen Reben vmb sich reicht/

Den

Den Reben gibt er Krafft vnd Safft/
So lang die Rebe an jm hafft/
Daß sie viel Früchte bringen gut/
Vnd haben können guten Muht/
Die Reben sein Glaubige sindt/
Die er beschützt als seine Kindt/
Christus gibt von sich guten Safft/
Erquickt den Menschen/gibt jm Krafft/
In seinem Wort vnd Sacrament/
Hiedurch er vnsern Schaden wendt/
Er reiniget vns vnd pflantzet fein/
Daß man erkennt/wo Christen seyn/
Ob nun der Karst der Tyranney
Den Mist der Welt jhn hacket bey/
Mit Ergernissen setzet zu/
Vnd läst jhn nimmermehr kein Ruh/
So wirdt doch Gott die Reben sein
Verwahren mit jhrn Früchtelein/
Die Wasser Reben aber baldt
Abschneiden / beyde Jung vnd Alt/
Vnd werffen hin ins ewig Feuwer/
Da jhr das lachen seyn wirdt theuwer.
Ein ander Bildt die Schrifft fürhelt/
Da sie ein frommes Weib darstellt/

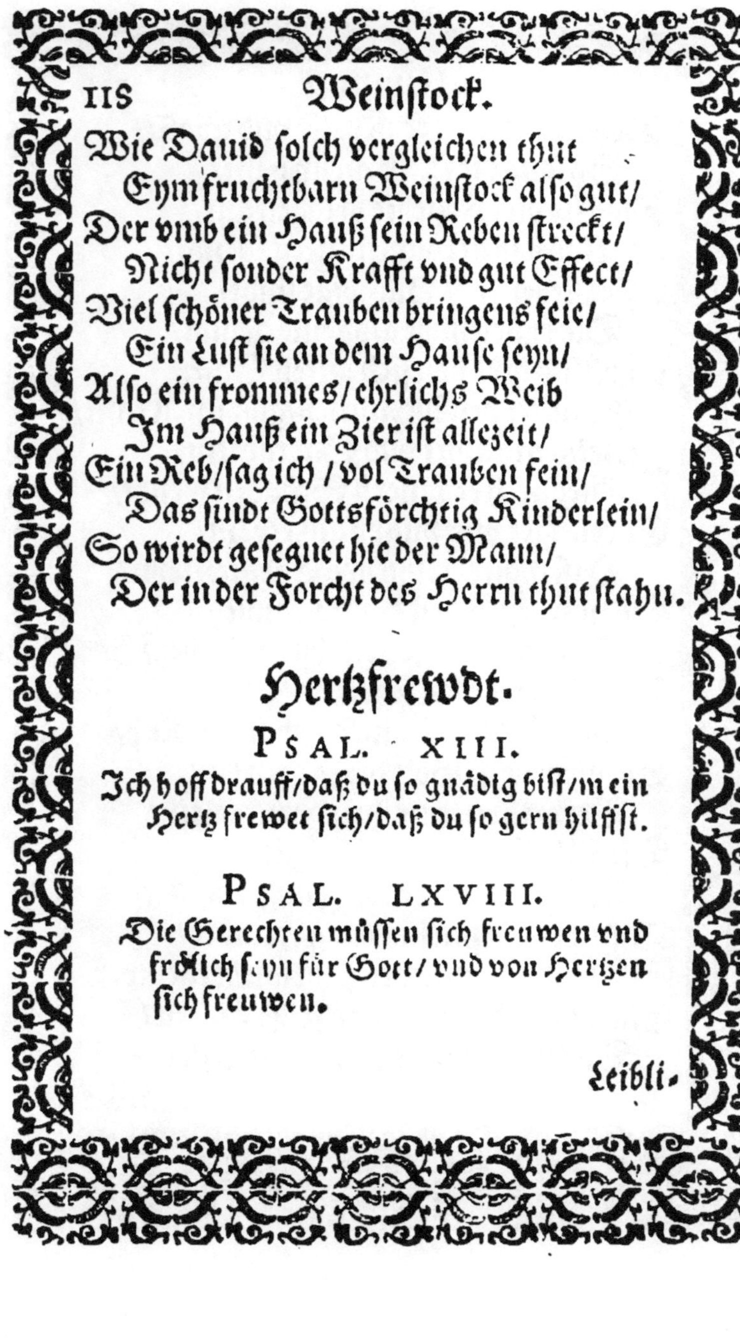

Wie David solch vergleichen thut
Eym fruchtbarn Weinstock also gut/
Der vmb ein Hauß sein Reben streckt/
Nicht sonder Krafft vnd gut Effect/
Viel schöner Trauben bringens feie/
Ein Lust sie an dem Hause seyn/
Also ein frommes/ ehrlichs Weib
Im Hauß ein Zier ist allezeit/
Ein Reb/ sag ich / vol Trauben fein/
Das sindt Gottsförchtig Kinderlein/
So wirdt gesegnet hie der Mann/
Der in der Forcht des Herrn thut stahn.

Hertzfrewdt.

PSAL. XIII.

Ich hoff drauff/ daß du so gnädig bist/ mein Hertz frewet sich/ daß du so gern hilffst.

PSAL. LXVIII.

Die Gerechten müssen sich freuwen vnd frölich seyn für Gott/ vnd von Hertzen sich freuwen.

Leibli-

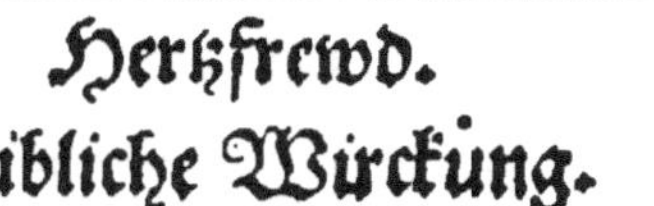

Leibliche Wirckung.

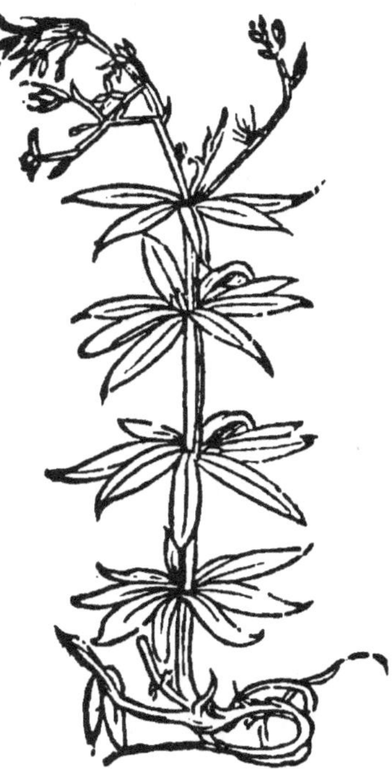

HErtzfrewd Waldtmeister nen̄t
man mich/
Drumb wil ich hie berichtē dich/
Zu grossen Schäden deines Leibs
Soltu mich brauchen ja mit fleiß/

Wenn Miltz vnd Leber entzündet wer/
Daß sie für Hitze brennten sehr/
Der mach jhm davon einen Tranck
Mit Gersten wasser/ wart nicht lang/
Es möcht dich sonst gerewen/ denn
Gelbsucht erfolgt vnd Apostem/
Drumb diesn Tranck bereite dir/
So wird erfrewt dein Hertze schier/
Es öffnet die Verstopffung baldt/
Der Lung vnd Leber manigfallt/
Diß Hertzfrewde leg in guten Wein/
Erfrewt dirs Hertz/ vñ sterckt dich fein/
Der kalten Leber denn wol dient/
Vnd wirst bald mit der Kränck versönt/
Mit Gerstenmehl gesotten wol/
Mit Wein vnd wenig Rosenöl/
Den Pflastersweiß solt schlagen auff/
Zertheilt die Apostemen drauff/
Für hitzig Feber/ glaub mir eben/
Drey Loth deß Wassers solt eingeben/
Vnd wer die Leber inflammiert/
Wenn hetts der Venus inseruiert/
Deß Wassers trinck auff vier Loth/
Sechs tag lang/ hilfft dir auß der Not.

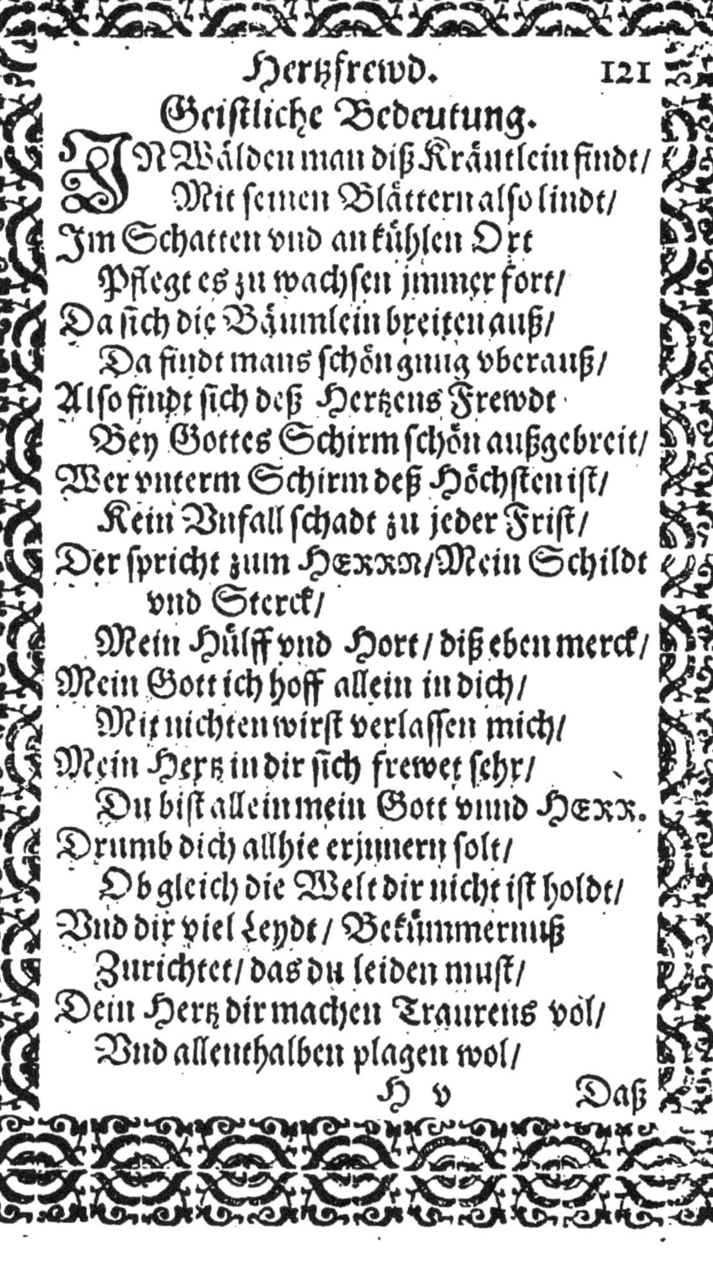

Geistliche Bedeutung.

IN Wälden man diß Kräntlein findt/
Mit seinen Blättern also lindt/
Im Schatten vnd an kühlen Ort
Pflegt es zu wachsen immer fort/
Da sich die Bäumlein breiten auß/
Da findt mans schön gnug vberauß/
Also findt sich deß Hertzens Frewdt
Bey Gottes Schirm schön außgebreit/
Wer vnterm Schirm deß Höchsten ist/
Kein Vnfall schadt zu jeder Frist/
Der spricht zum HERRN/Mein Schildt vnd Sterck/
Mein Hülff vnd Hort/ diß eben merck/
Mein Gott ich hoff allein in dich/
Mit nichten wirst verlassen mich/
Mein Hertz in dir sich frewet sehr/
Du bist allein mein Gott vnnd HErr.
Drumb dich allhie erjnnern solt/
Ob gleich die Welt dir nicht ist holdt/
Vnd dir viel Leydt/ Bekümmernuß
Zurichtet/ das du leiden must/
Dein Hertz dir machen Traurens vol/
Vnd allenthalben plagen wol/

Daß doch dein Geist in Sprüngen geh/
Vnd auff eim frölichen Hertzen steh/
Welch Hertzfreuwde kompt von Christo her/
Nicht von dir selbst so vngefehr/
Christus erfrewet fein das Hertz/
Mit seinem Wort vnnd Geist ohn Schertz/
Vertreibt bald alle Trawrigkeit/
Vnd wendet alles Hertzenleydt/
Sterckt vns in aller Angst vnd Noht/
Auch mitten in dem bittern Todt/
Drumb dich an disen Christum halt/
So kriegst du Hertzfrewde manigfalt/
Richt auff dein Hertz vnd sey getrost/
In dem der dich so hat erlost/
Was betrübst du dich mein Seele/sprich/
Vnd bist Vnruhig/verlasse dich
Auff Gott / vnd trawe festiglich/
Er wirdt dir helffen Ewiglich/
Dem folgt Hertzfrewd vnd guter Muht/
Vnd endlich drauff das ewig Gut.

Je Länger je Lieber.

PSAL. CXIX.

Das Gesatz deines Mundes / das ist/ dein Wort/ist mir lieber denn viel tausent stück Goldes vnd Silber/ꝛc.

PSAL. XXXIIII.

Wenn ich nur dich hab/ so frag ich nichts nach Him̃el vñ Erden/ wenn mir gleich Leib vnd Seel verschmacht / so bist du doch / O Gott / allzeit meins Hertzen Trost/ ꝛc.

Leibliche Wirckung.

Diß Kraut mit seinem Stengel grün
Wechst wie ein Rebe frech vñ kühn/
Zur Artzeney gleichfalls mans nimpt/
Der gschwollen Brust gar wol bekom̃t/
Zu bösen Blattern/Gschwer vnd Eyß/
Nimpt man das Kraut vnd Sam mit fleiß/
Im Wasser seudt mans allzu wol/
Vnd schlegts denn auff/fein helffen sol/

Mit

Mit Cassia fistula das Kraut vermisch/
Zum Stulgang hilfft/ soll seyn gewiß/

Also genützt sechß Quintlein schwer/
Die Gelbsucht treibets/ wiß/ von dir ferr/
Also die Wurtzel dient hiezu/
In Wein gesotten bringt die Ruh/

Mit

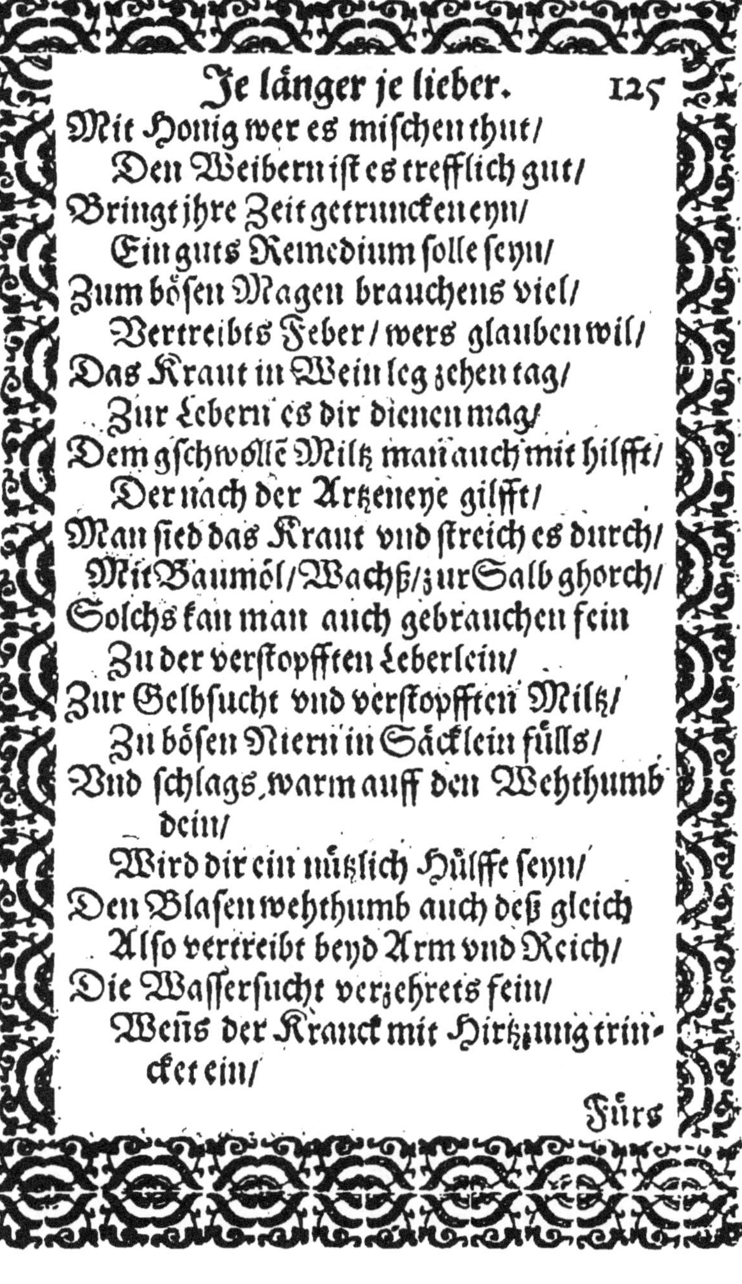

Mit Honig wer es mischen thut/
Den Weibern ist es trefflich gut/
Bringt jhre Zeit getruncken eyn/
Ein guts Remedium solle seyn/
Zum bösen Magen brauchens viel/
Vertreibts Feber / wers glauben wil/
Das Kraut in Wein leg zehen tag/
Zur Lebern es dir dienen mag/
Dem gschwollẽ Miltz man auch mit hilfft/
Der nach der Artzeneye gilfft/
Man sied das Kraut vnd streich es durch/
Mit Baumöl/ Wachß/ zur Salb ghorch/
Solchs kan man auch gebrauchen fein
Zu der verstopfften Leberlein/
Zur Gelbsucht vnd verstopfften Miltz/
Zu bösen Niern in Säcklein fülls/
Vnd schlags warm auff den Wehthumb dein/
Wird dir ein nützlich Hülffe seyn/
Den Blasen wehthumb auch deß gleich
Also vertreibt beyd Arm vnd Reich/
Die Wassersucht verzehrets fein/
Weñs der Kranck mit Hirtzung trincket ein/

Fürs

Fürs Gicht der Glieder dienets wol/
Das Wasser gleich Tugent han sol/
Heylt auch die Brüch/ erfrewt die Mann/
Drumb manchen nicht entrathen kan.

Geistliche Wirckung.

DEr lieblich Nam diß Kräutleins schon
Gibt dir gar baldt hie zuverstohn/
Was dir am liebsten solle seyn/
Vnd halten für gen Bulen dein/
Lieb deinen Gott für allen dingen/
So wirdt dirs nimmermehr mißlingen/
Gott soltu lieben allezeit/
Viel mehr/ denn was die Welte geyt/
Gott soltu lieben vnd jhm sein holdt/
Für Silber vnd für rotes Goldt/
Nichts auff der Welt dir lieber sey/
Deñ Gott vnd sein Wort/ dem stehe bey/
Je länger/ je lieber halt es schon/
Nicht laß dirs auß dem Hertzen gohn/
Sein Steck vnd Stab fein tröstet dich/
Das Hertz im Leib dir macht frölich/
In Creutz/ Verfolgung/ Armut/ Schand/
Vertreibt Vnmut vñ Menschentand/

All

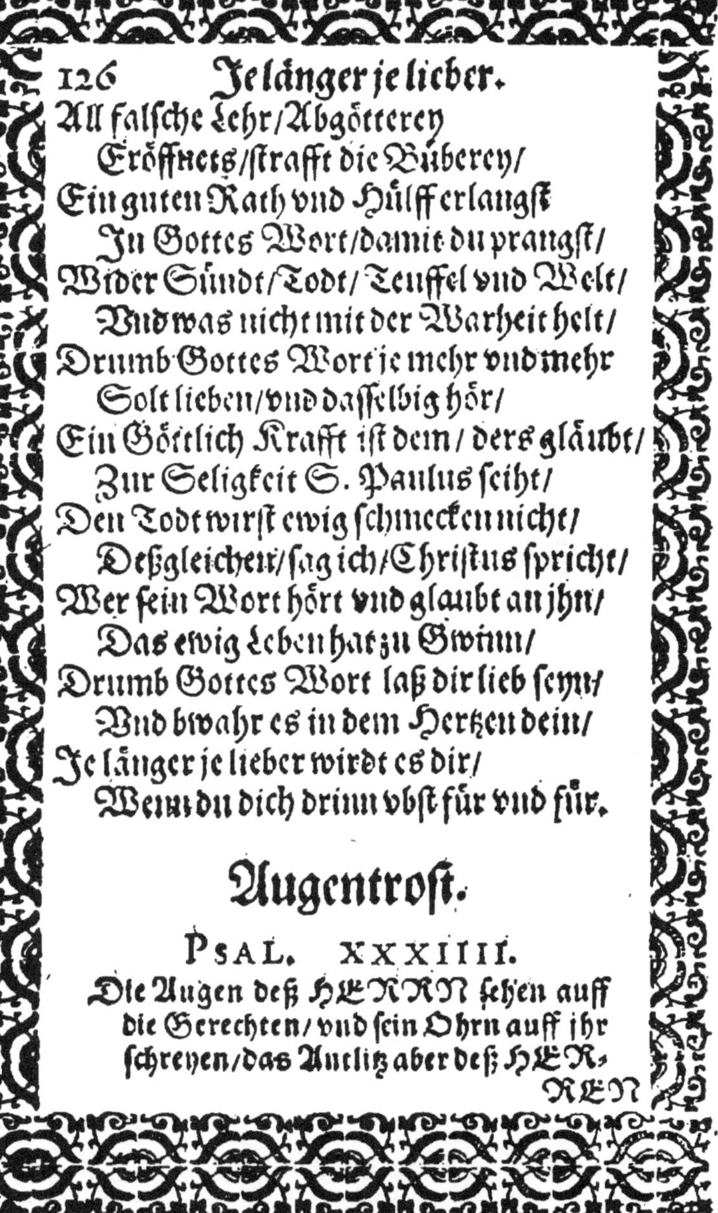

All falsche Lehr/Abgötterey
Eröffnets/strafft die Büberey/
Ein guten Rath vnd Hülff erlangst
In Gottes Wort/damit du prangst/
Wider Sündt/Todt/Teuffel vnd Welt/
Vnd was nicht mit der Warheit helt/
Drumb Gottes Wort je mehr vnd mehr
Solt lieben/vnd dasselbig hör/
Ein Göttlich Krafft ist dem/ ders gläubt/
Zur Seligkeit S. Paulus seiht/
Den Todt wirst ewig schmecken nicht/
Deßgleichen/sag ich/Christus spricht/
Wer sein Wort hört vnd glaubt an jhn/
Das ewig Leben hat zu Gwinn/
Drumb Gottes Wort laß dir lieb seyn/
Vnd bwahr es in dem Hertzen dein/
Je länger je lieber wirdt es dir/
Wenn du dich drinn vbst für vnd für.

Augentrost.

PSAL. XXXIIII.

Die Augen deß HERRN sehen auff die Gerechten/ vnd sein Ohrn auff jhr schreyen/ das Antlitz aber deß HERREN

HERR sihet vber die / so böses thun / daß er jr Gedächtnuß außrott von der Erden.

PSAL. XIII.

Schaw doch / vnd erhör mich / HERR mein Gott / erleucht meine Augen / daß ich nicht in dem Todt entschlaffe.

LVC. X.

Selig sindt die Augen / die da sehen / das jhr sehet / ꝛc.

Leibliche Wirckung.

DEn Namen trägt diß Kraut mit Ehrn /
Weils Augen Weethumb bald thut wehrn /
Die Hitz in Augen stillt es fein /
Wenn man den Saffte trüpfflet drein /
Macht hell vnd klar so das Gesicht /
Also in Büchern werdt bericht /
Das Wässerlein darauß gebrannt /
Den Apoteckern ist bekannt /
Macht hell vnd schön die Augen dein /
Vertreibt die Fäll vnd Flecken fein /
Mit Tüchlein auffgeschlagen werdt /
Den Weethumb stills ohn all gefärdt /

Drumb

Drumb billich heissets Augentrost/
Wol dem/ der also wirdt erlost.

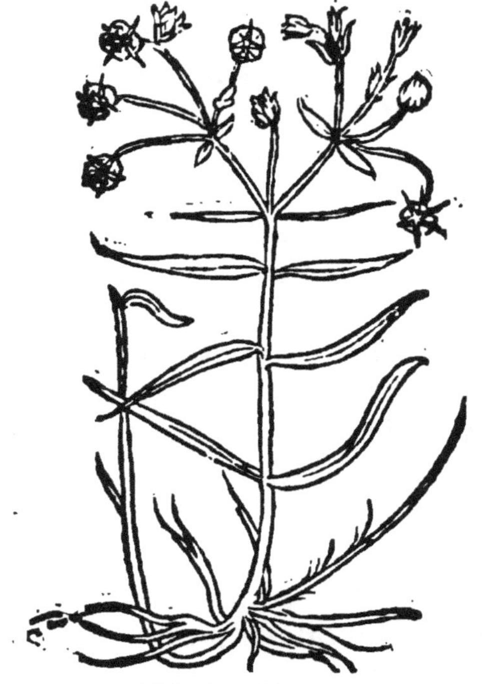

Geistliche Bedeutung.

BEy diesem Kräutlein soll man sich
Erjnnern hie gantz fleissiglich

Wenn Miltz vnd Leber entzündet wer/
Daß sie für Hitze brennten sehr/
Der mach jhm davon einen Tranck
Mit Gersten wasser/wart nicht lang/
Es möcht dich sonst gerewen/denn
Gelbsucht erfolgt vnd Apostem/
Drumb diesn Tranck bereite dir/
So wird erfrewt dein Hertze schier/
Es öffnet die Verstopffung baldt/
Der Lung vnd Leber manigfallt/
Diß Hertzfrewde leg in guten Wein/
Erfrewt dirs Hertz/vñ sterckt dich fein/
Der kalten Leber denn wol dient/
Vnd wirst bald mit der Kränck versönt/
Mit Gerstenmehl gesotten wol/
Mit Wein vnd wenig Rosenöl/
Den Pflastersweiß solt schlagen auff/
Zertheilt die Apostemen drauff/
Für hitzig Feber/glaub mir eben/
Drey Loth deß Wassers solt eingeben/
Vnd wer die Leber inflammiert/
Wenn hetts der Venus inseruiert/
Deß Wassers trinck auff vier Loth/
Sechs tag lang/hilfft dir auß der Not.

Geist.

Geistliche Bedeutung.

IN Wälden man diß Kräutlein findt/
Mit seinen Blättern also lindt/
Im Schatten vnd an kühlen Ort
Pflegt es zu wachsen jmmer fort/
Da sich die Bäumlein breiten auß/
Da findt mans schön gnug vberauß/
Also findt sich deß Hertzens Frewdt
Bey Gottes Schirm schön außgebreit/
Wer vnterm Schirm deß Höchsten ist/
Kein Vnfall schadt zu jeder Frist/
Der spricht zum HERRN/ Mein Schildt vnd Sterck/
Mein Hülff vnd Hort/ diß eben merck/
Mein Gott ich hoff allein in dich/
Mit nichten wirst verlassen mich/
Mein Hertz in dir sich frewet sehr/
Du bist allein mein Gott vnnd HERR.
Drumb dich allhie erjnnern solt/
Ob gleich die Welt dir nicht ist holdt/
Vnd dir viel Leydt/ Bekümmernuß
Zurichtet/ das du leiden must/
Dein Hertz dir machen Traurens vol/
Vnd allenthalben plagen wol/

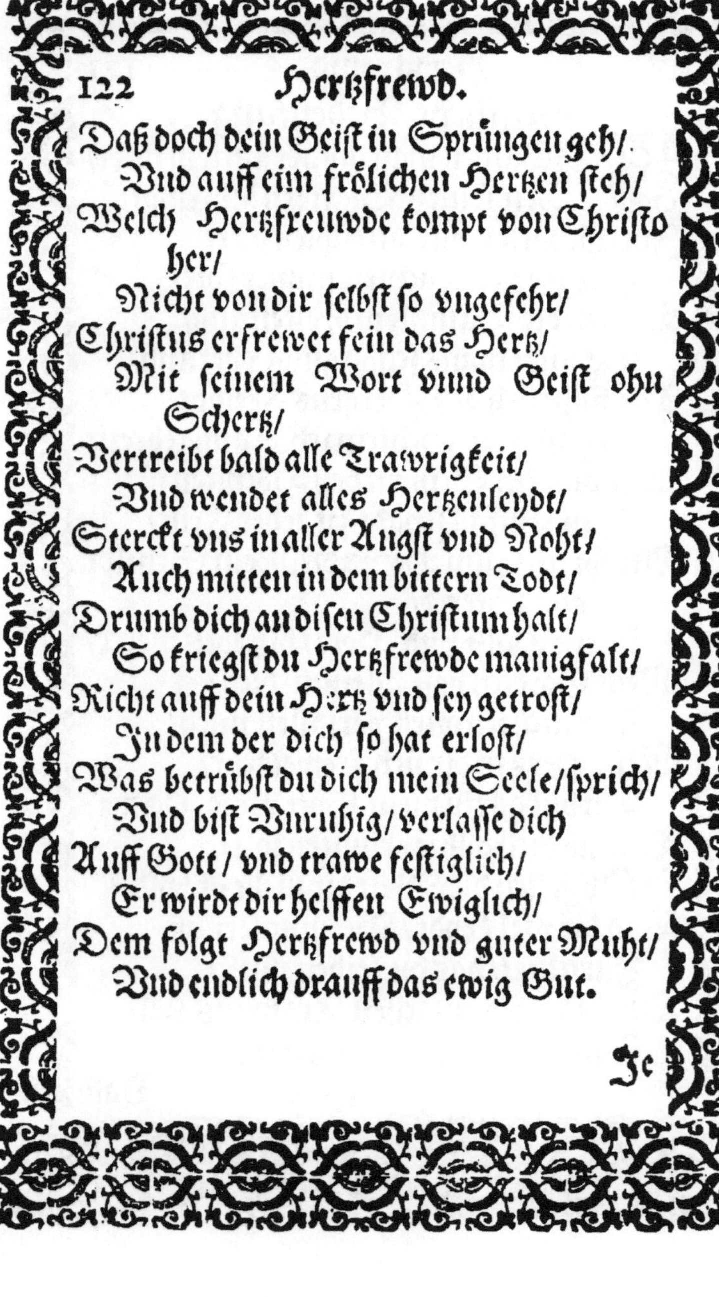

Daß doch dein Geist in Sprüngen geh/
 Vnd auff eim frölichen Hertzen steh/
Welch Hertzfreuwde kompt von Christo her/
 Nicht von dir selbst so vngefehr/
Christus erfrewet fein das Hertz/
 Mit seinem Wort vnnd Geist ohn Schertz/
Vertreibt bald alle Trawrigkeit/
 Vnd wendet alles Hertzenleydt/
Sterckt vns in aller Angst vnd Noht/
 Auch mitten in dem bittern Todt/
Drumb dich an disen Christum halt/
 So kriegst du Hertzfrewde manigfalt/
Richt auff dein Hertz vnd sey getrost/
 In dem der dich so hat erlost/
Was betrübst du dich mein Seele/sprich/
 Vnd bist Vnruhig/verlasse dich
Auff Gott/vnd trawe festiglich/
 Er wirdt dir helffen Ewiglich/
Dem folgt Hertzfrewd vnd guter Muht/
 Vnd endlich drauff das ewig Gut.

Je

Je Länger je Lieber.

PSAL. CXIX.

Das Gesatz deines Mundes / das ist / dein Wort / ist mir lieber denn viel tausent stück Goldes vnd Silber / rc.

PSAL. XXXIIII.

Wenn ich nur dich hab / so frag ich nichts nach Himel vñ Erden / wenn mir gleich Leib vnd Seel verschmacht / so bist du doch / O Gott / allzeit meins Hertzen Trost / rc.

Leibliche Wirckung.

DIß Kraut mit seinem Stengel grün
Wechst wie ein Rebe frech vñ (kühn /
Zur Artzeney gleichfalls mans nimpt /
Der gschwollen Brust gar wol bekomt /
Zu bösen Blattern / Gschwer vnd Eyß /
Nimpt man das Kraut vnd Sam mit fleiß /
Im Wasser seudt mans allzu wol /
Vnd schlegts denn auff / fein helffen sol /

Mit Cassia fistula das Kraut vermisch/
Zum Stulgang hilfft/ soll seyn gewiß/

Also genützt sechß Quintlein schwer/
Die Gelbsucht treibets/ wiß/ von dir ferr/
Also die Wurtzel dient hiezu/
In Wein gesotten bringt die Ruh/

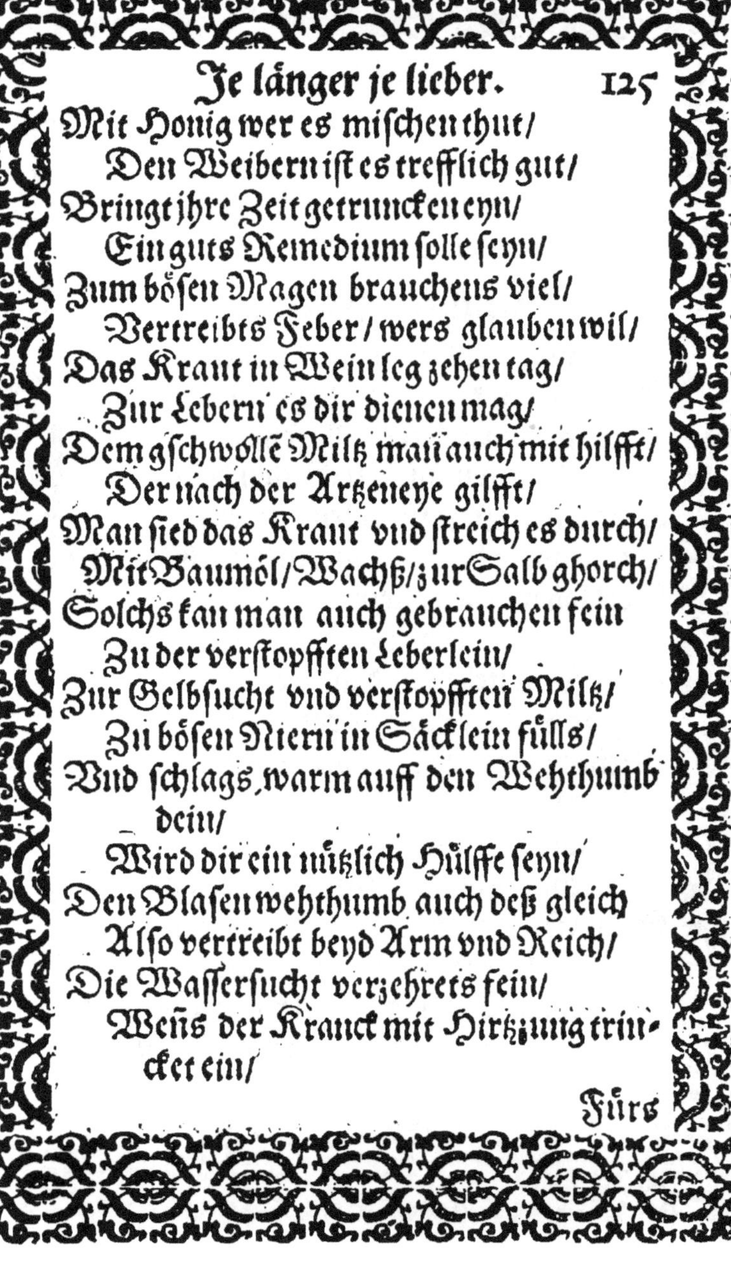

Mit Honig wer es mischen thut/
Den Weibern ist es trefflich gut/
Bringt jhre Zeit getruncken eyn/
Ein guts Remedium solle seyn/
Zum bösen Magen brauchens viel/
Vertreibts Feber / wers glauben wil/
Das Kraut in Wein leg zehen tag/
Zur Lebern es dir dienen mag/
Dem gschwollē Miltz man auch mit hilfft/
Der nach der Artzeneye gilfft/
Man sied das Kraut vnd streich es durch/
Mit Baumöl/Wachß/zur Salb ghorch/
Solchs kan man auch gebrauchen fein
Zu der verstopfften Leberlein/
Zur Gelbsucht vnd verstopfften Miltz/
Zu bösen Niern in Säcklein fülls/
Vnd schlags warm auff den Wehthumb dein/
Wird dir ein nützlich Hülffe seyn/
Den Blasen wehthumb auch deß gleich
Also vertreibt beyd Arm vnd Reich/
Die Wassersucht verzehrets fein/
Weñs der Kranck mit Hirtzung trincket ein/

Fürs

Fürs Gicht der Glieder dienets wol/
Das Wasser gleich Tugent han sol/
Heylt auch die Brüch/ erfrewt die Mann/
Drumbs mancher nicht entrathen kan.

Geistliche Wirckung.

DEr lieblich Nam diß Kräutleins schon
Gibt dir gar baldt hie zuverstohn/
Was dir am liebsten solle seyn/
Vnd halten für gen Bulen dein/
Lieb deinen Gott für allen dingen/
So wirdt dirs nimmermehr mißlingen/
Gott soltu lieben allezeit/
Viel mehr/denn was die Welte geyt/
Gott soltu lieben vnd jhm sein holdt/
Für Silber vnd für rotes Goldt/
Nichts auff der Welt dir lieber sey/
Deñ Gott vnd sein Wort/dem stehe bey/
Je länger/je lieber halt es schon/
Nicht laß dirs auß dem Hertzen gohn/
Sein Steck vnd Stab fein tröstet dich/
Das Hertz im Leib dir macht frölich/
In Creutz/Verfolgung/Armut/Schand/
Vertreibt Vnmut vñ Menschentand/

All

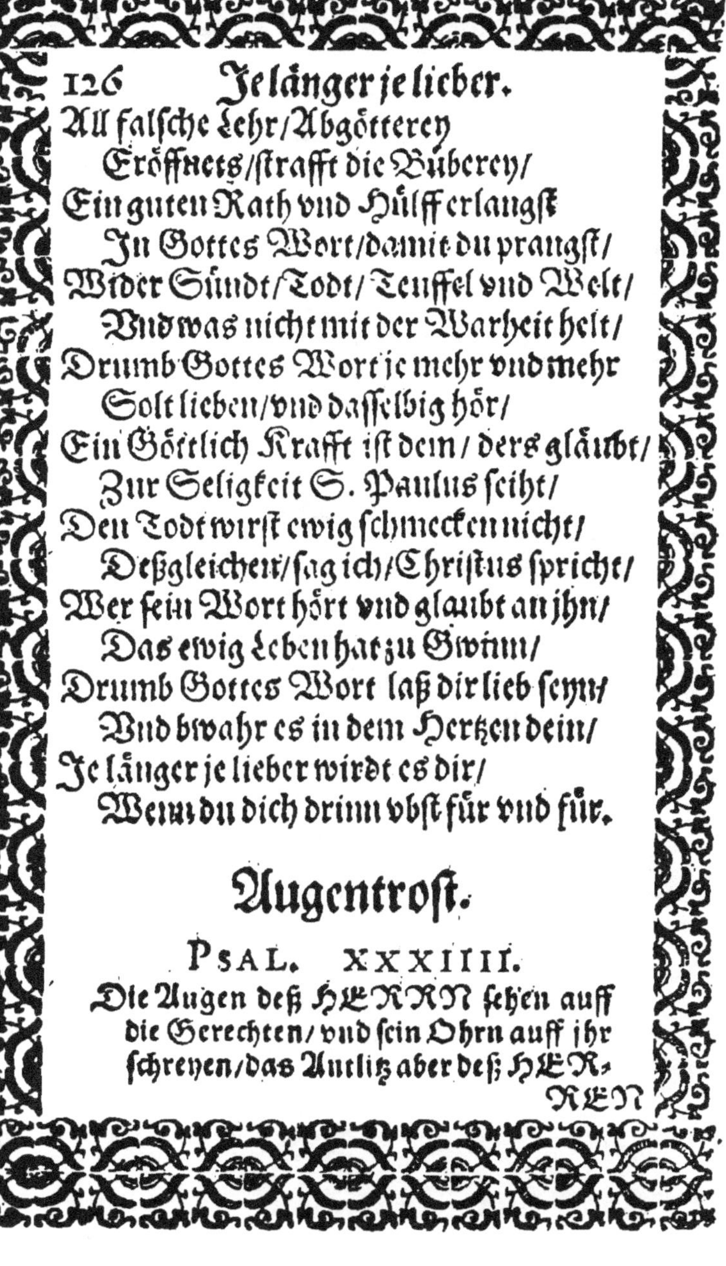

All falsche Lehr/Abgötterey
Eröffnets/strafft die Büberey/
Ein guten Rath vnd Hülff erlangst
In Gottes Wort/damit du prangst/
Wider Sündt/Todt/Teuffel vnd Welt/
Vnd was nicht mit der Warheit helt/
Drumb Gottes Wort je mehr vnd mehr
Solt lieben/vnd dasselbig hör/
Ein Göttlich Krafft ist dem/ ders gläubt/
Zur Seligkeit S. Paulus seiht/
Den Todt wirst ewig schmecken nicht/
Deßgleichen/sag ich/Christus spricht/
Wer sein Wort hört vnd glaubt an jhn/
Das ewig Leben hat zu Gwinn/
Drumb Gottes Wort laß dir lieb seyn/
Vnd bwahr es in dem Hertzen dein/
Je länger je lieber wirdt es dir/
Wenn du dich drinn vbst für vnd für.

Augentrost.

PSAL. XXXIIII.

Die Augen deß HERRN sehen auff die Gerechten/ vnd sein Ohrn auff jhr schreyen/das Antlitz aber deß HER-

REN

REN ſihet vber die / ſo böſes thun / daß er jr Gedächtnuß außrott von der Erden.

PSAL. XIII.

Schaw doch / vnd erhör mich / HERR mein Gott / erleucht meine Augen / daß ich nicht in dem Todt entſchlaffe.

LVC. X.

Selig ſindt die Augen / die da ſehen / das jhr ſehet / ꝛc.

Leibliche Wirckung.

DEn Namen trägt diß Kraut mit Ehrn /
Weils Augen Weethumb bald (thut wehrn /
Die Hitz in Augen ſtillt es fein /
Wenn man den Saffte trüpfflet drein /
Macht hell vnd klar ſo das Geſicht /
Alſo in Büchern werdt bericht /
Das Wäſſerlein darauß gebrannt /
Den Apoteckern iſt bekannt /
Macht hell vnd ſchön die Augen dein /
Vertreibt die Fäll vnd Flecken fein /
Mit Tüchlein auffgeſchlagen werdt /
Den Weethumb ſtillts ohn all gefärdt /

Drumb

Drumb billich heissets Augentrost/
Wol dem/der also wirdt erlost.

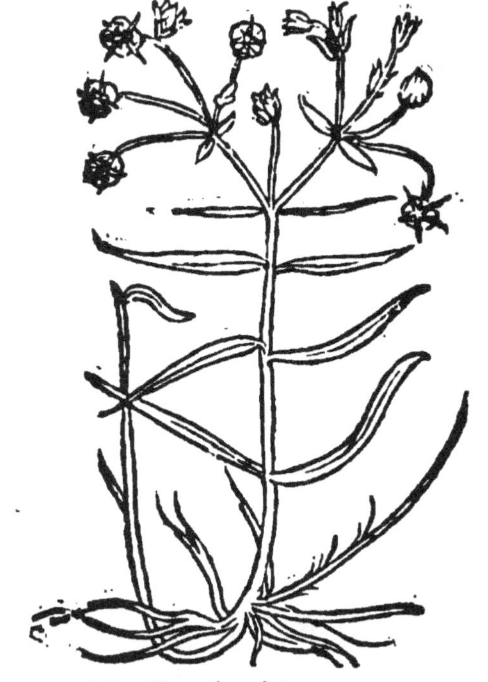

Geistliche Bedeutung.

BEy diesem Kräutlein soll man sich
Erinnern hie gantz fleissiglich

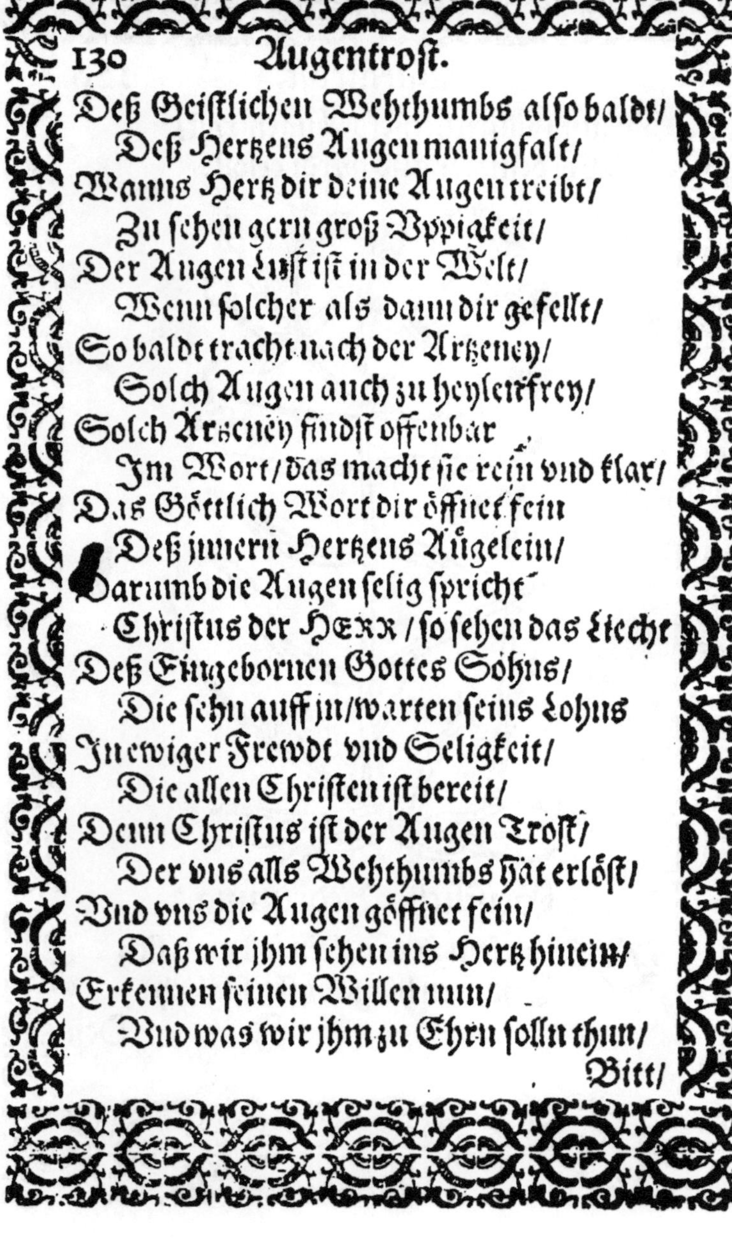

Deß Geistlichen Wehthumbs also baldt/
Deß Hertzens Augen manigfalt/
Wanns Hertz dir deine Augen treibt/
Zu sehen gern groß Vppigkeit/
Der Augen Lust ist in der Welt/
Wenn solcher als dann dir gefellt/
So baldt tracht nach der Artzeney/
Solch Augen auch zu heylen frey/
Solch Artzeney findst offenbar
Im Wort/ das macht sie rein vnd klar/
Das Göttlich Wort dir öffnet fein
Deß innern Hertzens Äugelein/
Darumb die Augen selig spricht
Christus der HErr/ so sehen das Liecht
Deß Eingebornen Gottes Sohns/
Die sehn auff jn/ warten seins Lohns
In ewiger Frewdt vnd Seligkeit/
Die allen Christen ist bereit/
Denn Christus ist der Augen Trost/
Der vns alls Wehthumbs hat erlöst/
Vnd vns die Augen göffnet fein/
Daß wir jhm sehen ins Hertz hinein/
Erkennen seinen Willen nun/
Vnd was wir jhm zu Ehrn solln thun/

Bitt/daß er vns bey disem Schein
Wöll biß ans Endt erhalten fein/
Vnd leuchten vns zum höchsten Gut/
Bewahren für der Hellen Glut.

Tag vnd Nacht.

Psal. I.

Die Gerechten haben Lust am Wort Gottes/vnd reden gern davon Tag vñ Nacht/Wol dem/der Lust an dem Gesatz deß HERRN hat/vnnd dicht in seinem Gesatz täglich/rc.

Ioan. IX.

Ich muß wircken die Werck deß/der mich gesandt hatt/so lang es tag ist/es kompt die Nacht/da Niemands wirckē kan/rc.

Leibliche Wirckung.

EIn nützlichs Kräutlein hastu hie
Für Augen stehn/darffst keine (Mühe/
Sein Krafft zurlern in ferrem Landt/
Auß Büchern wirdt es dir bekandt/

Sein Safft fürn Husten trincke ein/
Es sey mit Wässer oder Wein/

Mit Bleyweiß misch den Saffte wol/
Das Fewer wildt vertreiben soll/
Mit Gänßschmaltz misch / heyle Wolff
vnd Krebs/
Gar baldt denselben Schmertzen legts/

Den

Den Safft solt tröpfflen in die Ohrn/
Den Schmertzen stillt/thut Ruh gebern/
Mit Böcken Vnschlitt wol vermisch/
Die gsüchtig Glieder macht es frisch/
Den Harm deß Menschen treibets fort/
Wie ich von Artzten hab gehort/
Wenn man nimpt Peters Kraut geröst/
Jn warmen Wein/ gar bald aufflöst
Die Harmgänge zu der Blasen recht/
Wenn mans mit Düchern darauff schlegt/
Mit Pappeln/ Rosen/ Wermut/ Kleyen/
Geschelten Bonen / soll gedeyen/
Zerknirtschten Adern vnd Geleichen/
Mit Wein gekocht / solch thut erweichẽ
Die verstopffte Niern/ Leber vnd Miltz/
Derselben Schmertzen warlich stillts/
Das außgebrannte Wässerlein/
Laß dir hiezu gantz dienstlich seyn/
Zweymal im Tag getruncken ein/
Das Krimmen stillt in Därmelein/
Die Gschwulst es legt / das wiß furwar/
Drumb kanst es brauchen ohn gefahr.

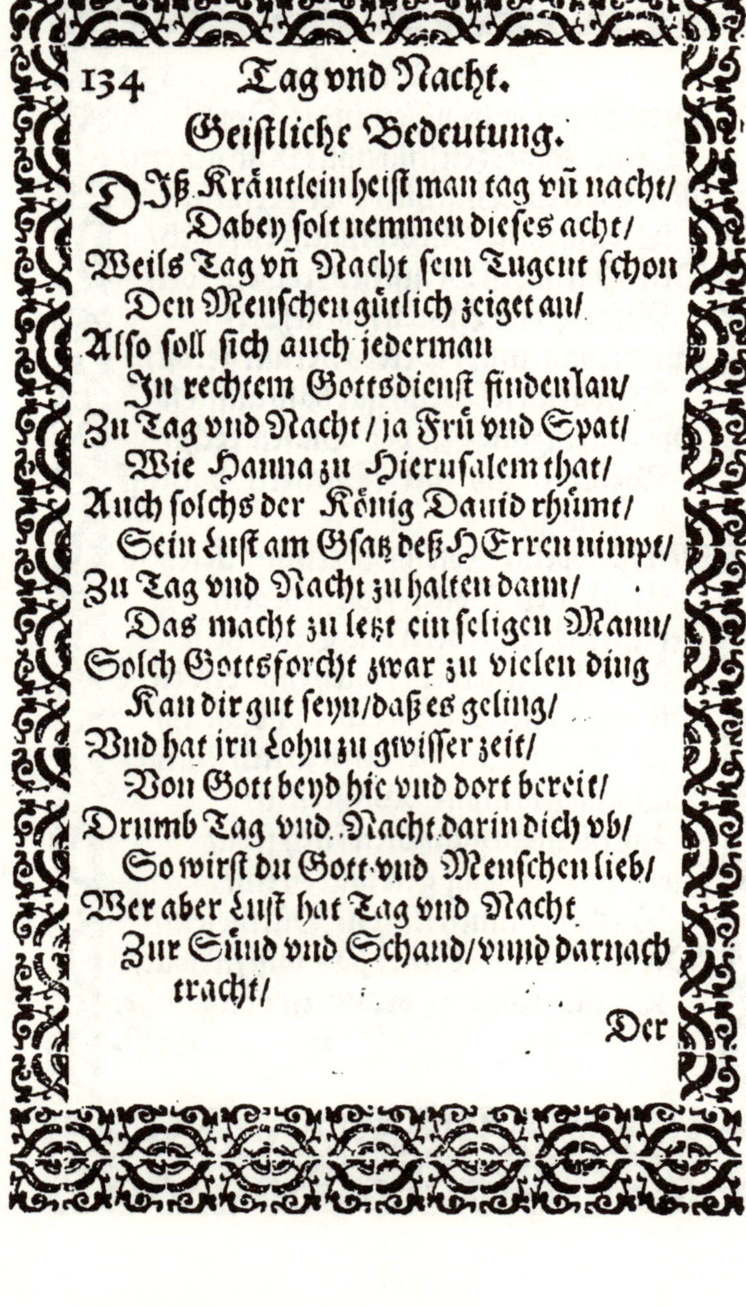

Geistliche Bedeutung.

DIß Kräntlein heist man tag vñ nacht/
Dabey solt nemmen dieses acht/
Weils Tag vñ Nacht sein Tugent schon
Den Menschen gütlich zeiget an/
Also soll sich auch jederman
In rechtem Gottsdienst finden lan/
Zu Tag vnd Nacht/ ja Frü vnd Spat/
Wie Hanna zu Hierusalem that/
Auch solchs der König David rhümt/
Sein Lust am Gsatz deß HErren nimpt/
Zu Tag vnd Nacht zu halten dann/
Das macht zu letzt ein seligen Mann/
Solch Gottsforcht zwar zu vielen ding
Kan dir gut seyn/daß es geling/
Vnd hat jrn Lohn zu gwisser zeit/
Von Gott beyd hie vnd dort bereit/
Drumb Tag vnd Nacht darin dich vb/
So wirst du Gott vnd Menschen lieb/
Wer aber Lust hat Tag vnd Nacht
Zur Sünd vnd Schand/vnnd darnach tracht/

Der

Der wird sein Lohn bekommen baldt/
Wenn er kompt in deß Teuffels Gwalt/
Hie zeitlich Straff er leiden muß/
Vnd wo nicht folget bald die Buß/
So folgt hernach die ewig Straff/
Drumb Tag vñ Nacht das gute schaff/
So wirst du aller Straffen queit/
Vnd alles Jammers recht gfreyt.

Siebengezeit.

PROVERB. XXIIII.

Der Gerechte fällt deß Tags siebenmal/ vnd stehet wider auff.

PSAL. XCII.

Das ist ein köstlich ding dem HERREN dancken/ vnnd lobsingen deinem Namen du Höchster/ deß Morgens dein Gnade/ vnnd deß Nachts dein Warheit verkündigen.

Leibliche Wirckung.

AL Kräuter sind geschaffen wol/
Wozu ein jedes dienen sol/

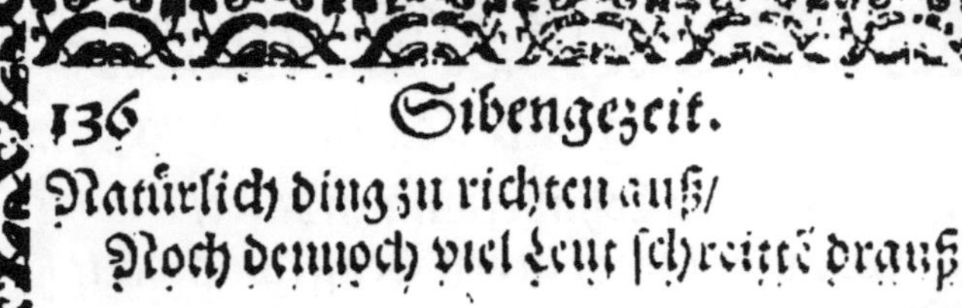

Natürlich ding zu richten auß/
Noch dennoch viel Leut schreittẽ drauß/

Der Natur sie mehr zumessen thun/
Denn jn goffenbaret ist nun/
Also mit diesem Kräutlein viel
Groß Narrenwerck vnnd Gauckelspiel

Sie

Sie treiben/ für deß Teuffels Gspenst/
Vnd brauchen dazu viel Sententz/
Der Aberglaub wechst so mit macht/
Wo man Gotts Wort nit hat in acht/
Die alten Weiber henckens auff/
Vnd haben denn groß achtung drauff/
Wie sichs zu siebenmaln behendt/
Im Tag da in der Stuben wendt/
Solchs wolln wir jetzund fahren lahn/
Vnd ander ding hie zeigen an/
Du magst es sieden wol in Wein/
Darnach dasselbig trincken ein/
Viel Wehtag in dem Leib vertreibt/
Wie man vō diesem Kräutlein schreibt/
Es reiniget dir auch fein das Gblüt/
Vnd macht fein lustig dein Gemüt/
Das Seitenweh stillts wunderlich/
Den Harm es treibt/verwahret dich/
Für fallend Sucht vnd Febers Art/
Daß dichs nicht plage all zu hart/
Zur Lebersucht drey Quintlein nem
Deß Samens /solchs jr wol bekem/
Wenns wird genommen ein mit Wein/
Die zeit der Mutter fürdert fein/

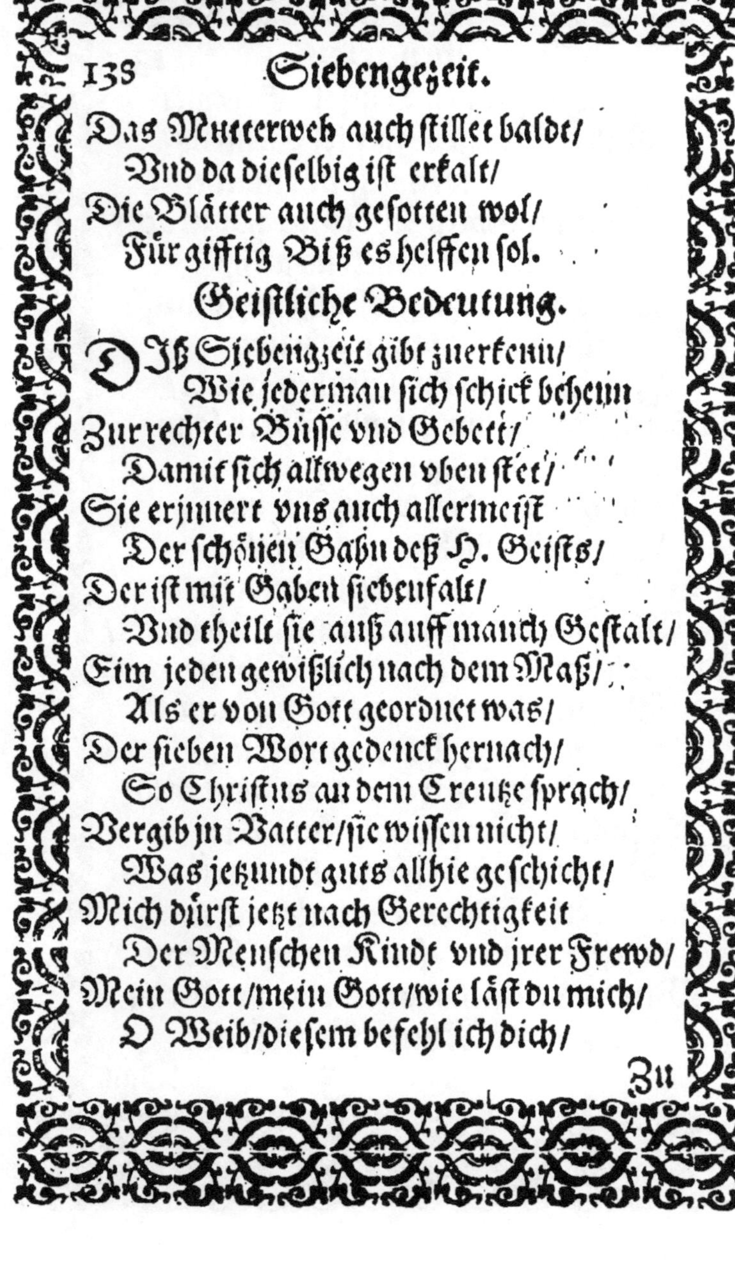

Das Mutterweh auch stillet baldt/
Vnd da dieselbig ist erkalt/
Die Blätter auch gesotten wol/
Für gifftig Biß es helffen sol.

Geistliche Bedeutung.

DIß Siebengzeit gibt zuerkenn/
Wie jederman sich schick beheim
Zur rechter Büsse vnd Gebett/
Damit sich allwegen vben stet/
Sie erjnnert vns auch allermeist
Der schönen Gahn deß H. Geists/
Der ist mit Gaben siebenfalt/
Vnd theilt sie auß auff manch Gestalt/
Eim jeden gewißlich nach dem Maß/
Als er von Gott geordnet was/
Der sieben Wort gedenck hernach/
So Christus an dem Creutze sprach/
Vergib jn Vatter/sie wissen nicht/
Was jetzundt guts allhie geschicht/
Mich dürst jetzt nach Gerechtigkeit
Der Menschen Kindt vnd jrer Frewd/
Mein Gott/mein Gott/wie läst du mich/
O Weib/diesem befehl ich dich/

Zu

Zu seiner Mutter redt diß Wort/
Auch zu Johanne/so hinfort/
Heut wirstu seyn im Paradiß/
Zum Schecher sprach/das ist gewiß/
Nun ists vollnbracht/dergleichen spricht/
Sein Häupt baldt zu der Erden richt/
Rieff laut/Vatter in deine Händt
Ich meinen Geist befehl vnd sendt.
Diß sieben Wort betrachte wol/
So wirdt dein Hertz offt Frewden voll/
Vnd weil der Gerecht fällt siebenmal
Im Tag/er darnach trachten soll/
Zur Busse sich ergeben fein
Ohn Heucheley vnd falschen Schein/
Sein Vbelthättern verzeihen recht/
Nicht siebenmal/sag ich nur schlecht/
Ja siebentzig siebenmal/so offt
Der Sünder das begert vnd hofft/
Die Siebengzeit vnd gwisse Stundt
Im Bapsthumb haben keinen Grundt/
Zum Gebett also verbunden seyn/
Welchs offt geschicht mit falschē schein
Von Mönch vnd Pfaffen mancherley/
Ohn Andacht han ein groß Geschrey/
Dein

Dein Gebett/wenn es von Hertzen geht/
All Stund im Tag für Gott besteht.

Folgen hernach etliche Kräutlein/so vns geben Lehr vnd Trost in allerley Anfechtungen.

Serpentaria.

Schlangentritt.

GEN. III.

Deß Weibs Same soll der Schlangen den Kopff zertretten / vnd du wirst jn in die Versen beissen.

PSAL. XCI.

Auff den Löwen vnd Ottern wirstu gehen / vnd tretten auff den jungen Löwen vnd Drachen.

PSAL. CIX.

Du zutrittst alle/die deiner Recht fehlen.

Leib.

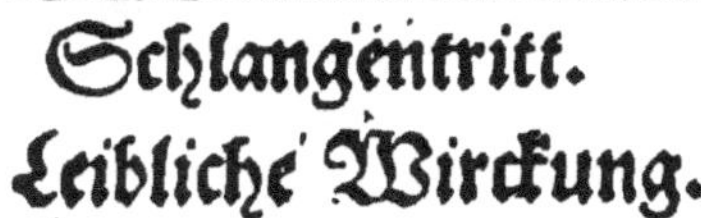
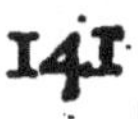

Leibliche Wirckung.

DIß Schlangen Kraut vnnd
Natterwurtz (kurtz/
Hilfft/ welchem ist der Athem
Wenn man es seudt mit Honig wol/
Ein gut Remedium es seyn soll/

Wer

Wer reudig ist vnd voller Grindt/
Demselben es gar wol bekümpt/
Die Wurtzel siede wol in Wein/ (rein/
Vnd wäsch sich offt / die Haut macht
Die Wurtzel auch gepülvert klein
Mit Tyriack sie nem̃e ein/
Mit Wasser von Endivien
Die Pestilentz vertreibet hin/
Mit Honig siedts / vnd legs auffs Häupt/
Vertreibt die Flüß/ist mein Bescheydt/
Fürs Keichē/Husten/Gicht vñ Krampff/
Vertreibt/sag ich dir alles sampt/
Mit Oel vermisch den Safft/das stillt
Den Ohrenschmertzen/wenn du wilt/
Diß Wurtz mit Bertram vnd Alannt
Mit Honig mischt/heylt böse Zän/
Das geronnen Blut zertheylets fein/
Doch muß hiezu genommen seyn
Das außgebrannte Wässerlein/
Senff Samen auch gestossen rein/
Vnd Kerbeln Wasser alles sampt/
Davon der Mensch eintrinck zuhandt
Drey Loht alln Tag/das ist mein Rath/
Deß morgens frü vnd zAbendts spat/

Das Gifft im Leib das Wässerlein
Vertreibt auch/ je gewiß soll seyn/
Was mehr für Tugendt in sich hat/
Solchs in den Kräuterbüchern staht.

Geistliche Bedeutung.

DIe Schlangen Wurtz sich selbst verklärt/
Wie in der Schrifft da wirdt gelehrt/
Die alte Schlang mit jrer List
Der Teuffel sey/ also vergwist
Vns Christus selbst/ vnd wirdt gemeldt/
Wie er die erste Eltern gfällt/
Geführt in Sündt vnd Todtes Noht/
Welchs doch baldt wendt der liebe Gott
Im Paradeiß/ da er verhieß
Deß Weibs Samen zuschicken gwiß/
Christum versteh/ sein Einigen Sohn/
Der solt dem Teuffel seinen Lohn
Recht geben/ jm da seinen Kopff
Zerknirschet wol den schnöden Tropff/
Vnd vns erlösen von der Macht/
Drein vns der Teuffel hat gebracht/

Diß

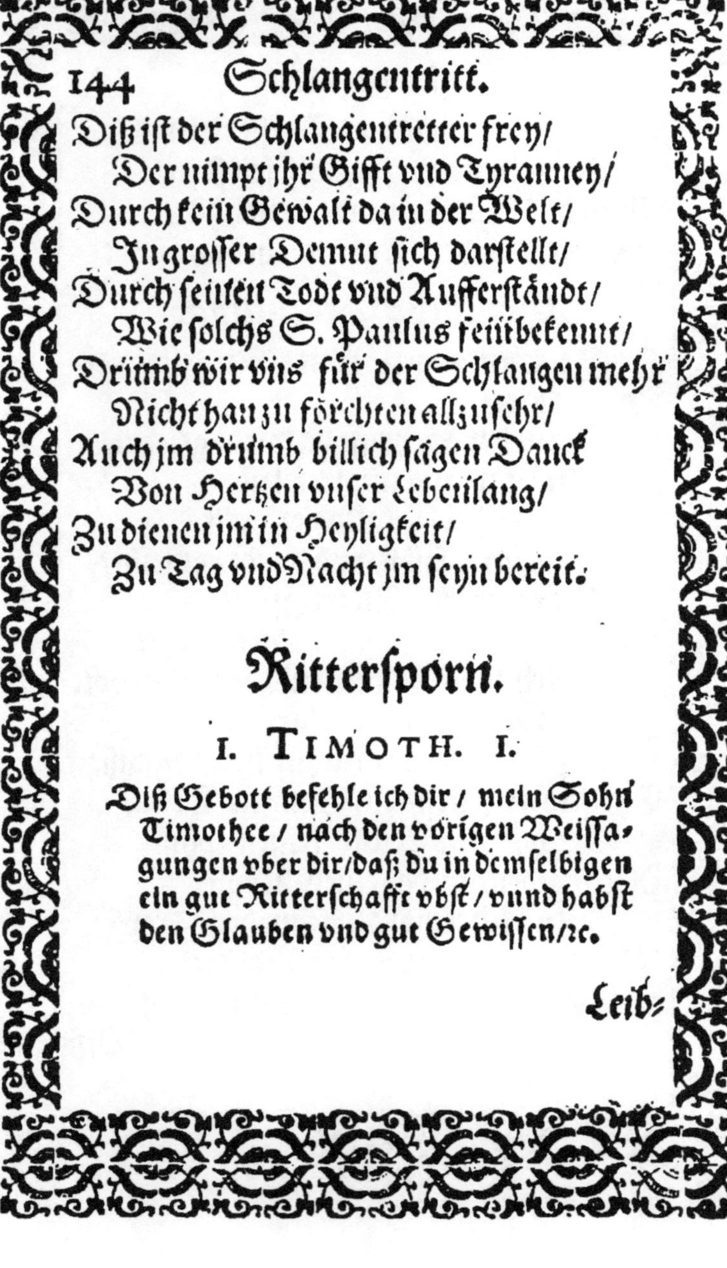

Diß ist der Schlangentretter frey/
Der nimpt jhr Gifft vnd Tyranney/
Durch kein Gewalt da in der Welt/
In grosser Demut sich darstellt/
Durch seinen Todt vnd Aufferstândt/
Wie solchs S. Paulus fein bekennt/
Drumb wir vns für der Schlangen mehr
Nicht han zu förchten allzusehr/
Auch jm drumb billich sagen Danck
Von Hertzen vnser Lebenlang/
Zu dienen jm in Heyligkeit/
Zu Tag vnd Nacht jm seyn bereit.

Rittersporn.

I. TIMOTH. I.

Diß Gebott befehle ich dir/ mein Sohn Timothee/ nach den vorigen Weissagungen vber dir/daß du in demselbigen ein gut Ritterschafft vbst/ vnnd habst den Glauben vnd gut Gewissen/ꝛc.

Leib-

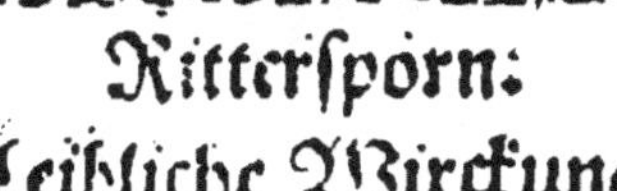

Ritterspörn.

Leibliche Wirckung.

Diß Kräutleins Blum gleich wie ein Spör
Ist anzusehen/drumb fürwohr
Davon den Namen bkommen hat
Mit blawer Farb/wie es hie staht/

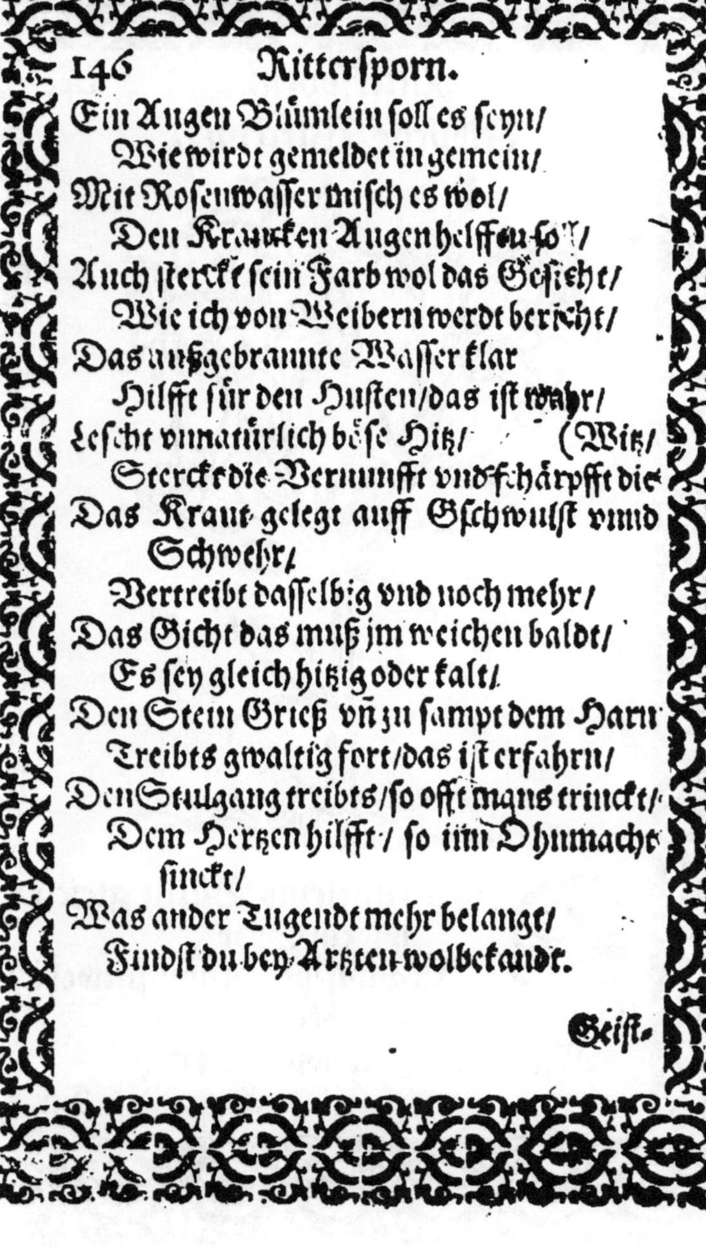

Ein Augen Blümlein ſoll es ſeyn/
Wie wirdt gemeldet in gemein/
Mit Roſenwaſſer miſch es wol/
Den Krancken Augen helff es ſol/
Auch ſterckt ſein Farb wol das Geſicht/
Wie ich von Weibern werdt bericht/
Das außgebrannte Waſſer klar
Hilfft für den Huſten/das iſt wahr/
Leſcht vnnatürlich böſe Hitz/
Sterckt die Vernunfft vnd ſchärpfft die (Witz/
Das Kraut gelegt auff Gſchwulſt vnnd Schwehr/
Vertreibt daſſelbig vnd noch mehr/
Das Gicht das muß jm weichen baldt/
Es ſey gleich hitzig oder kalt/
Den Stein Grieß vñ zu ſampt dem Harn
Treibts gwaltig fort/das iſt erfahrn/
Den Stulgang treibts/ſo offt mans trinckt/
Dem Hertzen hilfft/ ſo im Ohnmacht ſinckt/
Was ander Tugendt mehr belangt/
Findſt du bey Artzten wolbekandt.

Geiſt-

Geistliche Wirckung.

WEr dieses Kräutlein recht betracht/
Der wirdt erkeñen baldt sein Macht
Der Ritterschafft/so Geistlich ist/
Darein geschworn hat jeder Christ/
Zu vben gute Ritterschafft
In Lehr vnd Leben/da sein Krafft
In Streit vnd Kampff beweisen frey/
Wenn seine Seel leidt Tyranney/
Vnd wenn die Welt so grewlich tobt/
Christum vnd sein Wort verfolget mit spott/
Da kämpff vnd Streit zu aller Zeit/
Daß Gotees Wort werd außgebreit/
Ergreiff den Harnisch Gottes baldt/
Vnd fecht getrost nur manigfalt/
Vmbgürt dein Lenden mit Warheit/
Ziehe an den Krebs der Gerechtigkeit/
An Beinen auch gestiffelt frey
Mits Euangelij Frieden sey/
Den Schildt deß Glaubens ergreiff im Eil/
Damit lesch auß deß Teuffels Pfeil/

Den Helm deß heyls vñ Geistes Schwert
Ergreiffe baldt/ so wirst gewert
Ein rechter Ritter Christi gut/
Bezeuge es auch mit deinem Blut/
Faß Teuffel/ Welt in deine Sporn/
Daß du nicht werdst ewig verlorn/
Laß dich nicht vndertrucken schnell
Vor Sündt/ Todt/ Teuffel/ Welt vnd Hell/
Im Gebett vnd Glauben halt frey an/
So erlangst du Ehr vnnd d Himlisch Kron.

Widerthon.

I. PETRI V.

Seyt nüchtern vnd wachet/ denn euwer Widersacher der Teuffel geht vmbher wie ein brüllender Löwe/ vnd sucht/ welchen er verschling/ dem widerstehet fest im Glauben/ ꝛc.

PSAL. CIX.

Der HERR stehet dem Armen zur Rechten/ daß er jhm helff von denen/ die sein Leben verurtheilen.

LVC.

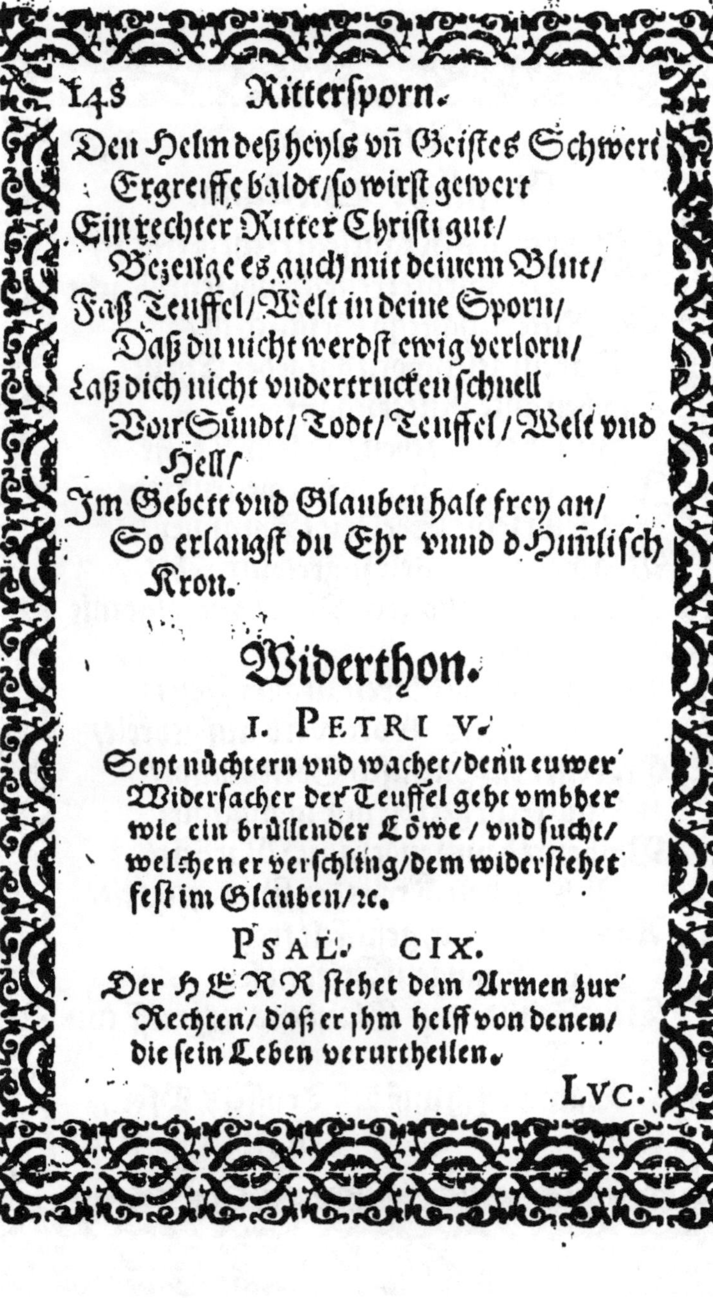

LVC. XI.

Wer nicht mit mir ist/der ist wider mich/ vnd wer nicht mit mir sam̃let/ der zerstreuwet.

Leibliche Wirckung.

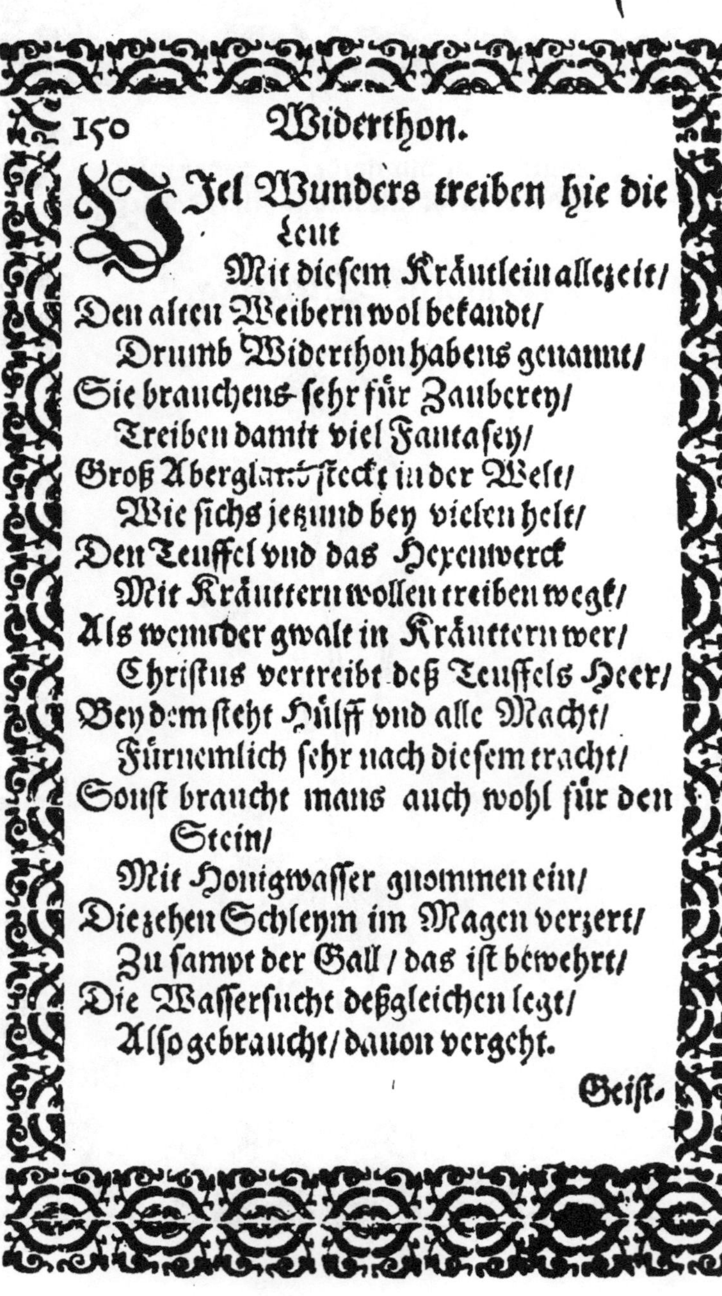

VIel Wunders treiben hie die Leut

Mit diesem Kräutlein allezeit/

Den alten Weibern wol bekandt/

Drumb Widerthon habens genannt/

Sie brauchens sehr für Zauberey/

Treiben damit viel Fantasey/

Groß Aberglaub steckt in der Welt/

Wie sichs jetzund bey vielen helt/

Den Teuffel vnd das Hexenwerck

Mit Kräuttern wollen treiben wegk/

Als wenn der gwalt in Kräuttern wer/

Christus vertreibt deß Teuffels Heer/

Bey dem steht Hülff vnd alle Macht/

Fürnemlich sehr nach diesem tracht/

Sonst braucht mans auch wohl für den Stein/

Mit Honigwasser gnommen ein/

Die zehen Schleym im Magen verzert/

Zu sampt der Gall/ das ist bewehrt/

Die Wassersucht deßgleichen legt/

Also gebraucht/ dauon vergeht.

Geistliche Bedeutung.

Gleich wie diß Kräutlein dienen soll
Für Gspenst vnd Zaubereyen voll/
Also viel mehr erinner dich/
Deß Widerthons so kräfftiglich/
In warheit kan vertreiben frey
Deß Teuffels Gspenst vnd Fantasey/
Das ist das ewig Göttlich Wort/
Das kan vertreiben deß Teuffels mordt/
Vnd alles Vnglück verjagen fein/
So vns nur mag zwider seyn/
Sein Krafft vñ Gwalt ist Herrlich groß/
Das macht dem Teuffel sein Hof bloß/
Creutz/Fahn/Caracter/ Kräutter viel/
Hiezu nichts hilfft/ wers glauben wil/
Kein gsegnet Wasser oder Kertz/
Zu Gott allein richt man das Hertz/
In warem Glauben vnd Gebet/
Wie das Cananeisch Weiblein thät/
Vnd Christus selbst / Mattheus schreibt/
Deß Sathans Gspenst also vertreibt/
Denn er ist der rechte Widerthon/
Den Teuffel kan vertreiben schon/

Den Todt deßgleich vnd alle Kränck/
Vnd was man findt derselben Renck/
Er thut recht starcken Widerstandt/
Vnd sitzt zu Gottes rechten Handt/
Ein Triumphirer mächtiglich/
Vnd kan am Feind wol rechen sich/
Auff diesen solt verlassen dich/
Vnd in anruffen kräfftiglich/
Denn wirst sein Krafft befinden baldt/
Vnd seine Hülff je manigfalt/
Das solt du jm vertrauwen wol/
Wie einem Christ gbüren sol/
Verharr im Glauben also schon/
Das lehrt dich hie der Widerthon.

Durchwachß.

MICHEAE II.

Es wird der Durchbrecher für jhn herauff fahren/ sie werden durchbrechen/ vnd zum Thor auß vnd einziehen/ vnd jr König wird für jn hergehn/ vnd der HERR forn an.

Leib-

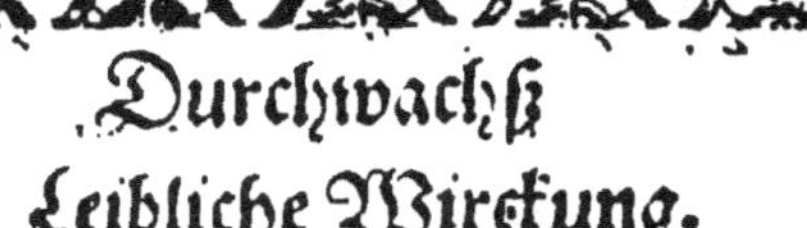

Leibliche Wirckung.

DIß Kräutlein auch manch
Tugent hat/
Vñ ist formiert wies hie stahet/
Das braucht man sehr in Artzeney/
Drumb hab ichs wöllen stelln hiebey/

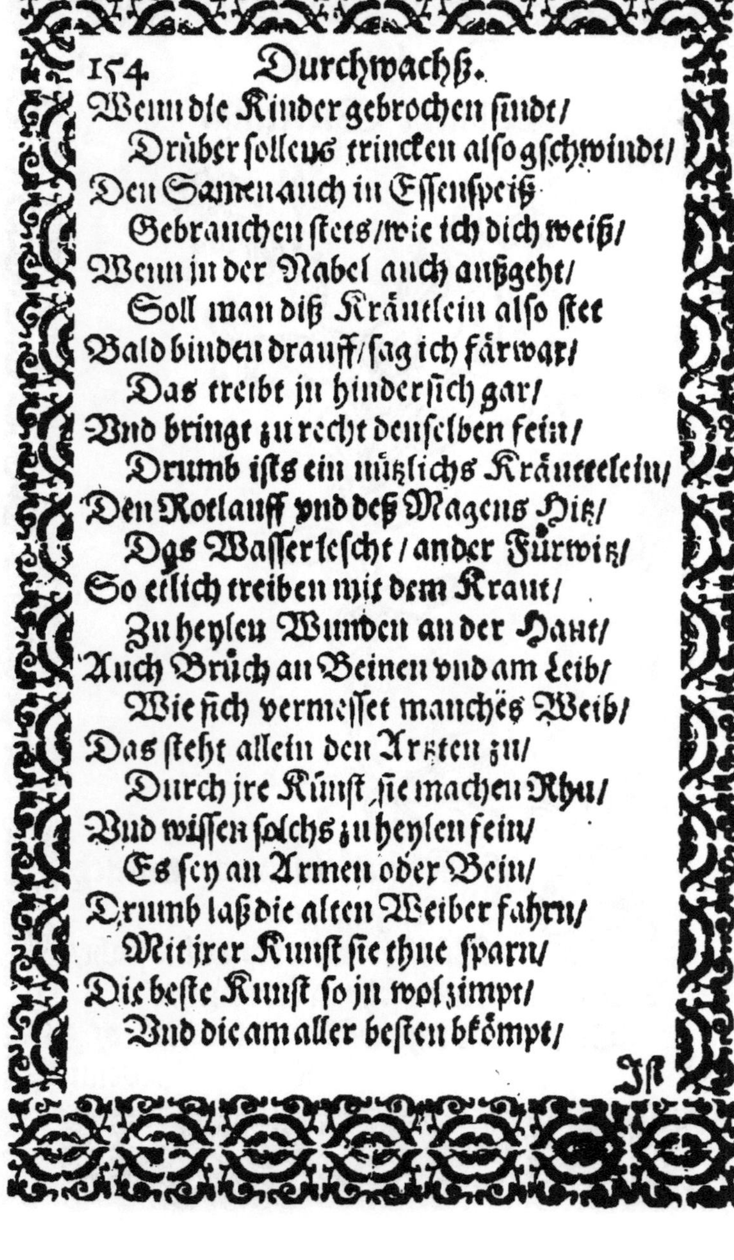

Wenn die Kinder gebrochen sindt/
Drüber sollens trincken also gschwindt/
Den Samen auch in Essenspeiß
Gebrauchen stets/wie ich dich weiß/
Wenn jn der Nabel auch außgeht/
Soll man diß Kräutlein also stet
Bald binden drauff/sag ich fürwar/
Das treibt jn hindersich gar/
Vnd bringt zu recht denselben fein/
Drumb ists ein nützlichs Kräuttelein/
Den Rotlauff vnd deß Magens Hitz/
Das Wasser lescht/ander Fürwitz/
So etlich treiben mit dem Kraut/
Zu heylen Wunden an der Haut/
Auch Brüch an Beinen vnd am Leib/
Wie sich vermessen manches Weib/
Das steht allein den Artzten zu/
Durch jre Kunst/sie machen Rhu/
Vnd wissen solchs zu heylen fein/
Es sey an Armen oder Bein/
Drumb laß die alten Weiber fahrn/
Mit jrer Kunst sie thue sparn/
Die beste Kunst so jn wol zimpt/
Vnd die am aller besten bkömpt/

Ist

Ist Kochen / Pflantzen / warten wol /
Deß sich ein Weib befleissen sol.

Geistliche Bedeutung.

DIß Kräutlein wies hie für dir staht /
Das gibt dir auch ein guten rath /
Mit seinem Namen sicherlich /
Gar wol vnd fein erinnert dich /
Wie wir durchwachsen müssen all /
In Creutz / durch Leiden vnd Trübsal /
Durch Todt / Verfolgung / Angst vñ Not /
Vnd wies vns schickt der liebe Gott /
Da wil hindurch gebrochen seyn /
Mit rechtem Glauben / Gdult vñ Pein /
Wie d Märterer Christi allzumal /
Durchdrungen sind ins Hiñels Saal /
Ja Christus selbst durch Creutz vnd Todt /
Frey dapffer durchgebrochen hat /
Also wir müssen auch zugleich
Hinbrechen in das Hiñelreich /
Durchwachsen vnser lebenlang /
Ob vns gleich drüber wird sehr bang /
So wils allhie nicht anders seyn /
Drumb geb man sich nur willig drein /

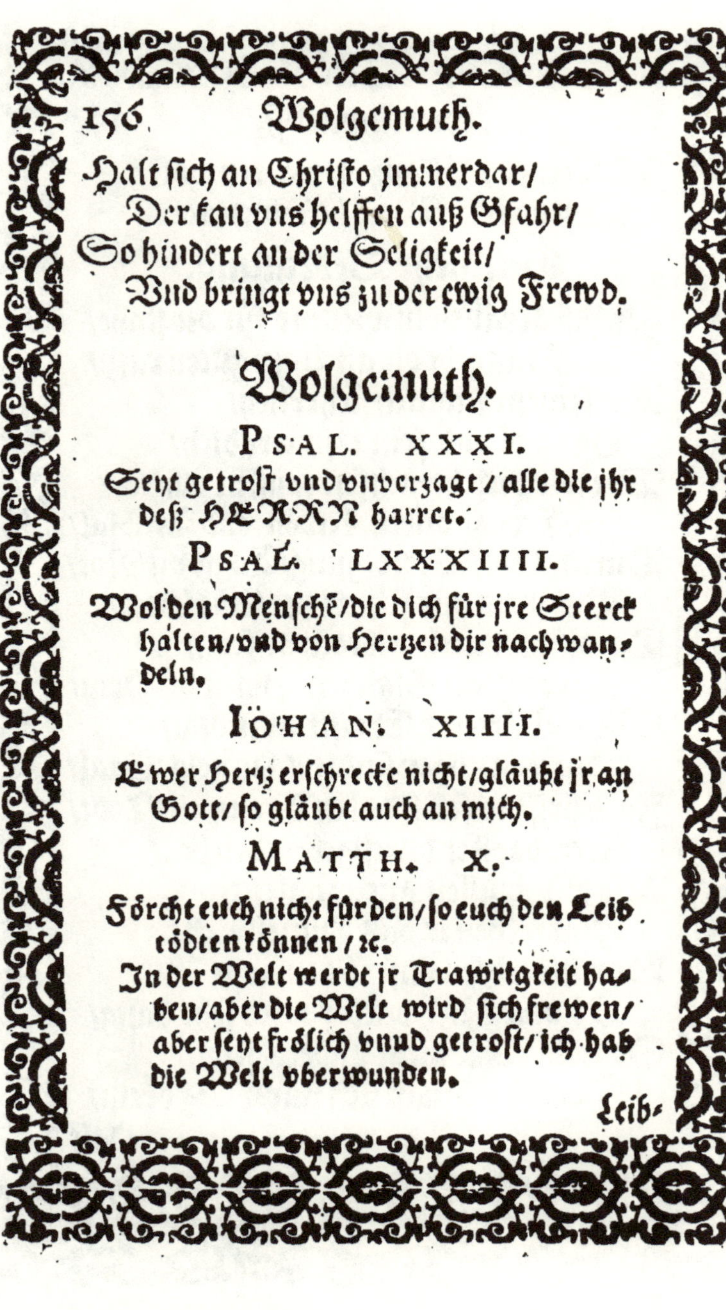

Halt sich an Christo jmmerdar/
Der kan vns helffen auß Gfahr/
So hindert an der Seligkeit/
Vnd bringt vns zu der ewig Frewd.

Wolgemuth.

PSAL. XXXI.

Seyt getrost vnd vnverzagt/alle die jhr deß HERRN harret.

PSAL. LXXXIIII.

Wol den Menschẽ/die dich für jre Sterck halten/vnd von Hertzen dir nachwandeln.

IOHAN. XIIII.

Ewer Hertz erschrecke nicht/gläubt jr an Gott/so gläubt auch an mich.

MATTH. X.

Förcht euch nicht für den/so euch den Leib tödten können/rc.
In der Welt werdt jr Trawrigkeit haben/aber die Welt wird sich frewen/aber seyt frölich vnnd getrost/ich hab die Welt vberwunden.

Leib-

Wolgemuth.

Leibliche Wirckung.

DIß Kräutlein ist auch wol be-
kannt/ (nannt/
Vnd sonst wird es nicht so ge-
Sein Tugent groß gespüret wird/
Wenn mans zur Artzeneyen führt/

Denn

Denn wenn mans wol seudt in dem Wein/
Für Hitz es soll ein Hülffe seyn/
Wer dir dein Leber vngesundt/
Der trinck hierüber bald zur Stundt/
Dazu magst nemmen Honig süß/
Mit Feigen/Rauten/im Wein siedts/
Der bösen Lungen vnd dem Hust/
Vnd wer da hat ein enge Brust/
Der brauch den Tranck so lang vnd viel/
Biß er befindt das Widerspiel/
Dem Haupt es auch bekompt gar wol/
Ein Laug man mit bereitten sol/
Auch sonst auffs Haupt geleget sein/
In einem Duch gewermt im Wein/
Also mans legt auff den Bauch/
Den Wehthumb es vertreibet auch/
Den Harn vnd Grieß es führet hinweg/
Wenn mans so brauchet auffgelegt/
Mit Feygen siedts/so dients zum Halß/
Den kalten seych vertreibts gleichfalls/
In Wein vnd Oel solts sieden wol/
Der Mutter wol bekommen sol/
Mit Düchlein fürgeschlagen sein/
Für Schwulst vnd Knollen solle seyn/

Der

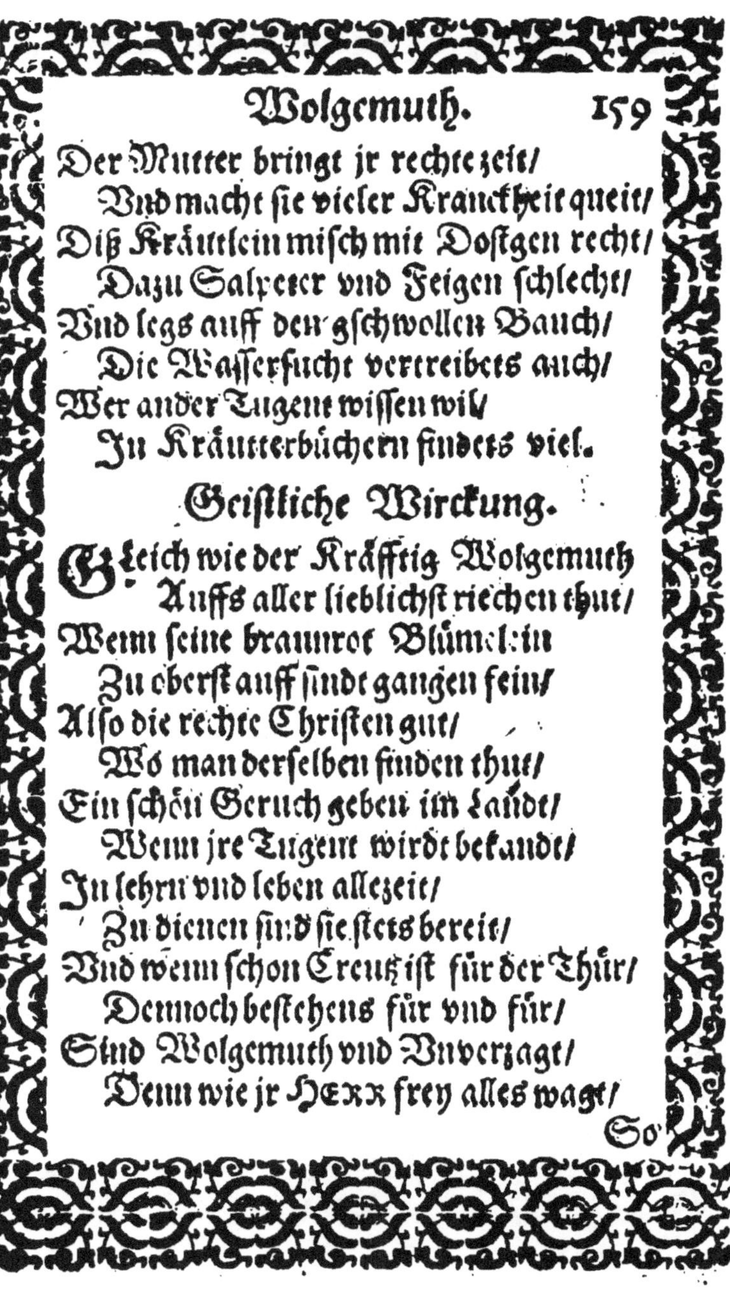

Der Mutter bringt jr rechte zeit/
Vnd macht sie vieler Kranckheit queit/
Diß Kräutlein misch mit Dostgen recht/
Dazu Salpeter vnd Feigen schlecht/
Vnd legs auff den gschwollen Bauch/
Die Wassersucht vertreibets auch/
Wer ander Tugent wissen wil/
In Kräutterbüchern findets viel.

Geistliche Wirckung.

GLeich wie der Kräfftig Wolgemuth
Auffs aller lieblichst riechen thut/
Wenn seine braunrot Blümelein
Zu oberst auff sindt gangen fein/
Also die rechte Christen gut/
Wo man derselben finden thut/
Ein schön Geruch geben im Landt/
Wenn jre Tugent wirdt bekandt/
In lehrn vnd leben allezeit/
Zu dienen sind sie stets bereit/
Vnd wenn schon Creutz ist für der Thür/
Dennoch bestehens für vnd für/
Sind Wolgemuth vnd Vnverzagt/
Denn wie jr HERR frey alles wagt/

So

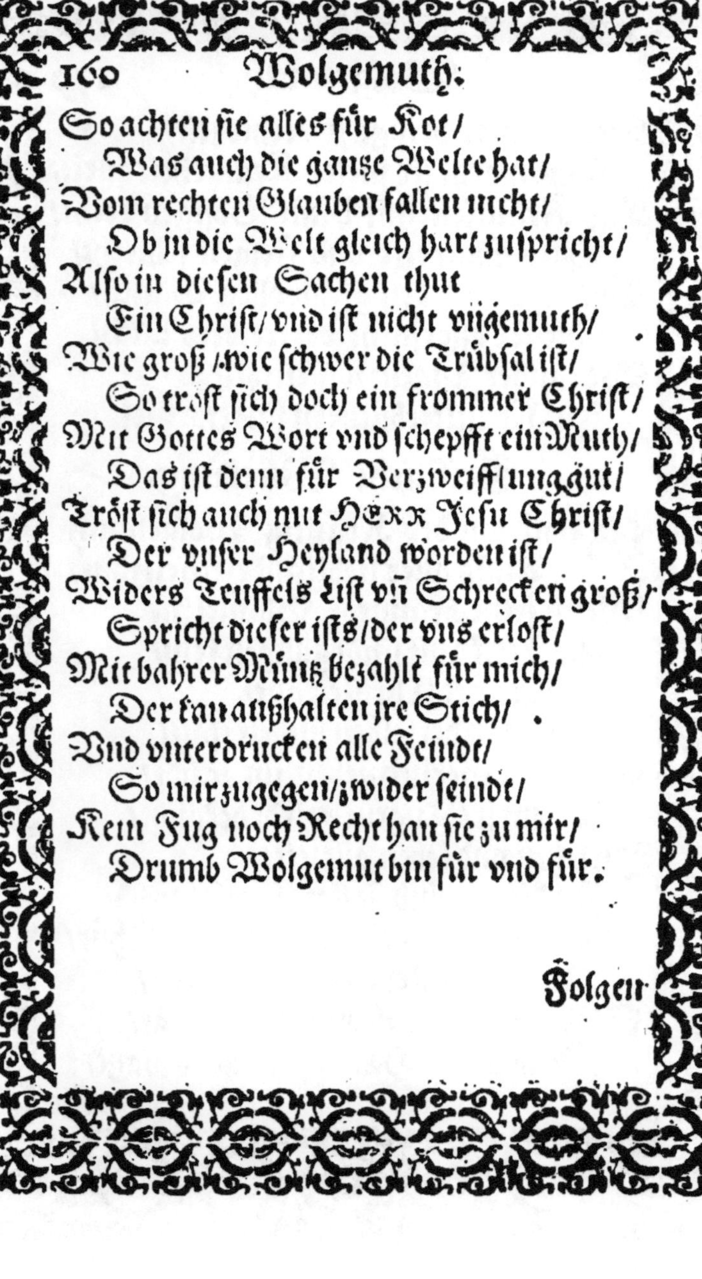

So achten sie alles für Kot/
Was auch die gantze Welte hat/
Vom rechten Glauben fallen nicht/
Ob jn die Welt gleich hart zuspricht/
Also in diesen Sachen thut
Ein Christ/ vnd ist nicht vngemuth/
Wie groß/ wie schwer die Trübsal ist/
So tröst sich doch ein frommer Christ/
Mit Gottes Wort vnd schepfft ein Muth/
Das ist denn für Verzweifflung gut/
Tröst sich auch mit HErr Jesu Christ/
Der vnser Heyland worden ist/
Widers Teuffels List vñ Schrecken groß/
Spricht dieser ists/ der vns erlost/
Mit bahrer Müntz bezahlt für mich/
Der kan außhalten jre Stich/
Vnd vnterdrucken alle Feindt/
So mir zugegen/ zwider seindt/
Kein Fug noch Recht han sie zu mir/
Drumb Wolgemut bin für vnd für.

Folgen

Folgen etliche Kräutter / die warnen vns für falscher Lehr / vnd verführischen falschen Propheten.

Hundszung.

ESAIAE LVI.

All jr Wächter sindt blinde / sie wissen all nichts / Stummende Hund sind sie / die nicht straffen können / sind faul / liegen vnd schlaffen gern / Es sind aber starcke Hunde von Leiben / die nimmer satt werden können.

PHILIPP. III.

Sehet auff die Hunde / sehet auff die böse Arbeiter / ꝛc.

Leibliche Wirckung.

EIn schlechtes Kraut / vnnd böß Geruchs /
Jn Höfen vñ an Rechen suchs /

Hundszung.

Diß Kraut soll kühln vnd trucknen sehr/
Wer auch vom Hund gebissen wer/

Soll man das Kraut zerknirschen wol/
Mit Schweinē Schmaltz es rösten sol/
Vnd denn auffschlagen also baldt/
Die Gifft vertreibts so manigfalt/

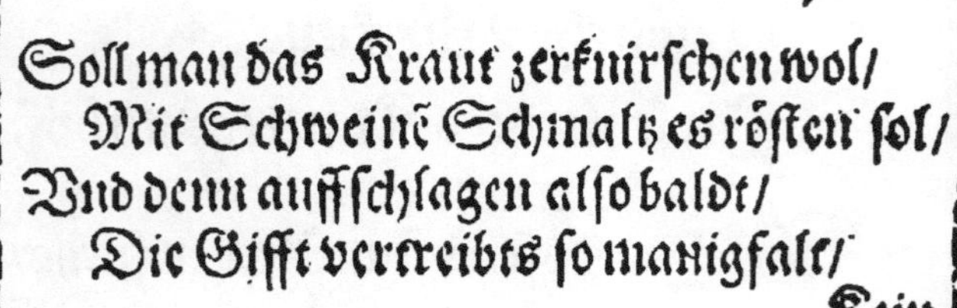

Kein

Kein Gifft zum Hertzen kommen lest/
Wers trincket/ wird davon erlöst/
Das Lendenweh vertreibts zu handt/
Wer drüber trinckt/ vnd ist bekannt/
Zum Stulgang brauchs/ das treibet fort/
Viel besser denn des Zaubers Wort/
Versiegene Milch bringt bald dem Weib/
Heylt auch Geschwer an deinem Leib/
Am Mund/ an Nasen vnd Gemächt/
Den Safft mit Honig drauff gelegt/
Das Wasser so drauß wird gebrannt/
Die Feigswartz heylet allerhandt/
Die gifftige Wunden auch deßgleich/
Wenns drüber schlagen Arm vñ Reich.

Geistliche Bedeutung.

WEnn man diß Kräntleins gstallt an-
sicht/
Die Blätter findst vmbher gericht/
Gleich einer Hundszung ist gestallt/
Wie solches erkennen Jung vnd Alt/
Drumb wird vns hiebey abgebildt/
Was falsche Lehrer führn im Schildt/

Daß sie wie Hund schmeicheln daher/
Mit jrer argen falschen Lehr/
Vnd wie die Blätter an Hundszung/
Gantz Sammet glat sind vmb vñ vmb/
So Sammet glatte wort sie führn/
Damit sie nur die Leut bethörn/
Zu suchen feine glatte Sach/
Zu meiden auch viel Vngemach/
Jhrs Leibs vnd Bauchs zu pflegen wol/
Vnd daß derselb allzeit sey voll/
Der Bauch jr Gott ist/ Paulus spricht/
Auffs Zeitlich sind allein gericht/
Ja wie die Hundszung nicht so baldt/
Hoch auffwechst/ biß drey Jar wird alt/
Vnd sich nun tieff gewurtzlet ein/
Also die Falsche führn ein Schein/
Erstlich nicht bald jr falsche Lehr/
Vernemmen lan/ haltens hinder/
Biß sie gewurtzelt ein sind tieff/
Das sind die rechte Teuffels Griff/
Denn brechens herauß mit jrer Gifft/
Biß sie viel Vnglücks han gestifft/
Die Hertzen nemmens erstlich ein
Bey albern Leuten in Gemein/

Mit

Mit losem Schein vnd falscher Lehr/
Mit hohen Worten sich thun herfür/
Mit Heyligkeit vnd falschem Schein/
Vnd wöllen groß Doctores seyn/
Sind doch in Warheit faule Hundt/
Wie man noch spüret alle Stundt
An solchen Ketzern hin vnd her/
Mit vieler armen Seelen Gefähr/
Da doch jr Lehr vnd Leben frey (sey/
Zeugt anders nichts/ den Hundsstanck
Ja Gifft vnd Gall vermischet wol
Mit Honig/ oben blümens wol
Die Wort im Mund/ im Hertzen die Gall/
Solch Heuchler findt man vberall/
Recht Dieb vnd Mörder Christus nennt/
Solche der Welt sind wol bekennt/
Hüt euch/ hüt euch/ zwar Christus spricht/
Denn sie sind alle gar entwicht/
Der rechten Lehr vnd Frömmigkeit/
Drumb sihe dich für/ ist sein Bescheidt/
Laß dich jr Kleyd betriegen nicht/
In Schafbeltz habens sich gericht/
Darunter stecket ein reissend Wolff/
Der nie keim Menschen je geholff/

Zu würgen/ fressen ist geneigt/
Wie sich jr Wolffsart wol erzeigt/
Ir Zungen bellen wie die Hundt/
Kein wahr Lehr ist in jrem Mundt/
Nur Neidisch/ Bellisch/ zjeder fahrt/
So gar reit sie die Hündisch Art.

Münchs Blumen.

BARVCH VI.

Vnd die Priester sitzen in jren Tempeln/ mit weiten Chorröcken / scheren den Bart ab / vnnd tragen Platten / sitzen da mit blossen Köpffen / heulen vnnd schreyen für jhren Götzen / wie man pflegt zu der Toden Begängnuß.

MATTH. XV.

Ihr Heuchler / es hat wol Esaias von euch geweissagt / vnd gesprochen: Diß Volck nahet sich zu mir mit seinem Munde / vñ ehret mich mit seinen Lippen / Aber jhr Hertz ist von mir / aber vergeblich dienen sie mir / dieweil sie lehren solche Lehr / die nichts denn Menschen Gebott sindt.

Leib-

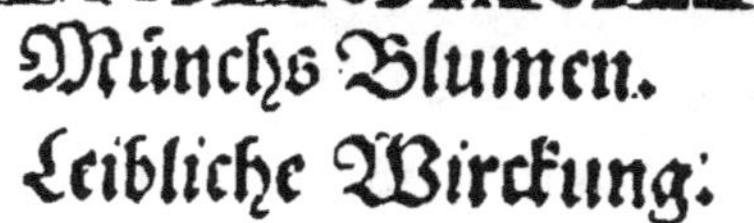

Leibliche Wirckung:

WEr nur diß Krauts ansichtig wirdt/
Gar baldt darin viel Tugent spürt/
Diß Kräutlein stillt die Hitze groß/
Vnd macht den Menschen stechens loß/

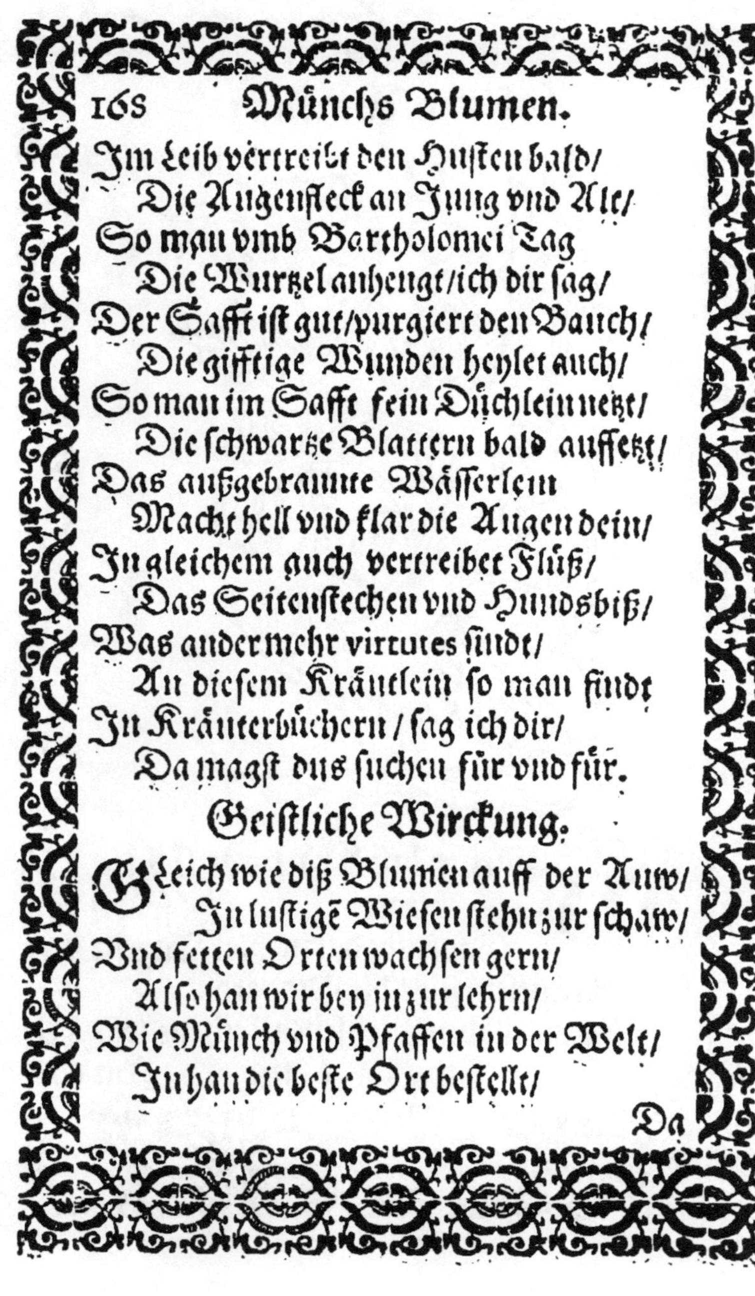

Im Leib vertreibt den Husten bald/
Die Augenfleck an Jung vnd Alt/
So man vmb Bartholomei Tag
Die Wurtzel anhengt/ich dir sag/
Der Safft ist gut/purgiert den Bauch/
Die gifftige Wunden heylet auch/
So man im Safft fein Tüchlein netzt/
Die schwartze Blattern bald auffetzt/
Das außgebrannte Wässerlein
Macht hell vnd klar die Augen dein/
In gleichem auch vertreibet Flüß/
Das Seitenstechen vnd Hundsbiß/
Was ander mehr virtutes sindt/
An diesem Kräutlein so man findt
In Kräuterbüchern / sag ich dir/
Da magst dus suchen für vnd für.

Geistliche Wirckung.

Gleich wie diß Blumen auff der Auw/
In lustigē Wiesen stehn zur schaw/
Vnd fetten Orten wachsen gern/
Also han wir bey in zur lehrn/
Wie Münch vnd Pfaffen in der Welt/
Jn han die beste Ort bestellt/

Da

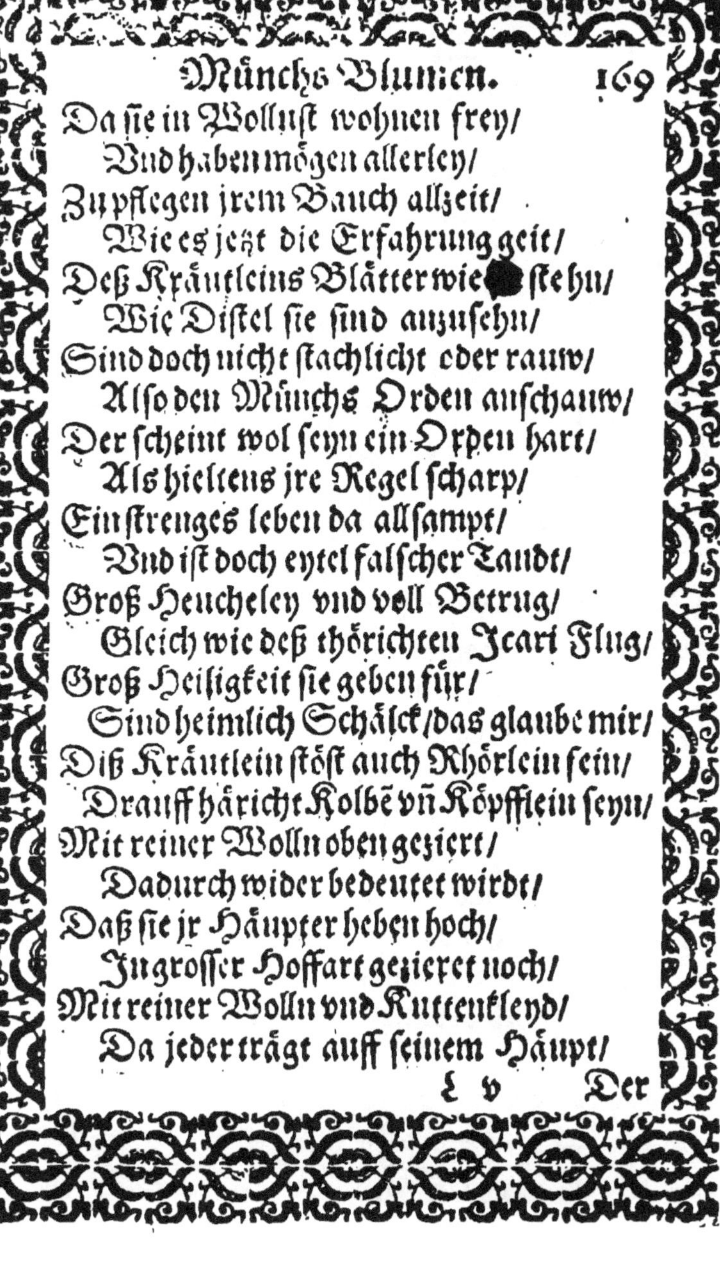

Da sie in Wollust wohnen frey/
Vnd haben mögen allerley/
Zu pflegen jrem Bauch allzeit/
Wie es jetzt die Erfahrung geit/
Deß Kräutleins Blätter wie [illegible] stehn/
Wie Distel sie sind anzusehn/
Sind doch nicht stachlicht oder rauw/
Also den Münchs Orden anschauw/
Der scheint wol seyn ein Orden hart/
Als hieltens jre Regel scharp/
Ein strenges leben da allsampt/
Vnd ist doch eytel falscher Tandt/
Groß Heucheley vnd voll Betrug/
Gleich wie deß thörichten Icari Flug/
Groß Heiligkeit sie geben für/
Sind heimlich Schälck/das glaube mir/
Diß Kräutlein stößt auch Rhörlein fein/
Drauff häricht Kolbē vñ Köpfflein seyn/
Mit reiner Wolln oben geziert/
Dadurch wider bedeutet wirdt/
Daß sie jr Häupter heben hoch/
In grosser Hoffart gezieret noch/
Mit reiner Wolln vnd Kuttenkleyd/
Da jeder trägt auff seinem Häupt/

Der Kirchen Seulen rhümens sich/
Jn solchem Schein betriegens dich/
Nur grosse Wort vnd viel gschrey/
Sie führn den Gottsdienst mancherley/
Vnd weil das Wetter hell vnd klar/
Der Kopff deß Krauts behelt sein Haar/
So bald der Windt darüber fehrt/
Die Wolln vnd Härlein bald abkehrt/
Daß sie da stehn gantz glatt vnd kahl/
Gleich wie ein Platt sichts vberall/
Also Münchköpff gschoren sind/
Gleich wie man thut eim jungen Kind/
Das soll ein schöne Zierheit seyn/
Vnd machen von den Sünden reyn/
Vnd diß ist eytel Menschen Gdicht/
Wie Gott durch den Propheten spricht/
Von Gott es auch verbotten ist/
Wie man in Büchern Mosis list/
Noch soll diß sein ein heyliges Werck/
Jm Bapsthum̃. Nun mich weiter merck/
Wenn man die Stengel an dem Kraut
Abbricht/ bald spürt man an der Haut
Ein weisse Milch / so drinnen ist/
Also diß Kräutlein vns vergwist/

Der

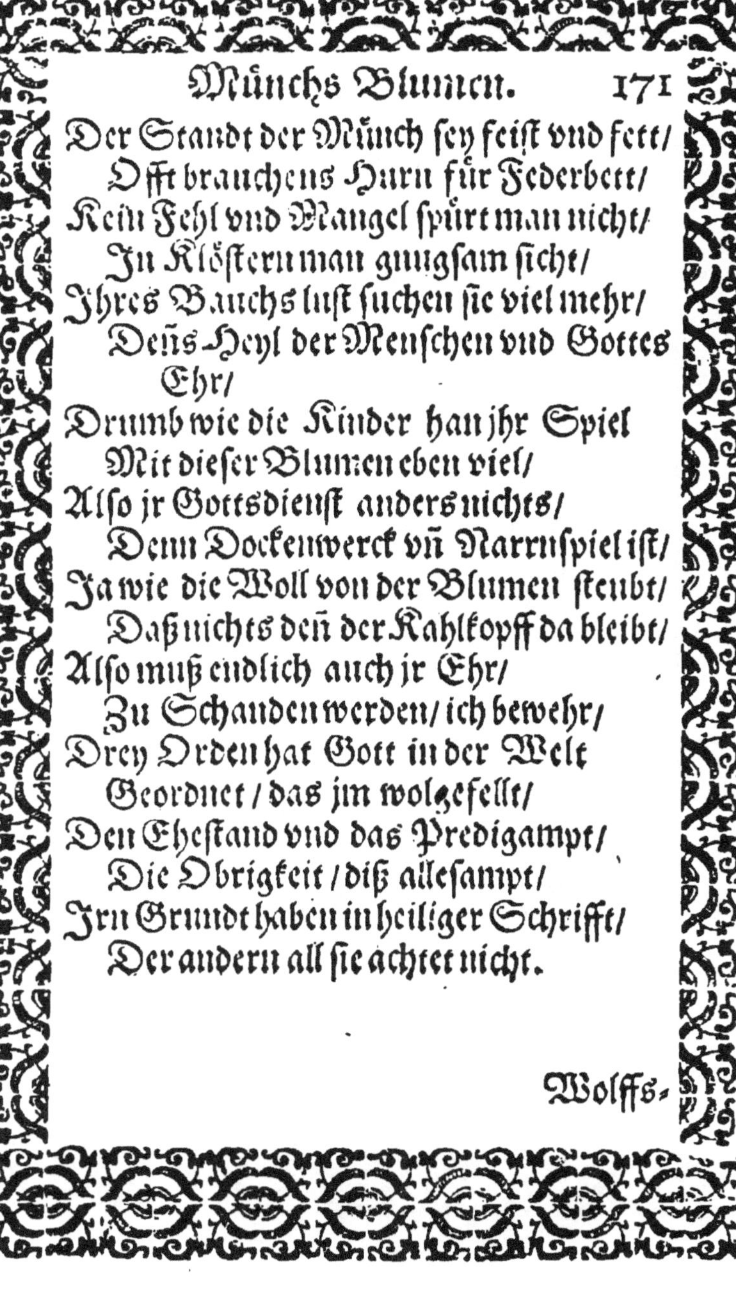

Der Standt der Münch sey feist vnd fett/
Offt brauchens Hurn für Federbett/
Kein Fehl vnd Mangel spürt man nicht/
In Klöstern man gnugsam sicht/
Ihres Bauchs lust suchen sie viel mehr/
Deñs-Heyl der Menschen vnd Gottes Ehr/
Drumb wie die Kinder han jhr Spiel
Mit dieser Blumen eben viel/
Also jr Gottsdienst anders nichts/
Denn Dockenwerck vñ Narrnspiel ist/
Ja wie die Woll von der Blumen steubt/
Daß nichts deñ der Kahlkopff da bleibt/
Also muß endlich auch jr Ehr/
Zu Schanden werden/ ich bewehr/
Drey Orden hat Gott in der Welt
Geordnet/ das jm wolgefellt/
Den Ehestand vnd das Predigampt/
Die Obrigkeit/ diß allesampt/
Jrn Grundt haben in heiliger Schrifft/
Der andern all sie achtet nicht.

Wolffs-

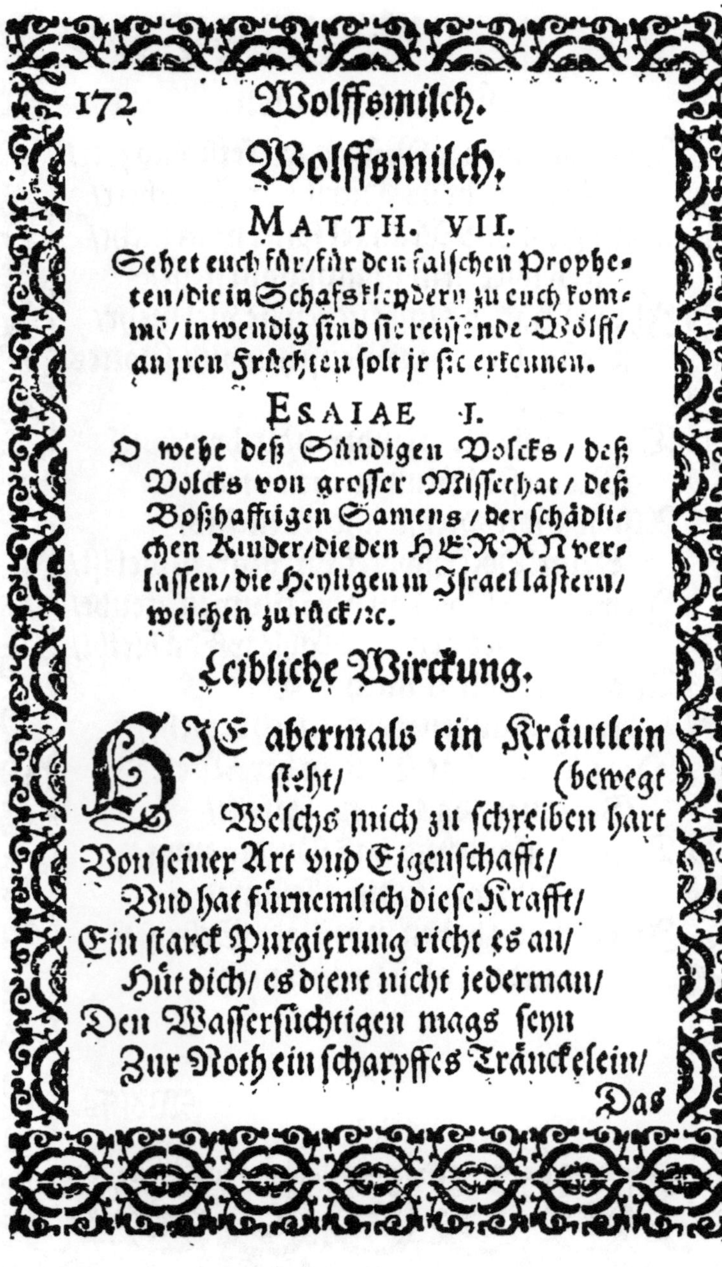

Wolffsmilch.

MATTH. VII.

Sehet euch für/für den falschen Propheten/die in Schafsklaydern zu euch komme/ inwendig sind sie reissende Wölff/ an jren Früchten solt jr sie erkennen.

ESAIAE I.

O wehe deß Sündigen Volcks/deß Volcks von grosser Missethat/deß Boßhafftigen Samens/der schädlichen Kinder/die den HERRN verlassen/die Heyligen in Israel lästern/ weichen zurück/rc.

Leibliche Wirckung.

HJE abermals ein Kräutlein steht/
Welchs mich zu schreiben hart (bewegt
Von seiner Art und Eigenschafft/
Und hat fürnemlich diese Krafft/
Ein starck Purgierung richt es an/
Hüt dich/es dient nicht jederman/
Den Wassersüchtigen mags seyn
Zur Noth ein scharpffes Tränckelein/

Das

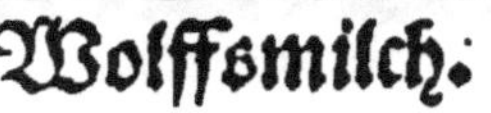

Das best daran die Rinde ist/
Das ander meyd/ sag ich on List/

In Leib zu brauchen rath ich nicht/
Du habst den sonderbarn Bericht/
Sein außgebranntes Wässerlein/
In Leib solt du nicht nemmen ein/

Die

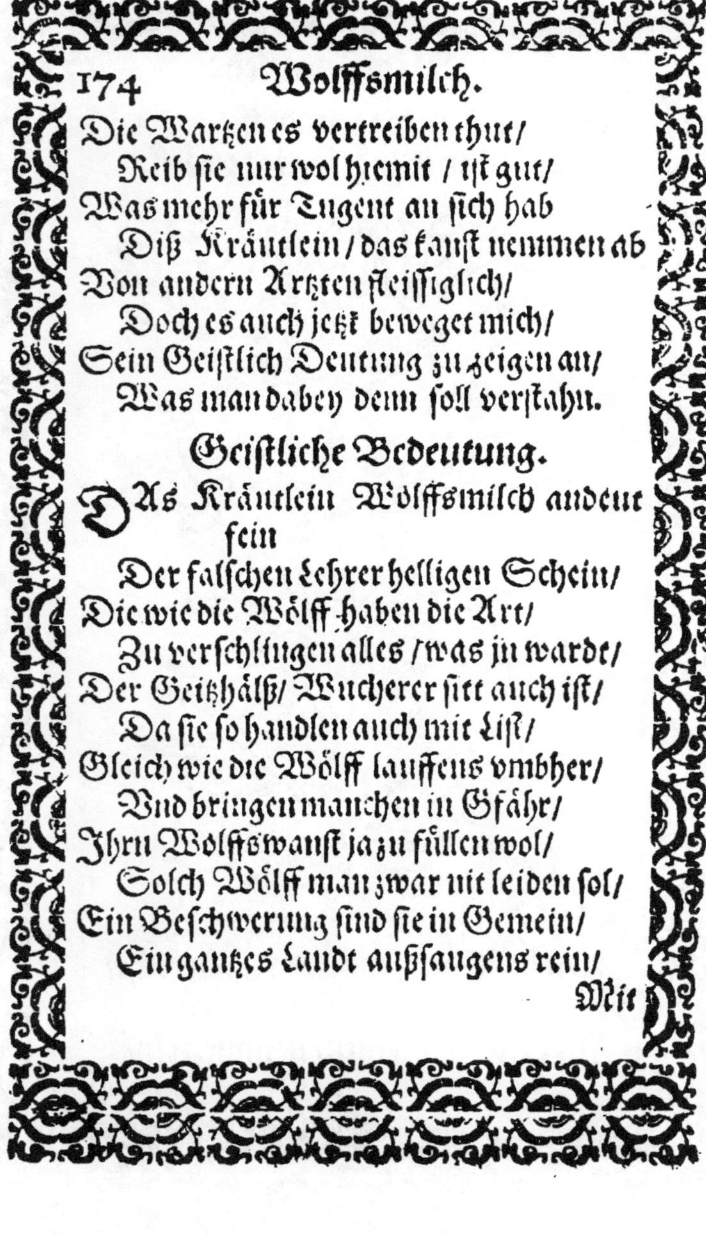

Die Wartzen es vertreiben thut/
Reib sie nur wol hiemit / ist gut/
Was mehr für Tugent an sich hab
Diß Kräutlein / das kanst nemmen ab
Von andern Artzten fleissiglich/
Doch es auch jetzt beweget mich/
Sein Geistlich Deutung zu zeigen an/
Was man dabey denn soll verstahn.

Geistliche Bedeutung.

DAs Kräutlein Wölffsmilch andeut fein
Der falschen Lehrer helligen Schein/
Die wie die Wölff haben die Art/
Zu verschlingen alles / was in wardt/
Der Geitzhälß/ Wucherer sitt auch ist/
Da sie so handlen auch mit List/
Gleich wie die Wölff lauffens vmbher/
Vnd bringen manchen in Gfähr/
Jhrn Wolffswanst ja zu füllen wol/
Solch Wölff man zwar nit leiden sol/
Ein Beschwerung sind sie in Gemein/
Ein gantzes Landt außsaugens rein/

Mit

Mit jrem Geitz vnd Tyranney/
Den sie jetzt treiben mancherley/
In allen Ständen geht im schwang/
Vnd kan schier jeder den Gsang/
Die Weltlich Herrn vnd Geistlich Leut/
Mit Geitz erfüllet all sind heut/
Wolffsmilch sie han genommen ein/
Drumb keiner in seym Standt ist rein/
Das hat Ezechiel fein gemeldt/
Wie sich der Geitz halt in der Welt/
Wie hoch vnd schwer solch Sünde sey/
Sampt Blut / Durst / vnnd auch Tyranney/
Bey hohen/ nidern Ständen all/
Zeigt Gottes Wort/sampt dem Vnfall/
So drauff erfolgt zur Straff allzeit/
Doch ärger ists/ wenn sich drein geit
Ein Geistlich Mann vnd Lehrer fein/
Wenn der so führt ein falschē Schein/
Darhinder steckt ein gifftig Milch/
Den soll man meiden / sag ich billich/
Kein Trew noch Glaub dahinden ist/
Vnd handlet wie ein böser Christ/

Wie

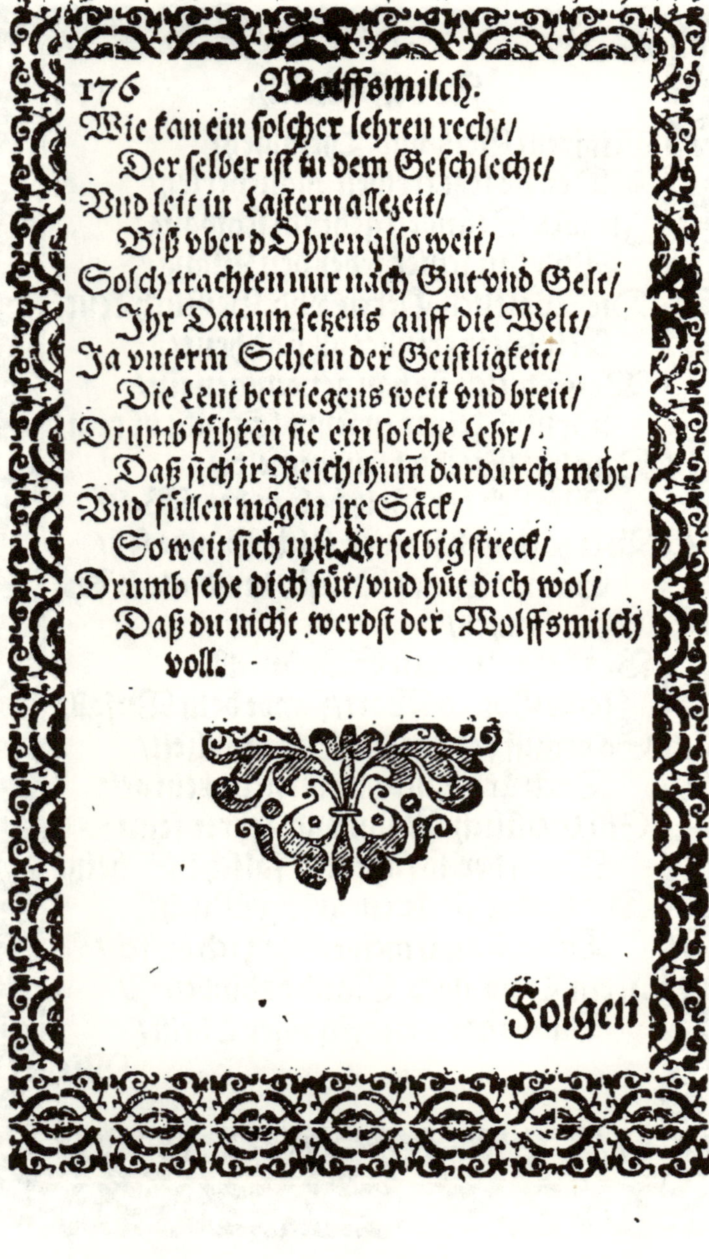

Wie kan ein solcher lehren recht/
Der selber ist in dem Geschlecht/
Vnd leit in Lastern allezeit/
Biß vber d'Ohren also weit/
Solch trachten nur nach Gut vnd Gelt/
Ihr Datum setzens auff die Welt/
Ja vnterm Schein der Geistligkeit/
Die Leut betriegens weit vnd breit/
Drumb führen sie ein solche Lehr/
Daß sich jr Reichthum dardurch mehr/
Vnd füllen mögen jre Säck/
So weit sich nur derselbig streck/
Drumb sehe dich für/ vnd hüt dich wol/
Daß du nicht werdst der Wolffsmilch voll.

Folgen

Folgen etliche Kräutter/ die warnen für Heucheley vnd Vnbestendigkeit in der Lehr

Wetter Rößlein.

PSAL. V.

Der HERR thue wol den guten vnd frommen Hertzen/ die aber abweichen auff jhre krumme wege/ wird der HErr hinweg treiben mit den Vbelthätern/ Aber Fried sey vber Israel.

PROVERB. X.

Der Gottloß ist wie ein Wetter das vberhin gehet/ vnnd nicht mehr ist/ der Gerecht aber bestehet ewiglich.

Leibliche Wirckung.

DIß Kräutlein ist der Pappeln Art/
Nicht viel von jm geschrieben (wardt/
Wozu es dienlich solle seyn/
Mit Wein vñ Wasser trinck mans ein/

Den Bauchfluß soll es stillen baldt/
Vnd den der Magen ist erkalt/

Wers an seim Halse tragen thut/
Für Felln der Augen wird behüt.

Geistliche Wirckung.

DIß Pappelkräutlein bildet für
Der Heuchler Sinn vnd jr Natur/

Vnd

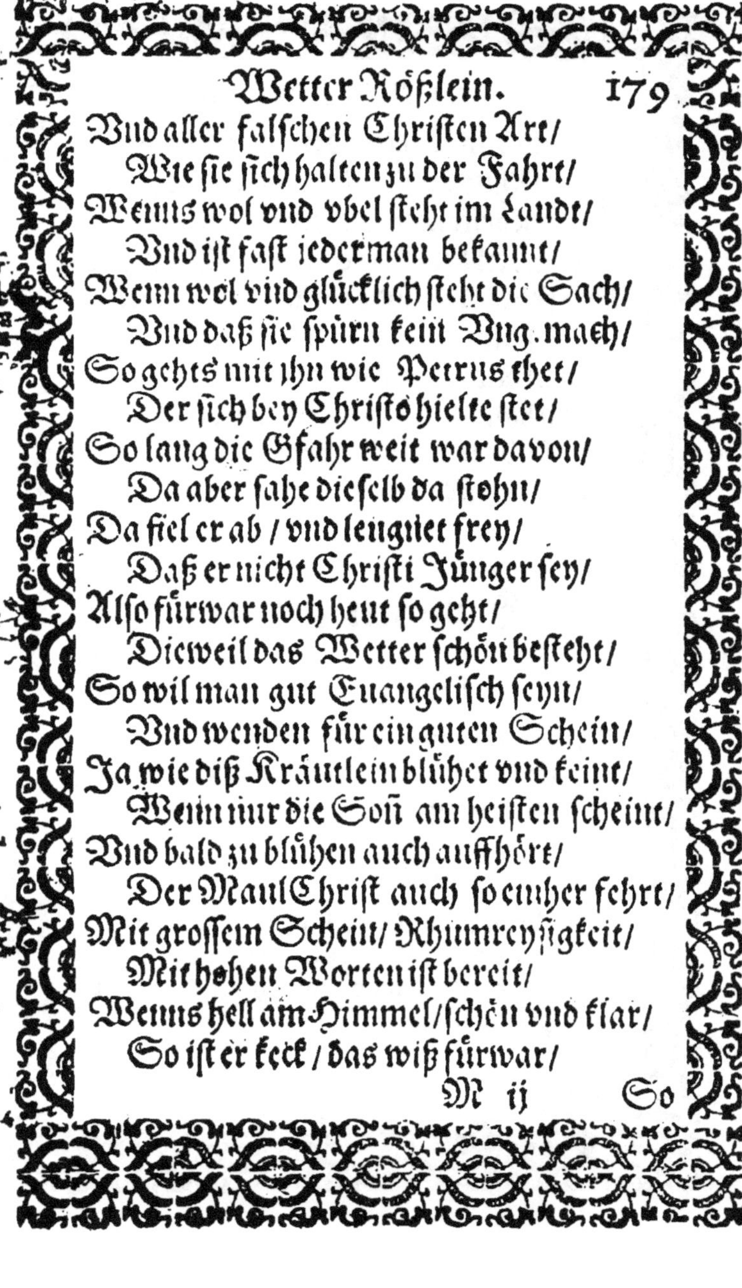

Vnd aller falschen Christen Art/
Wie sie sich halten zu der Fahrt/
Wenns wol vnd vbel steht im Landt/
Vnd ist fast jederman bekannt/
Wenn wol vnd glücklich steht die Sach/
Vnd daß sie spürn kein Vng:mach/
So gehts mit jhn wie Petrus thet/
Der sich bey Christo hielte stet/
So lang die Gfahr weit war davon/
Da aber sahe dieselb da stohn/
Da fiel er ab / vnd leugnet frey/
Daß er nicht Christi Jünger sey/
Also fürwar noch heut so geht/
Dieweil das Wetter schön besteht/
So wil man gut Euangelisch seyn/
Vnd wenden für ein guten Schein/
Ja wie diß Kräutlein blühet vnd keint/
Wenn nur die Soñ am heisten scheint/
Vnd bald zu blühen auch auffhört/
Der MaulChrist auch so einher fehrt/
Mit grossem Schein/ Rhumreyssigkeit/
Mit hohen Worten ist bereit/
Wenns hell am Himmel/ schön vnd klar/
So ist er keck / das wiß fürwar/

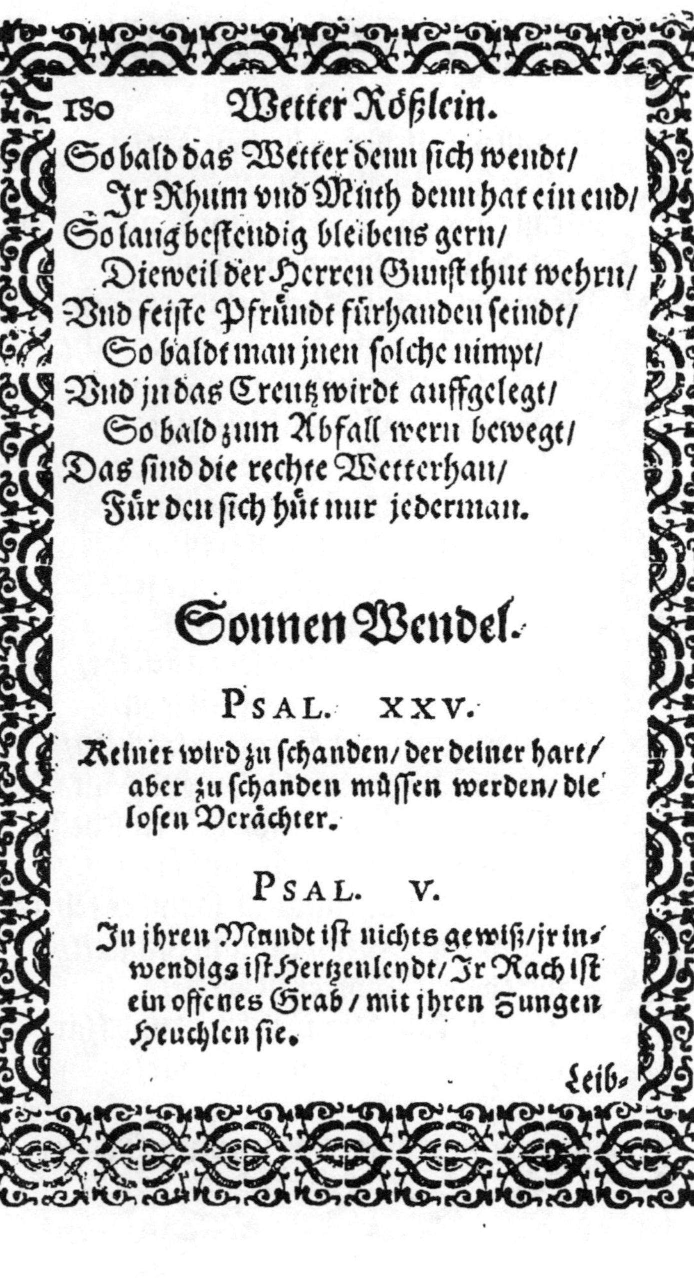

So bald das Wetter denn sich wendt/
Ir Rhum vnd Muth denn hat ein end/
So lang bestendig bleibens gern/
Dieweil der Herren Gunst thut wehrn/
Vnd feiste Pfründt fürhanden seindt/
So baldt man jnen solche nimpt/
Vnd jn das Creutz wirdt auffgelegt/
So bald zum Abfall wern bewegt/
Das sind die rechte Wetterhan/
Für den sich hüt nur jederman.

Sonnen Wendel.

Psal. XXV.

Keiner wird zu schanden/ der deiner hart/ aber zu schanden müssen werden/ die losen Verächter.

Psal. V.

In jhren Mundt ist nichts gewiß/ jr inwendigs ist Hertzenleydt/ Ir Rach ist ein offenes Grab/ mit jhren Zungen Heuchlen sie.

Leib-

Leibliche Wirckung.

Allhie ein Kräutlein widersteht/
Dasselbig nicht gar bald vergeht/
Imm Kält vnnd Hitz/in Frost vnnd Schne/
Spürt man daß es offtmals besteh/

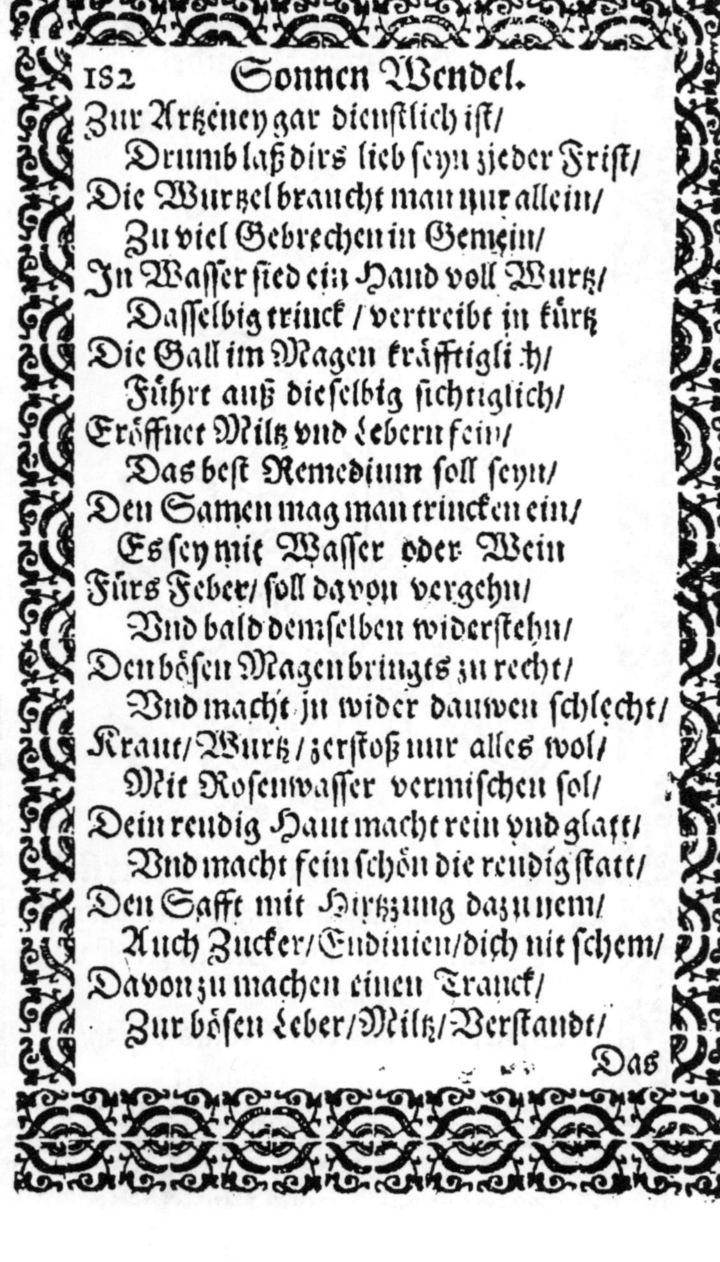

Zur Artzeney gar dienstlich ist/
Drumb laß dirs lieb seyn zjeder Frist/
Die Wurtzel braucht man nur allein/
Zu viel Gebrechen in Gemein/
In Wasser sied ein Hand voll Wurtz/
Dasselbig trinck / vertreibt in kürtz
Die Gall im Magen kräfftiglich/
Führt auß dieselbig sichtiglich/
Eröffnet Miltz vnd Lebern fein/
Das best Remedium soll seyn/
Den Samen mag man trincken ein/
Es sey mit Wasser oder Wein
Fürs Feber/ soll davon vergehn/
Vnd bald demselben widerstehn/
Den bösen Magen bringts zu recht/
Vnd macht jn wider dauwen schlecht/
Kraut/ Wurtz / zerstoß nur alles wol/
Mit Rosenwasser vermischen sol/
Dein reudig Haut macht rein vnd glatt/
Vnd macht fein schön die reudig statt/
Den Safft mit Hirtzzung dazu nem/
Auch Zucker/ Endinien/ dich nit schem/
Davon zu machen einen Tranck/
Zur bösen Leber/ Miltz/ Verstandt/

Das

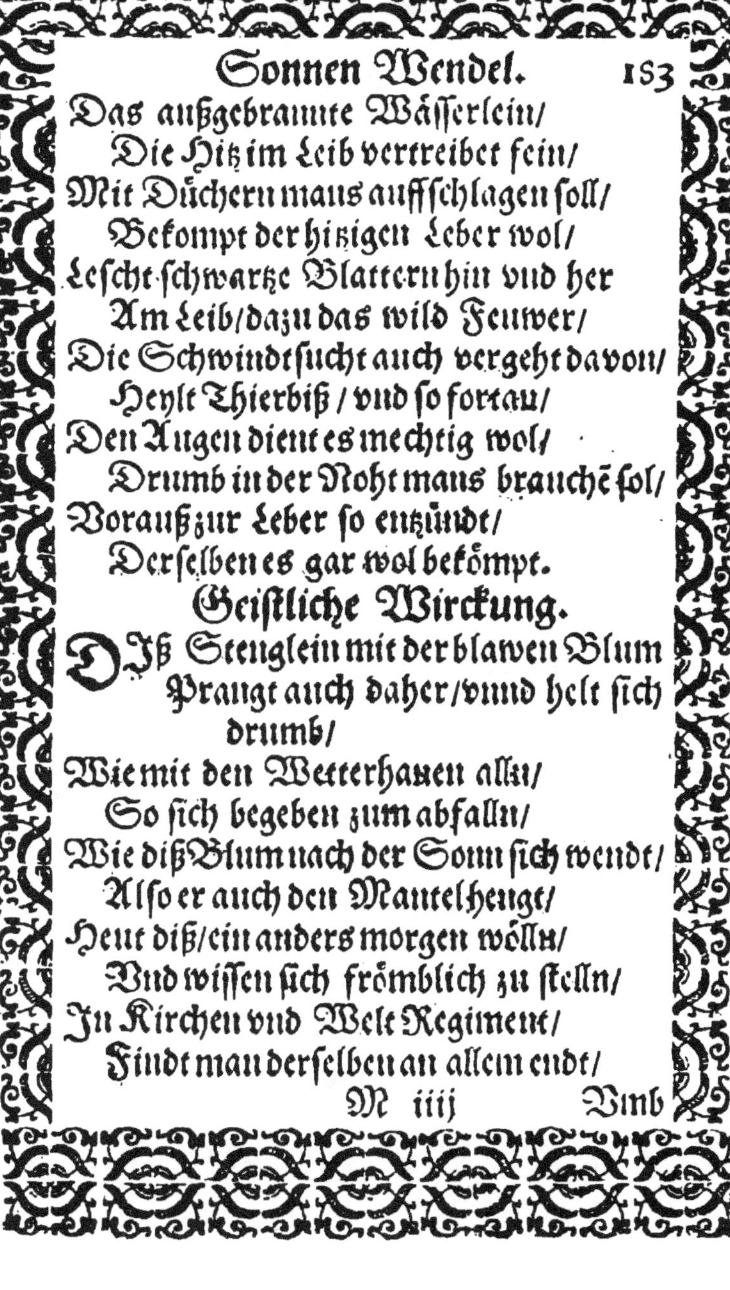

Das außgebrannte Wässerlein/
Die Hitz im Leib vertreibet fein/
Mit Düchern mans auffschlagen soll/
Bekompt der hitzigen Leber wol/
Lescht schwartze Blattern hin vnd her
Am Leib/dazu das wild Feuwer/
Die Schwindtsucht auch vergeht davon/
Heylt Thierbiß / vnd so fortan/
Den Augen dient es mechtig wol/
Drumb in der Noht mans brauchē sol/
Vorauß zur Leber so entzündt/
Derselben es gar wol bekömpt.

Geistliche Wirckung.

DJß Stenglein mit der blawen Blum
Prangt auch daher/vnnd helt sich drumb/
Wie mit den Wetterhanen alln/
So sich begeben zum abfalln/
Wie diß Blum nach der Sonn sich wendt/
Also er auch den Mantel hengt/
Heut diß/ein anders morgen wölln/
Vnd wissen sich frömblich zu stelln/
In Kirchen vnd Welt Regiment/
Findt man derselben an allem endt/

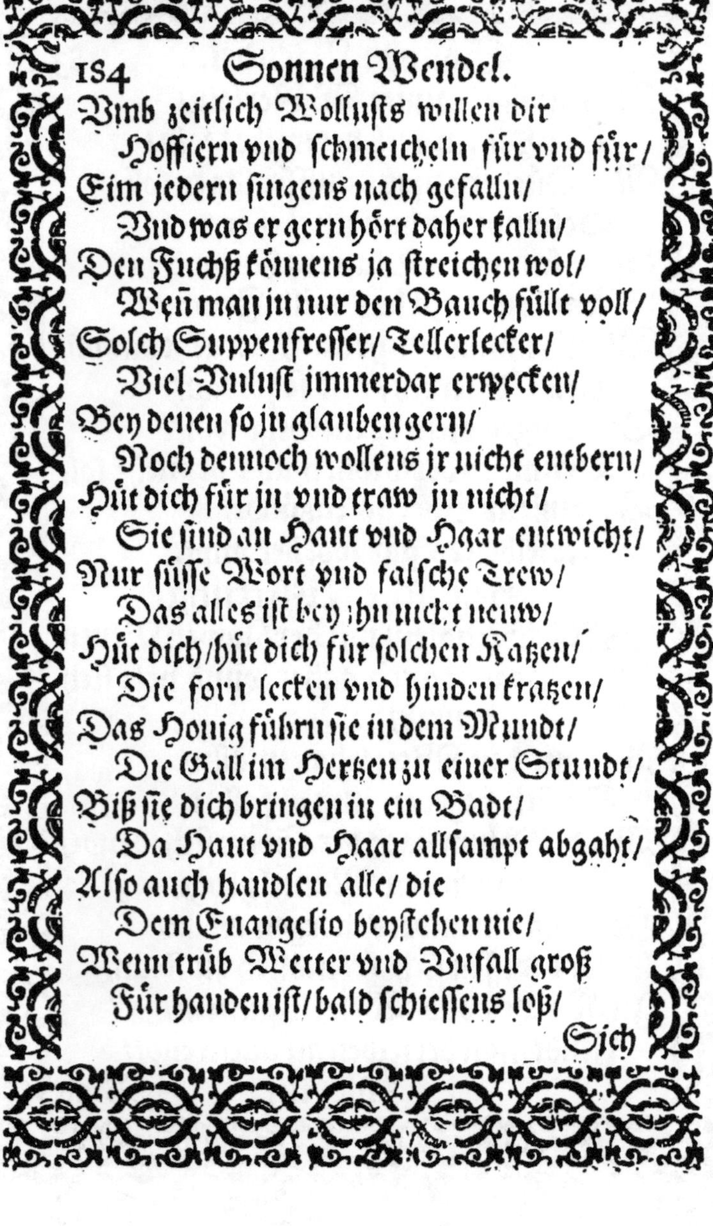

Vmb zeitlich Wollusts willen dir
   Hoffiern vnd schmeicheln für vnd für/
Eim jedern singens nach gefalln/
   Vnd was er gern hört daher kalln/
Den Fuchß kömmens ja streichen wol/
   Wenn man jn nur den Bauch füllt voll/
Solch Suppenfresser/ Tellerlecker/
   Viel Vnlust jmmerdar erwecken/
Bey denen so jn glauben gern/
   Noch dennoch wollens jr nicht entbern/
Hüt dich für jn vnd traw jn nicht/
   Sie sind an Haut vnd Haar entwicht/
Nur süsse Wort vnd falsche Trew/
   Das alles ist bey jhn nicht neuw/
Hüt dich/ hüt dich für solchen Katzen/
   Die forn lecken vnd hinden kratzen/
Das Honig führn sie in dem Mundt/
   Die Gall im Hertzen zu einer Stundt/
Biß sie dich bringen in ein Badt/
   Da Haut vnd Haar allsampt abgaht/
Also auch handlen alle/ die
   Dem Euangelio beystehen nie/
Wenn trüb Wetter vnd Vnfall groß
   Für handen ist/ bald schiessens loß/

Sich

Sich wie ein Fuchß wenden fürm Garn/
Wie man dasselbig hat erfahrn/
Wenn Sonnenschein fürhanden ist/
Da findt man schier kein bessern Christ/
Groß Rhum vnd prächtig Wort da findt/
Damit man täuffen möcht ein Kindt/
Ein Zeitlang wehrts vnd wendt sich baldt/
Wenns mit jn kriegt ein ander Gstallt.

Hasenpfötlein.

PROVERB. XV.

Ein Heylsame Zung ist ein Baum deß Lebens/aber ein Lügehafftige macht Hertzenleydt.

SIRACH XXXIII.

Ein Verständiger Mensch helt fest am Wort/vnd Gottes Wort ist jhm gewiß wie ein klare rede/ deß Narren Hertz ist wie ein Radt am Wagen/ vnd sein Gedancken lauffen vmb wie die Nabe.

Leibliche Wirckung.

WEr Hasenpfötlein noch nicht
kennt/ (geneñt/
Vnd wie diß Kräutlein werd
Derselbig schaw es hie wol an/
Wie es da gemahlt thut stahn/

Vnd

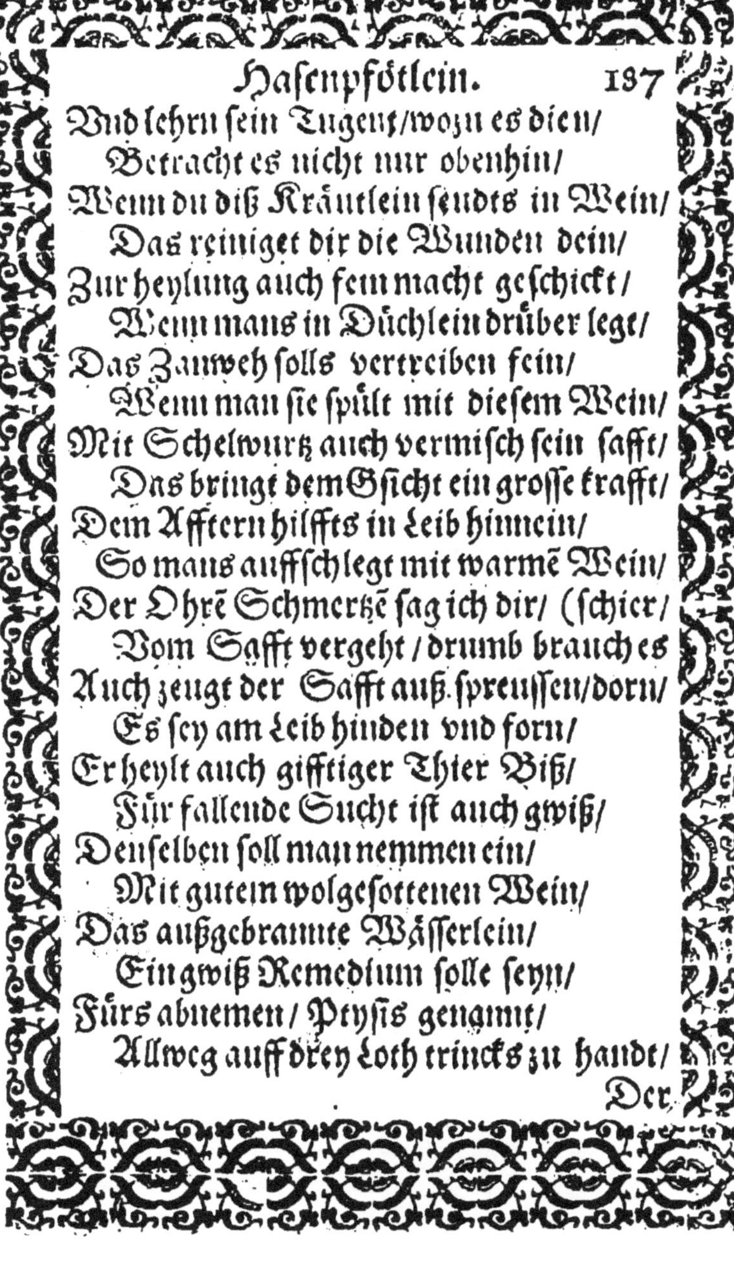

Vnd lehrn sein Tugent/ wozu es dien/
Betracht es nicht nur obenhin/
Wenn du diß Kräutlein seudts in Wein/
Das reiniget dir die Wunden dein/
Zur heylung auch fein macht geschickt/
Wenn mans in Tüchlein drüber legt/
Das Zanweh solls vertreiben fein/
Wenn man sie spült mit diesem Wein/
Mit Schelwurtz auch vermisch sein safft/
Das bringt dem Gsicht ein grosse krafft/
Dein Afftern hilffts in Leib hinnein/
So mans auffschlegt mit warmē Wein/
Der Ohrē Schmertzē sag ich dir/ (schier/
Vom Safft vergeht/ drumb brauch es
Auch zeugt der Safft auß spreussen/ dorn/
Es sey am Leib hinden vnd forn/
Er heylt auch gifftiger Thier Biß/
Für fallende Sucht ist auch gwiß/
Denselben soll man nemmen ein/
Mit gutem wolgesottenen Wein/
Das außgebrannte Wässerlein/
Ein gwiß Remedium solle seyn/
Fürs abnemen/ Ptysis genannt/
Allweg auff drey Loth trincks zu handt/

Der

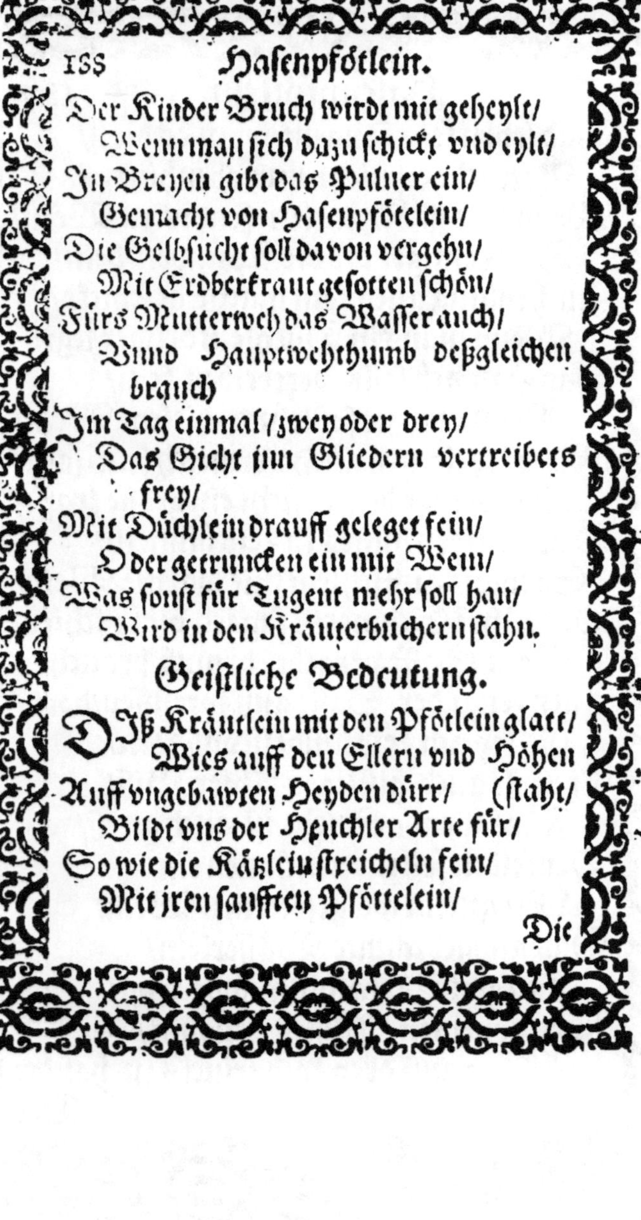

Der Kinder Bruch wirdt mit geheylt/
Wenn man sich dazu schickt vnd eylt/
In Breyen gibt das Pulver ein/
Gemacht von Hasenpfötelein/
Die Gelbsucht soll davon vergehn/
Mit Erdberkraut gesotten schön/
Fürs Mutterweh das Wasser auch/
Vnnd Hauptwehthumb deßgleichen brauch
Im Tag einmal / zwey oder drey/
Das Gicht im Gliedern vertreibets frey/
Mit Düchlein drauff geleget fein/
Oder getruncken ein mit Wein/
Was sonst für Tugent mehr soll han/
Wird in den Kräuterbüchern stahn.

Geistliche Bedeutung.

DIß Kräutlein mit den Pfötlein glatt/
Wies auff den Ellern vnd Höhen (staht/
Auff vngebawten Heyden dürr/
Bildt vns der Heuchler Arte für/
So wie die Kätzlein streicheln fein/
Mit jren sanfften Pförtelein/

Die

Die Klawen ziehens ein eyn weil/
Im Zorn reckens herfür in eyl/
Derselben Art hie lehrn erkenn/
Man köndt jr viel mit Namen nenn/
Zu Hof / in Häusern jmmerdar
Findt man derselben Gselln fürwar/
Doch kriegens endlich auch jhrn Lohn/
Vnd müssen offtmals bald darvon/
So man solch Heuchler lernet auß/
Kein Herr vertrawet jn ein Lauß/
In der Kirchen auch findst solche Geselln/
Die sich auch wie die Kätzlein stelln/
Mit jhrer Lehr vnd Menschentandt/
Die Schrifft ansehen an dem Randt/
Die Menschlich Glossen schawens an/
Vnd haben ein gefallen dran/
Den rechten Text vnd Kern der Schrifft
Verkehrns/dabey bleiben sie nicht/
Schmücken sich auch mit Gottes Wort/
Den Schalck verbergen jmmer fort/
Biß sie jr Zeit ersehen auß/
Denn recken sie die Klawen herauß/
Vnd thun an tag jr gifftig Hertz/
Vnd ist bey jhn fürwar kein Schertz/

Bißher hat man dieselbig Rott/
Wol keinen lehrn nicht sonder spott/
Weil Herrngunst wehrt/ sindts Wolge-
muht/
So bald dieselbig auffhören thut/
Baldt bstehens so steiff in einer Sum̃/
Gleich wie der Haß bey einer Trum̃/
Solch Forcht vnd Wanckelmütigkeit
Von rechten Christen soll seyn weit/
In Creutz vnd Leydt/ in Frewd vnd Pein/
Soll man an Gott bestendig seyn/
Am Wort beharren biß ans Endt/
So wird man selig vngescheudt.

Schmerbel.

SIRACH XXXIII.

Ein Weiser lest jhm Gottes Wort nit erleiden/ aber ein Heuchler schwebt wie ein Schiff auff dem vngestümen Meer.

PROVERB. XXVI.

Gifftiger Mundt vnd ein böß Hertz/ ist wie ein Scherbe/ mit Silberschaum vberzogen.

Leibliche Wirckung.

GUt Henrich sonst diß Kräutlein heist/
Viel nennens Schmerbel allermeist/
Die Wurtz vnd Stengel sind gantz rot/
Vnd auch geringe Tugent hat/

Zur roten Rhur mans brauchen kan/
Zu faulen Wunden henckt mans an/
Die Würm dem Vieh darinn vertreibt/
Daß auch nicht einer drinnen bleibt/
Ein ander Kraut Schmergel genannt/
Auff allen Wiesen ist bekannt/
In Gärten es ein Vnkraut ist/
Da mans außghett zu jeder Frist/
Hanfuß thun es die Weiber nennen/
Von seinen Blättern so sie kennen/
Sindt dieser Wurtzel nicht fast holdt/
Wenn man dieselbig brauchen wolt/
Den Safft man nem̃ / die Wartz abetzt/
Das Pulver auch brauche zu letzt
Zur Nasen/ treibt das Niesen fort/
Das hab ich offt vielmals gehort/
In hole Zähn gefüllt mit fleiß/
Macht sie außfalln auff diese weiß/
Man solls in Leib nicht nemmen ein/
Es möcht dir bringen grosse Pein/
Drumb brauch es mit Bescheidenheit/
Daß dirs hernacher nicht werdt leydt.

Geist-

Geistliche Bedeutung.

Diß stinckend Kraut vnd sein Gstallt
Das bild vns ab gar manigfalt
Der Heuchler / falscher Christen Art/
Das betrachte hie zu dieser Fahrt/
Die Blätter gleich der Hundszung findt/
Forn auffgespalten ich befindt/
Die Zung der Heuchler auch also/
Redt jetzund schwartz/bald singt sie blo/
Von einer Red zur andern falln/
Nach Gunst sie mit eim jedern kalln/
Heut diß/bald anders sagens hin/
Ist alls gestellt auff eigen Gwinn/
Ja wie diß Kraut/so nraus vmbwendt/
Eym Eselsfuß gleich wird erkennt/
Also nicht besser diese findt/
Denn wie man Pferdt vnd Esel findt/
Der Thorheit jederman bekannt/
Sie seyen gleich in welchem Landt/
Mit den ist nichts zu richten auß/
Beschmeissen nur ein jedes Hauß.

Folgen nuhn etliche Kräutter/ die sind zum Hauß-Regiment dienstlich/ vnd erjnnern die Ehe vnnd Haußleut jres Ampts vnd Berufs.

Haußwurtz.

PSAL. CXXVII.
Wo der HERR nicht das Hauß bawet/ so arbeiten vmb sonst die dran bawen.

SIRACH. XXI.
Wer sein Hauß bawet mit ander Leut Gut/ der samlet jm Stein zum Grab. Ein Häußlich Weib ist jrem Mann ein Frewd/ vnd macht jhm ein fein ruhig Leben.

Leibliche Wirckung.

Diß Kraut gmeinlich auff Dachen steht (seht/ Der Häuser/ vnd darauff sich Bleibt.

Bleibt allzeit grün/ ist dick vnd fett/
In Frost vnd Hitz es frey besteht/

Zur Artzeney es dienet auch/
Vnd ist deßwegen sehr im brauch/
Für Hitz/entzündte Glieder/wiß/
Im Leib vnd drauß/ so man es stieß/

Mit Düchlein thut auffschlagen fein/
Dieselbig Hitz es stillet rein/
Wer taube Ohrn hat/nem den Safft/
Vnd laß jn drein/ gibt grosse Krafft/
Dazu nem wenig Weiber Milch/
Zun Ohrn brauchs vnd das ist billich/
Die hitzig Augen kühlt es fein/
Mit auffschlag reiner Düchelein/
Es kühlt vñ lescht auch Brandt vñ Fewr/
Vertreibt die Blattern vngeheuwer/
Die Blätter knüsch/ nem Gersteinmehl/
Vermisch es fein mit Rosenöl/
Das Podagra stillt es zu handt/
Denselben solls seyn wolbekannt/
Hauptweethumb legts vnd kühlt es wol/
Darumb mans darauff binden sol/
Die Spülwürm auch vertreibet baldt
An Leuten/ seyen Jung vnd Alt/
In Wein gesötten dessen viel/
Der Weiber Kranckheit heylt es still/
Das Wässerlein davon gebrannt/
Zu vielen Schmertzen dient zu handt/
Doch nem in Leib deß nicht zu viel/
Ich d.r auch trewlich rathen wil/

Geist.

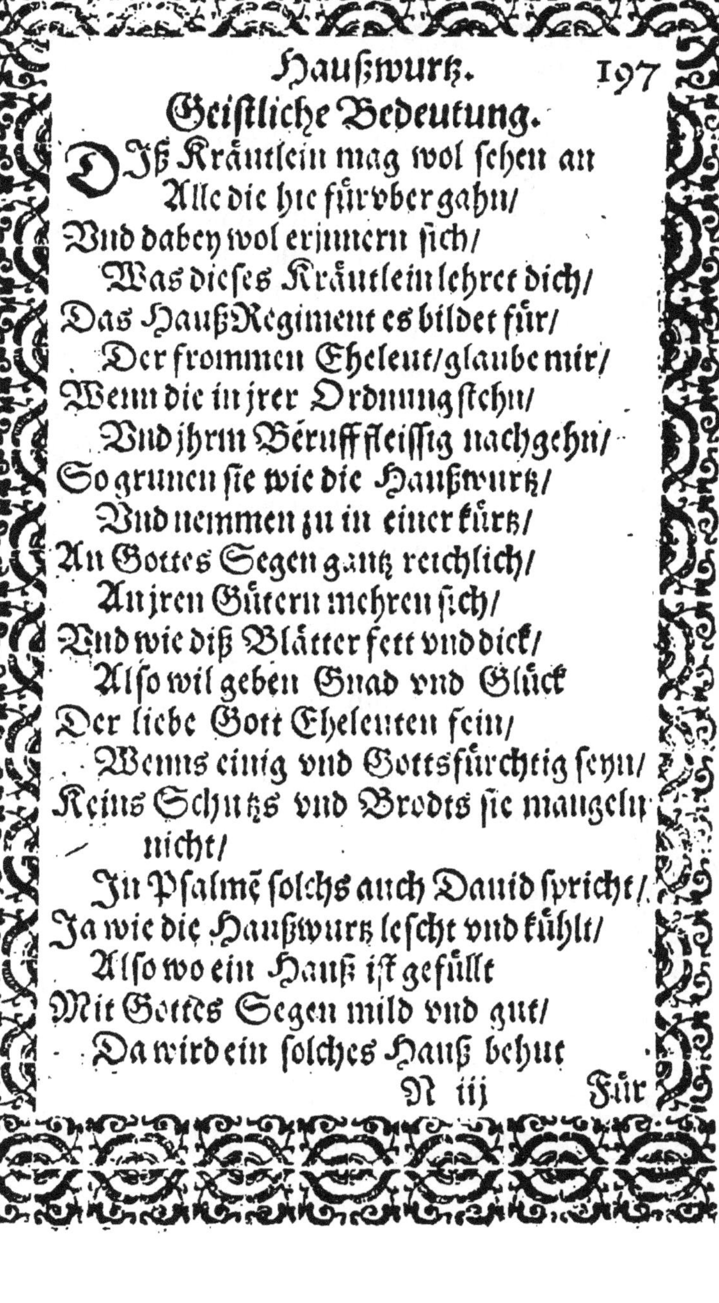

Geistliche Bedeutung.

DIß Kräutlein mag wol sehen an
Alle die hie fürvber gahn/
Vnd dabey wol erinnern sich/
Was dieses Kräutlein lehret dich/
Das Hauß Regiment es bildet für/
Der frommen Eheleut/glaube mir/
Wenn die in jrer Ordnung stehn/
Vnd jhrm Beruff fleissig nachgehn/
So grunen sie wie die Haußwurtz/
Vnd nemmen zu in einer kürtz/
An Gottes Segen gantz reichlich/
An jren Gütern mehren sich/
Vnd wie diß Blätter fett vnd dick/
Also wil geben Gnad vnd Glück
Der liebe Gott Eheleuten fein/
Wenns einig vnd Gottsfürchtig seyn/
Keins Schutzs vnd Brodts sie mangeln
nicht/
In Psalmē solchs auch David spricht/
Ja wie die Haußwurtz lescht vnd kühlt/
Also wo ein Hauß ist gefüllt
Mit Gottes Segen mild vnd gut/
Da wird ein solches Hauß behut

 Für

Für Hitz vnd Brandt/ auch Schmach vñ
Schandt/
Für Hunger/ Kummer in dem Landt/
Denn Gott gibt Gunst vnd Segen drein/
Behüts durch seine Engelein/
Auch ist im Hauß ein Edle Wurtz/
Ein Häußlich Weib das sag ich kurtz/
Die spat vnd frü der Arbeit wart/
Obgleich jhr solchs wirdt schwer vnnd
hart/
Noch köstlicher ist ein keusches Weib/
Die wol verwaret jren Leib/
Die ist viel schöner denn das Goldt/
Drumb man solcher ist billich holdt/
Die lest mit Arbeit auch nicht nach/
Nach grosser Nahrung ist jr gach/
Vnd wo solchs Weib Gottsförchtig ist/
An jrer Nahrung nichts gebrist/
Drumb wie gut Gwürtz reucht im dem
Hauß/
Also ein solchs Weib vberauß.

Nessel.

PROVERB. XXIIII.

Ich gieng für den Acker deß Faulen/ vnd für den Weinberg deß Narren/ vnd sihe/ da waren eitel Nessel drauff/ vnd stund voll Distel/ vnnd die Mauwer war eingefallen.

PROVERB. XXVII.

Wer sein Acker bauwet/ wirdt Brodts gnug haben/ wer aber Müssiggang nachgehet/ wird Armuts gnug habē.

Leibliche Wirckung.

DAs Nesselnkraut ist sehr gemein/
Es steht an Zeun/ Höfen vnd Rein/
Hitzig vnd Heiß zu jeder zeit/
Groß Blattern brennt/ wo mans hin reibt/
Ihr Krafft vnd Nutz ist mancherley/
Drumb sind sie gut zu vielerley/
Am besten ist der Sam allzeit/
Der macht von vieler Schwachheit queit/

Den festen Stein in Blasen bricht/
In Lenden auch/werd ich bericht/

Den Samen stoß vnd trinck jn ein/
Zu Morgens mit dem besten Wein/
Den Husten so vertreibet baldt/
Es sey der Mensch Jung oder Alt/

Die

Die Wurtzel siede wol zu handt/
  In Wasser wäsch den Grundt allsampt/
An deiner Haut es heylet den/
  Und wirdt dir bald davon vergehn/
Zur kalten Lung sehr dienlich ist/
  Und was dergleichen dran gebrist/
Wenn du es seudts mit Honig fein/
  Und trinckst es denn mit gutem Wein/
Die Schwulst vertreibts gstossen wol/
  Mit Saltz vermischt drauff schlagē sol/
Den Krebs und Wolff es tödtet auch/
  Ir fressen wehrt fein allgemach/
Den Weibern bringt jr Blumen zeit/
  So man die Blätter in Wein seudt/
Die Windt im Leib zertheilet fein
  Der Tranck/und heylt die Nierenlein/
Treibt auß den Harm/behüt fürm Schlag/
  Ist gut zur Lungen/ich dir sag/
Fürß Lendenweh in Honig siedts/
  Und schlag es auff/ich trewlich rieths/
Die Flüß deß Haupts stillet es bald/
  Und wehrt denselben mit gewalt/
Wenn man den Samen seudt im Wein/
  Soll ein gewisse Hülffe seyn/

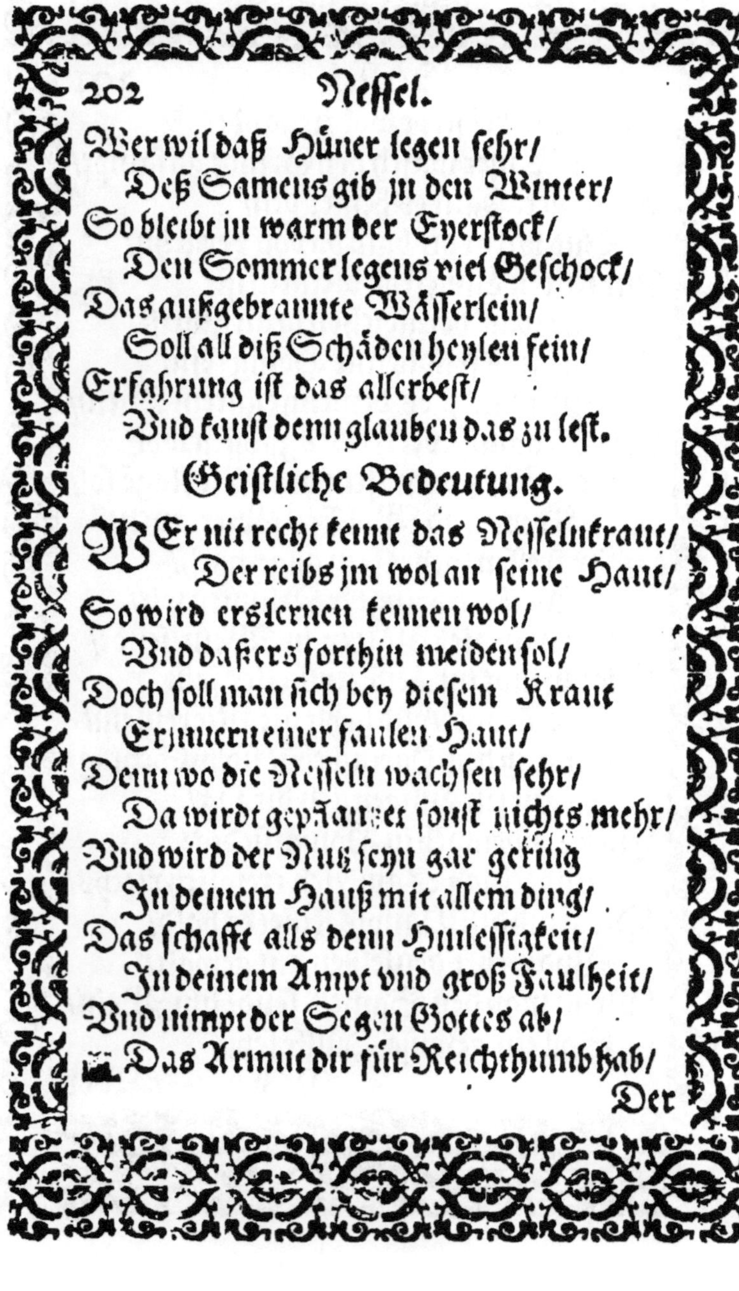

Wer wil daß Hüner legen sehr/
Deß Samens gib jn den Winter/
So bleibt jn warm der Eyerstock/
Den Sommer legens viel Geschock/
Das außgebrannte Wässerlein/
Soll all diß Schäden heylen fein/
Erfahrung ist das allerbest/
Und kanst denn glauben das zu lest.

Geistliche Bedeutung.

WEr nit recht kenne das Nesselnkraut/
Der reibs jm wol an seine Haut/
So wird ers lernen kennen wol/
Und daß ers forthin meiden sol/
Doch soll man sich bey diesem Kraut
Erinnern einer faulen Haut/
Denn wo die Nesseln wachsen sehr/
Da wirdt gepflantzet sonst nichts mehr/
Und wird der Nutz seyn gar gering
In deinem Hauß mit allem ding/
Das schaffe alls denn Hinlessigkeit/
In deinem Ampt und groß Faulheit/
Und nimpt der Segen Gottes ab/
Das Armut dir für Reichthumb hab/

Der

Der Mensch darumb geschaffen ist/
Das Land zu bawen zu der Frist/
Im Schweiß soll essen er sein Brodt/
Wie solches Gott gebotten hat/
Vnd Sirach lehrt mit grossem fleiß/
Was Arbeit hab für einen Preiß/
Der König Salomon auch lehrt/
Wer Arbeit der sey bald ernehrt/
Ein lessige Handt verderbe baldt/
Vnd muß in Armut werden alt/
Im wachsen Nesseln immerdar/
Kein ander Frucht bescheret war/
Eym jedern Haußman das gezimpt/
Der seines Hauses nicht warnimpt/
Drumb wilt du haben auff deinem Lande
Gut Frücht/hüt dich für lessiger Handt/
Das Nesselnwerck geht immer auß/
So wird erfüllet bald dein Hauß/
Doch solt du mercken das hiebey/
Daß rechter Glaube in dir sey/
Zu trawen auch dem lieben Gott/
Der dir solchs alles bescheret hat/
Dein Arbeit richt es nicht als auß/
Der Göttlich segen muß seyn im Hauß/

Bey

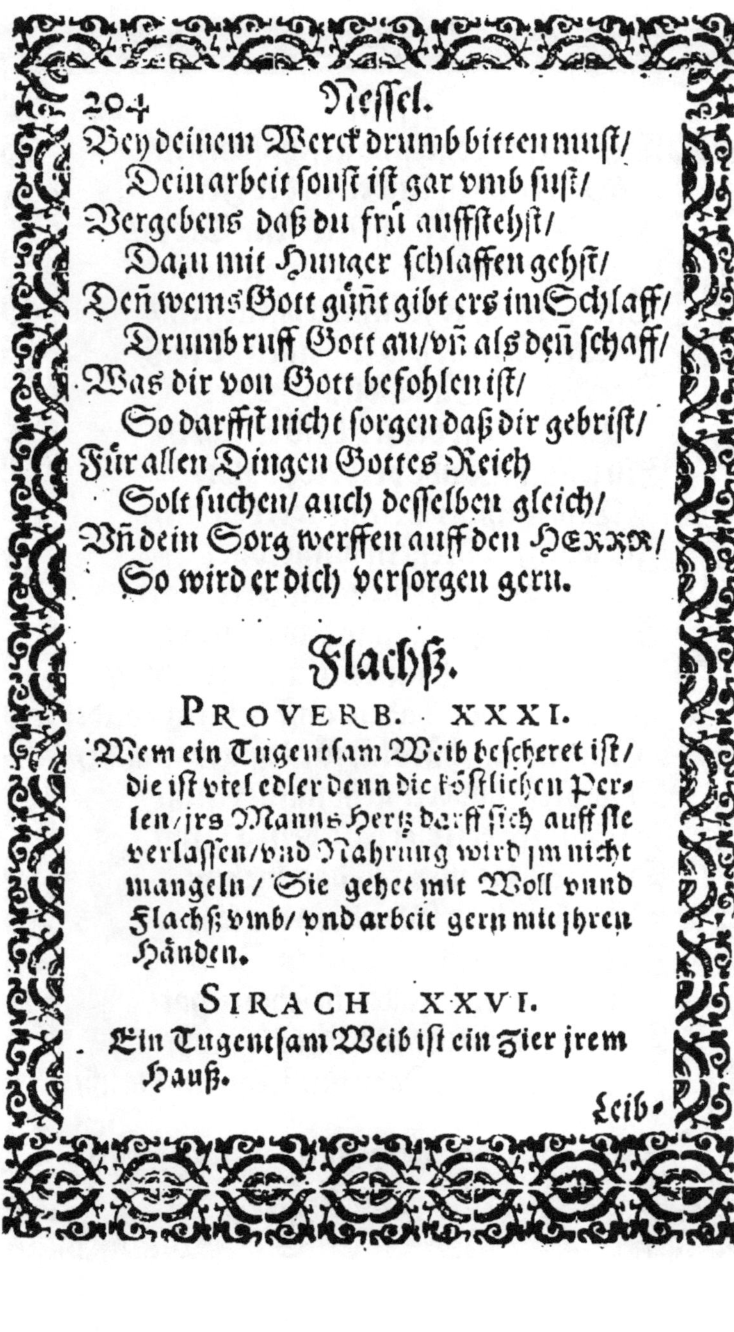

Bey deinem Werck drumb bitten must/
Dein arbeit sonst ist gar vmb sust/
Vergebens daß du frü auffstehst/
Dazu mit Hunger schlaffen gehst/
Deñ wems Gott güñt gibt ers im Schlaff/
Drumb ruff Gott an/ vñ als deñ schaff/
Was dir von Gott befohlen ist/
So darffst nicht sorgen daß dir gebrist/
Für allen Dingen Gottes Reich
Solt suchen/ auch desselben gleich/
Vñ dein Sorg werffen auff den HERRN/
So wird er dich versorgen gern.

Flachß.

PROVERB. XXXI.

Wem ein Tugentsam Weib bescheret ist/ die ist viel edler denn die köstlichen Perlen/ jrs Manns Hertz darff sich auff sie verlassen/ vnd Nahrung wird jm nicht mangeln/ Sie gehet mit Woll vnnd Flachß vmb/ vnd arbeit gern mit jhren Händen.

SIRACH XXVI.

Ein Tugentsam Weib ist ein Zier jrem Hauß.

Flachß.

Leibliche Wirckung.

DEr Flachß auch zur Hauß-
haltung gehört/ (gemehrt/
Darmit das Hauß auch wird
Wozu der Flachß sein Nützen hab/
In der Artzeney such hie vorab/
Der Same am aller besten ist
Zur Artzeney/dasselbig wiß/
Nur eusserlich zu brauchen sol
Am Leib/wer aber/sag ich/wolt
In Leib gebrauchen diesen Lein/
Der müst außstehn gefehrlich Pein/
Nur Pflaster mag man machen mit/
Zum Auffschlag/das ist jetzt der sitt/
Den Weibern solches wirdt bereit/
Zu widerbringen jre Zeit/
Auff Koln gelegt dem Schnupffen werth/
Wenn hin vnd her die Mutter fehrt/
Den Weibern bald der Rauche hilfft/
So du auch Gschwer auffweichen wilt/
Mit Wasser siede den Samen wol/
Vnd schlag es auff/wie es seyn sol/

Das

Das Seytenweh vertreibt ich weiß/
Mit Butter gemischt von einer Geiß/
Es lescht auch Brandt also bereit/
Wenn mans mit Düchlein vberleit/
Das Oeli so man darauß preßt/
Dient auch zum hitzigen Gebreßt/
Es kůhlt vnd lindert mechtig wol/
Drumb man solchs dazu brauchen sol/
Ein nützlich Oeli den Mahlern ist/
Zum Leuchtstell braucht mans/wie jhr wist.
Wie d'Weiber mit dem Flachs vmbgehn/
Biß daß sie damit recht bestehn/
Das nimpt groß můh zu bschreiben all/
Zu erst gerupfft muß werden ball/
Da bindt man jn an grosse Gbundt/
Vnd fůhrt jn heim zurselben stundt/
Man wirfft jn ab mit vngestům/
Vñ zeugt jm durch die Reffen schwindt/
An kleine Büschlein bindt man jn/
Vnd wider zu grossen/ fůhret hin
Ins kalte Badt / vnd Wasserloch/
Da muß er liegen etlich Woch/

Biß

Biß jn da wol die Haar wern naß/
Man thut herauß/ daß jm werd baß/
Vnd wäscht jn wol daß er werd rein/
Etlich auffs Land breitens allein/
Denn wird er auffgestürtzet recht/
In Lufft vnd Sonnenschein so schlecht/
Wenn er denn wol ertrücknet ist/
So muß er heim/ das ist gewiß/
So ferrn er Glück hat in dem Badt/
Daß er nicht fehret von der stadt/
Wenn er heim kompt der Sonnen hitz/
Vnnd Feuwers empfindt durch Weiber Witz/
Da wird er erst geröstet recht/
Ehe denn man jn zur Breche brecht/
Dann muß er durch die Breche gahn/
Vnd grosse Gefahr da auß stahn/
Zum Schwingen denn erst ist bereit/
Darnach man auff die Hechel leit/
Vnd zeugt jn durch/ daß er werd rein/
Das Werck behelt man da allein/
Zum Rocken Galgen führt man jn/
Vnd hengt jhn dran mit grossem Sinn/

Da

Da zeugt man jhm die Haar erst recht/
Vnd leckt vnd küßt den armen Knecht/
Dreht jhm die Haar zu Fädemlein/
Das kostet offtmals auch viel Wein/
Man windt jhn von der Spindel ab
Auff einen Haspel/ bald darab/
Ins warm Badt kompt er also früe/
Da hat er erst auch grosse Müh/
Man wäscht vnd bläwt jhn eben wol/
Daß jm die Schwärtz vergehen soll/
Man hängt jhn auff da an den Lufft/
Acht nicht obs schon drauß hab gdufft/
Man bringt jhn in die Stub hinein/
Daß er außtruckne allda fein/
Denn wirdt er wider sehr geblawt/
Daß jhm vergeh die zehe Haut.
Vnd wirfft jn auff den Schragen zstund/
Windt jhn auff viele Klingel rund/
Zum Weber muß er bald dahin/
Der martert jhn als denn mit Sinn/
Wol in den engen Zetteln krauß/
Schlägt jhn zusammen in dem Hauß/
Zu Thuch er jhn gar bald bereit/
Wenn mirs so gieng es wer mir leydt/

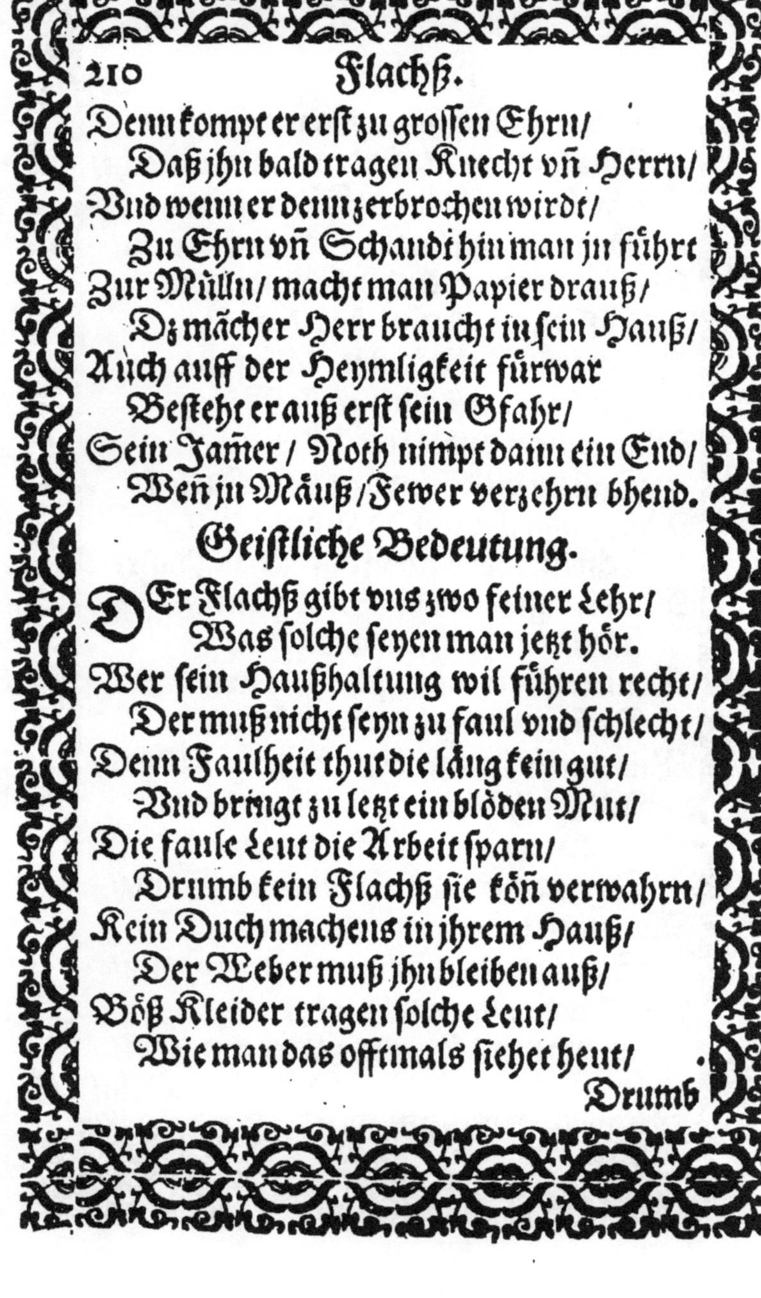

Denn kompt er erst zu grossen Ehrn/
Daß jhn bald tragen Knecht vñ Herrn/
Vnd wenn er denn zerbrochen wirdt/
Zu Ehrn vñ Schandt hin man jn führt
Zur Müllu/ macht man Papier drauß/
Dz mächer Herr braucht in sein Hauß/
Auch auff der Heymligkeit fürwar
Besteht er auß erst sein Gfahr/
Sein Jam̃er/ Noth nimpt dann ein End/
Weñ jn Mäuß/Fewer verzehrn bhend.

Geistliche Bedeutung.

DEr Flachß gibt vns zwo feiner Lehr/
Was solche seyen man jetzt hör.
Wer sein Haußhaltung wil führen recht/
Der muß nicht seyn zu faul vnd schlecht/
Denn Faulheit thut die läng kein gut/
Vnd bringt zu letzt ein blöden Mut/
Die faule Leut die Arbeit sparn/
Drumb kein Flachß sie kön̄ verwahrn/
Kein Duch machens in jhrem Hauß/
Der Weber muß jhn bleiben auß/
Böß Kleider tragen solche Leut/
Wie man das offtmals siehet heut/

Drumb

Drumb wilt nun bstehn mit Ehrn/
Vnd dich deß Armuts auch erwehrn/
So laß die Faulheit seyn von dir/
Vnd arbeit mit dein Händen schier/
Laß dir den Müssiggang nicht seyn zlieb/
Sonst gibst ein Hür oder ein Dieb/
Vnd kompst in Armut bald hinein/
Da du must leiden Noth vnd Pein/
Die ander Lehr der Flachß auch gibt/
Daß Gott im Creutz die Gedulte liebt/
Denn wie der Flachß sich leiden muß/
Also ein Christ sein Leiden groß
Mit Gdult muß tragen jmmerdar/
Mit Christo außstehn viel Gefahr/
In dieser Welt im Christenthumb/
Das ist der Christen höchster Ruhm/
Denn hierauff folgt ein ewig Freud/
Im Himmelreich von Gott bereit.

Disteln.

PROVERB. XXII.

Stachel vnd Strick sind auff dem Wege deß Verkehreten / wer sich aber davon ferrnet/bewahrt sein Leben.

PROVERB. XXVII.

Wie einer heimlich mit Geschoß vnnd Pfeilen scheust/ Also thut ein falsch Mensch mit seinem Nechsten.

SIRACH.

Die Ohrnbläser/vnd falsche böse Mäuler sind verflucht/ vnd verwirren viel/ die guten Frieden haben.

Leibliche Wirckung.

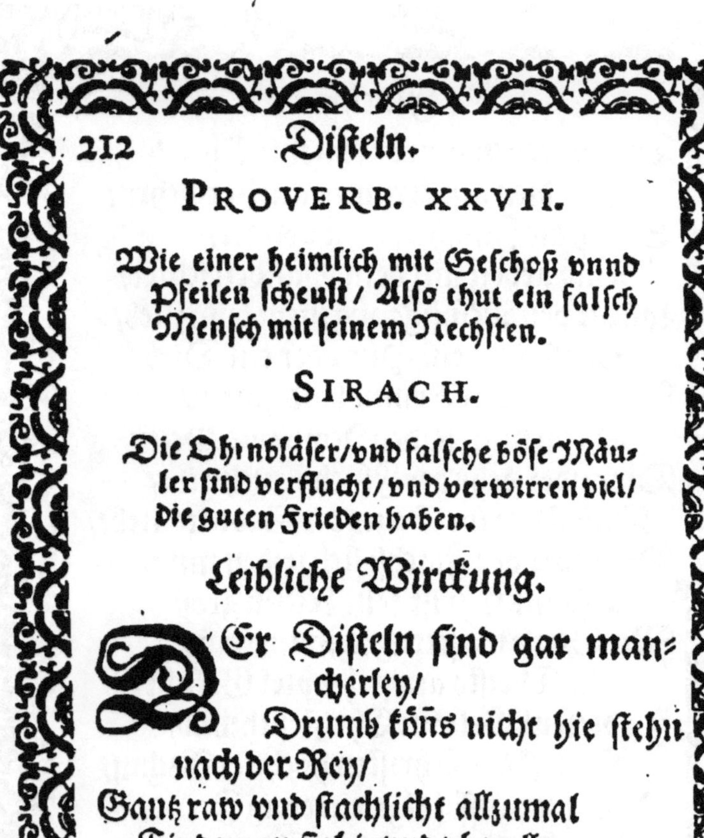

DEr Disteln sind gar mancherley/
Drumb köñs nicht hie stehn nach der Rey/
Gantz raw vnd stachlicht allzumal
Findt man sie hie vnd vberall/
Die weiß helt man zur Artzeney/
Für Seitenstechen/wo das sey/
Seudt man dieselb in Wasser gut/
Auch Honig man darvnter thut/
So ist auch Cardobenedict
Ein Distel/so den Krancken glückt/

Fürs

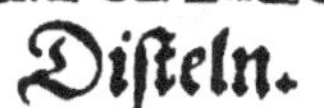

Fürs Gifft vnd Seitenstechen dient
Im Tranck / so man sich deß gewehnt /

Die Distel Wurtz/ so an Wegen steht/
Siede wol in Wein/trincks/es vergeht/
Sein Samen magstu stossen rein/
Vnd deß nemmen ein Quintelein/
Vermisch es mit dem Wässerlein/
Von Cardobenedict genommen ein/
Ist gut für Pestilentz vnd Gifft/
Mit Thüchlein bindt es auff die Hüfft/
Das Lendenweh es bald benimpt/
Die Leber kühlt/so ist entzündt/
Wer Blut außwirfft wie Apostem/
Demselben es gar wol bekem/
Wenn er der Wurtzel seud in Wein/
Vñ trinckts/macht jm den Magen rein/
Fürs Gicht der Kinder dient es wol/
Den Samen man gebrauchen soll/
Die Wurtzel von den Disteln nim/
Mit Bertram sieds/nim̃ts Zanweh hin/
In Wein gesotten all zu wol/
Für Wassersucht es helffen soll/
Sonst man jhr wol entberen kan/
Wo sie auff Ackern vnd Garten stahn/
Die Frucht davon ist sehr gering/
Denn daß sie andere Disteln bring.

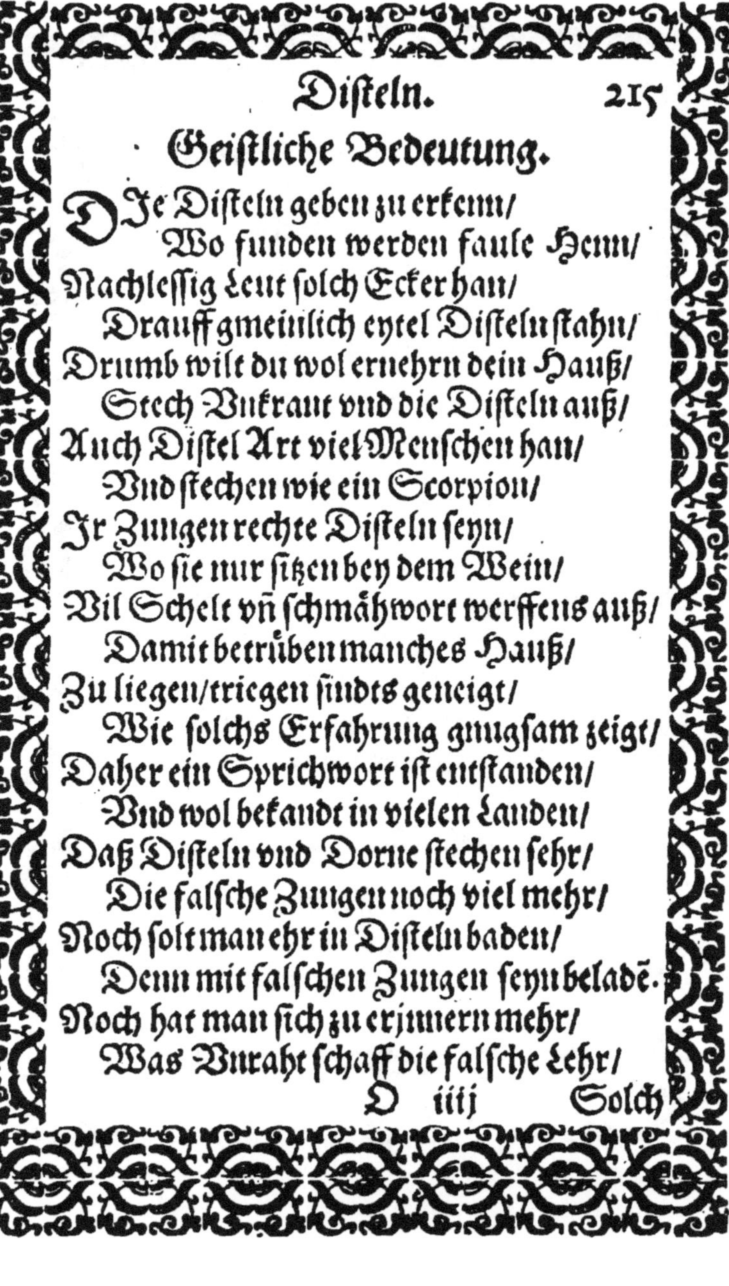

Geistliche Bedeutung.

DJe Disteln geben zu erkenn/
Wo funden werden faule Henn/
Nachlessig Leut solch Ecker han/
Drauff gmeinlich eytel Disteln stahn/
Drumb wilt du wol ernehrn dein Hauß/
Stech Vnkraut vnd die Disteln auß/
Auch Distel Art viel Menschen han/
Vnd stechen wie ein Scorpion/
Ir Zungen rechte Disteln seyn/
Wo sie nur sitzen bey dem Wein/
Vil Schelt vn̄ schmähwort werffens auß/
Damit betrůben manches Hauß/
Zu liegen/triegen sindts geneigt/
Wie solchs Erfahrung gnugsam zeigt/
Daher ein Sprichwort ist entstanden/
Vnd wol bekandt in vielen Landen/
Daß Disteln vnd Dorne stechen sehr/
Die falsche Zungen noch viel mehr/
Noch solt man ehr in Disteln baden/
Denn mit falschen Zungen seyn beladē.
Noch hat man sich zu erjnnern mehr/
Was Vnraht schaff die falsche Lehr/

Solch warlich auch viel schärpffer sticht/
Deñ Dorn vñ Distel/mancher spricht/
Beyd Leib vnd Seel verderbet gar/
Vnd bringt die Leut in groß Gefahr.

Meisterwurtz.

PROVERB. XXVI.

Ein guter Meister macht ein Ding recht/wer aber einen Hümpler dingt/ dem wirdts verderbt.

MATTH. X.

Der Jünger ist nicht vber sein Meister/ noch der Knecht vber den Herrn/ Wenn aber der Jünger ist wie sein Meister/so ist er vollkomen. Jr heißt mich Meister vnd HERR/ vnd sagt recht dran/ denn ich bins auch/ Joan. 13.

Leibliche Wirckung.

DJe Meisterwurtz ist wolbekandt
Bey jederman in Teutschem (Landt/

Ein

Ein scharpffe Hitz vnd treibend Krafft/
Han Bletter/Stengel vnd der Safft/
Für kalte Gifft es dienet wol/
Drumb mans auch hie für brauchē soll/
Im Winter für die Pestilentz/
Kein Weib nicht ist/dasselbig kennts/
Deß Morgens nüchtern eß mit Saltz/
Hastu im Magen etwas kalts/
Es reiniget den von allem Schleim/
Welchs dran klebt gleich wie ein Leim/
Wo Feber/Beulen/Blattern/Knolln/
Dir an der Haut heraussér wolln/
Der Wurtzel nem ein halbes Quint/
Mit warmē Wein trincks eingschwind/
Ein gut Tyriack stünd wol dabey/
So wirstu solcher Gifftung frey/
Wer auch ein kalte Lungen hett/
Mit Keichen/Husten/leg zu Beth/
Der sied diß Wurtz in gutem Wein/
Das soll dasselbig legen fein/
Den Harm vnd Stein in Lenden treibt/
Die *menses*, todte Frücht/man schreibt/
Auch Schweiß/die Wassersucht deßgleich/
Sag ich/treibts fort an Arm vnd Reich/

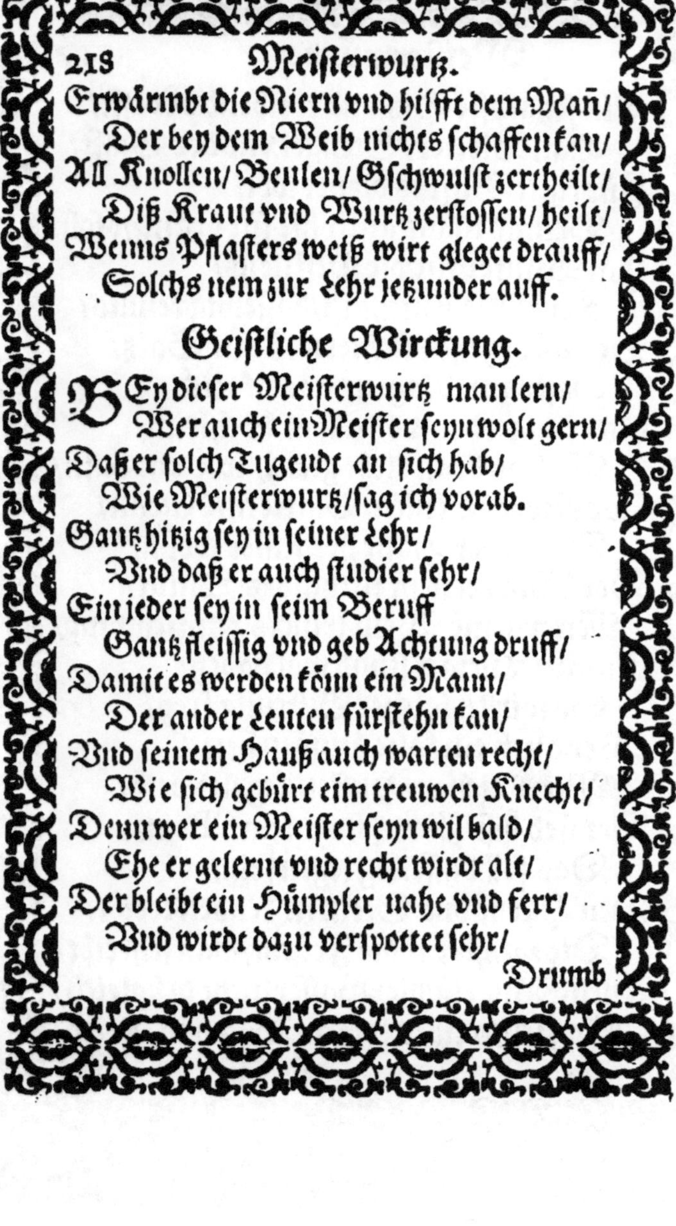

Erwärmbt die Niern vnd hilfft dem Mañ/
Der bey dem Weib nichts schaffen kan/
All Knollen/ Beulen/ Gschwulst zertheilt/
Diß Kraut vnd Wurtz zerstossen/ heilt/
Wenns Pflasters weiß wirt gleget drauff/
Solchs nem zur Lehr jetzunder auff.

Geistliche Wirckung.

BEy dieser Meisterwurtz man lern/
Wer auch ein Meister seyn wolt gern/
Daß er solch Tugendt an sich hab/
Wie Meisterwurtz/ sag ich vorab.
Gantz hitzig sey in seiner Lehr/
Vnd daß er auch studier sehr/
Ein jeder sey in seim Beruff
Gantz fleissig vnd geb Achtung druff/
Damit es werden kömm ein Mann/
Der ander Leuten fürstehn kan/
Vnd seinem Hauß auch warten recht/
Wie sich gebürt eim treuwen Knecht/
Denn wer ein Meister seyn wil bald/
Ehe er gelernt vnd recht wirdt alt/
Der bleibt ein Hümpler nahe vnd ferr/
Vnd wirdt dazu verspottet sehr/

Drumb wann du andere wilt lehrn/
Vnd auch deß Armuts dich erwehrn/
So lehrn vor selbst die freye Kunst/
Sonst wirdt dein Arbeit seyn vmbsunst.
Vnd werd ein Meister recht mit Ehrn/
So wirstu dich denn wol ernehrn/
Sampt deinem Weib vnd Kinderlein/
Bitt auch Gott vmb den Segen fein/
Daß er zu deinem Ampt geb Glück/
Sonst gehn dir alle Ding zu rück.

Schwalbwurtz.

PROVERB. XXVI.

Wie ein Vogel da fehrt/ vñ ein Schwalb fleugt/ also ein vnverdient Fluch trifft nicht.

Ein Schwalb/ ein Storck vnd Turteltauben/ wissen jhre Zeit/ wenn sie wider kommen sollen/ Aber mein Volck wils nicht wissen/ ꝛc.

Leibliche Wirckung.

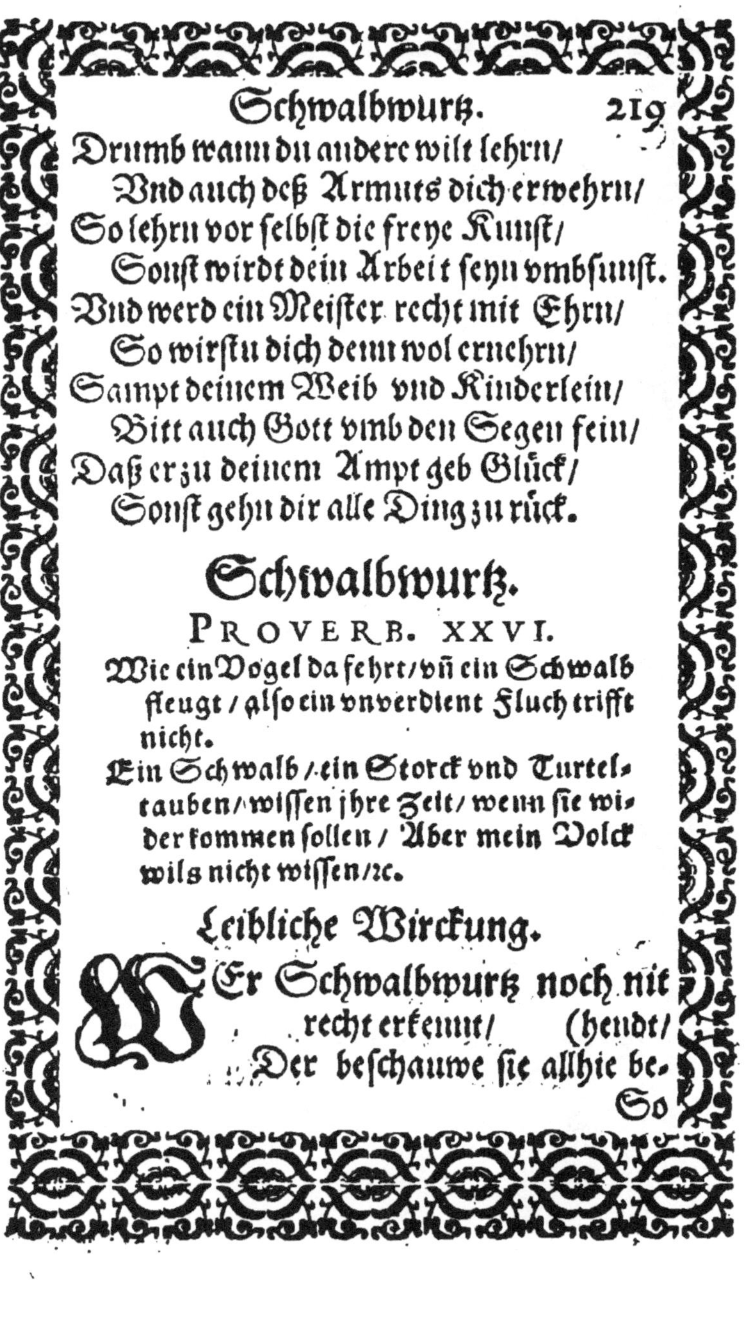

WEr Schwalbwurtz noch nit recht erkennt/ (hendt/
Der beschauwe sie allhie be-

So

So wirt ers finden auff dem Feld/
Vnd was für Krafft sie in jr helt/

Den Weibern stillt jhr Blödigkeit/
Wenn man ein Bad darmit bereit/
In Wein gesotten/ treibt auß Gifft/
Das Krimmen auch/ Galenus spricht/
Für

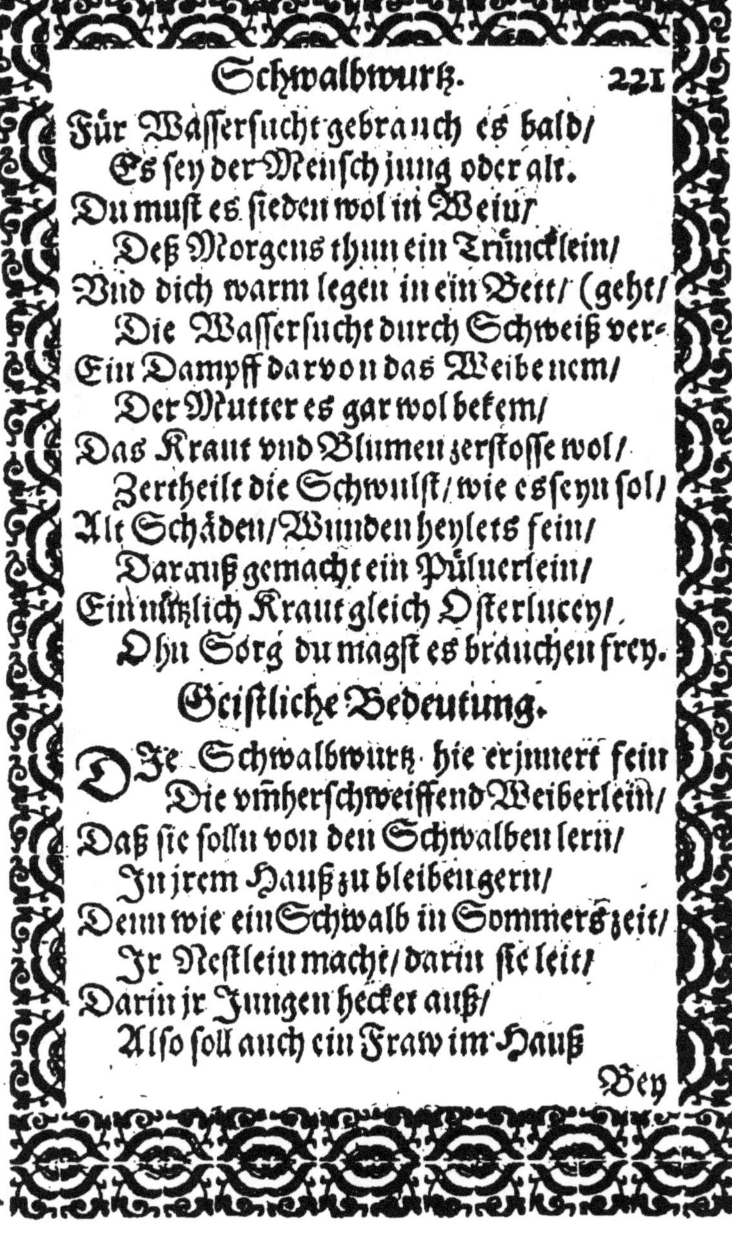

Für Wassersucht gebrauch es bald/
Es sey der Mensch jung oder alt.
Du must es sieden wol in Wein/
Deß Morgens thun ein Trüncklein/
Und dich warm legen in ein Bett/ (geht/
Die Wassersucht durch Schweiß ver-
Ein Dampff darvon das Weibe nem/
Der Mutter es gar wol bekem/
Das Kraut vnd Blumen zerstosse wol/
Zertheilt die Schwulst/ wie es seyn sol/
Alt Schäden/ Wunden heylets fein/
Darauß gemacht ein Pülverlein/
Ein nützlich Kraut gleich Osterlucey/
Ohn Sorg du magst es brauchen frey.

Geistliche Bedeutung.

DIe Schwalbwurtz hie erjnnert fein
Die vmherschweiffend Weiberlein/
Daß sie solln von den Schwalben lern/
Jn jrem Hauß zu bleiben gern/
Denn wie ein Schwalb in Sommers zeit/
Jr Nestlein macht/ darin sie leit/
Darin jr Jungen hecket auß/
Also soll auch ein Fraw im Hauß

Bey

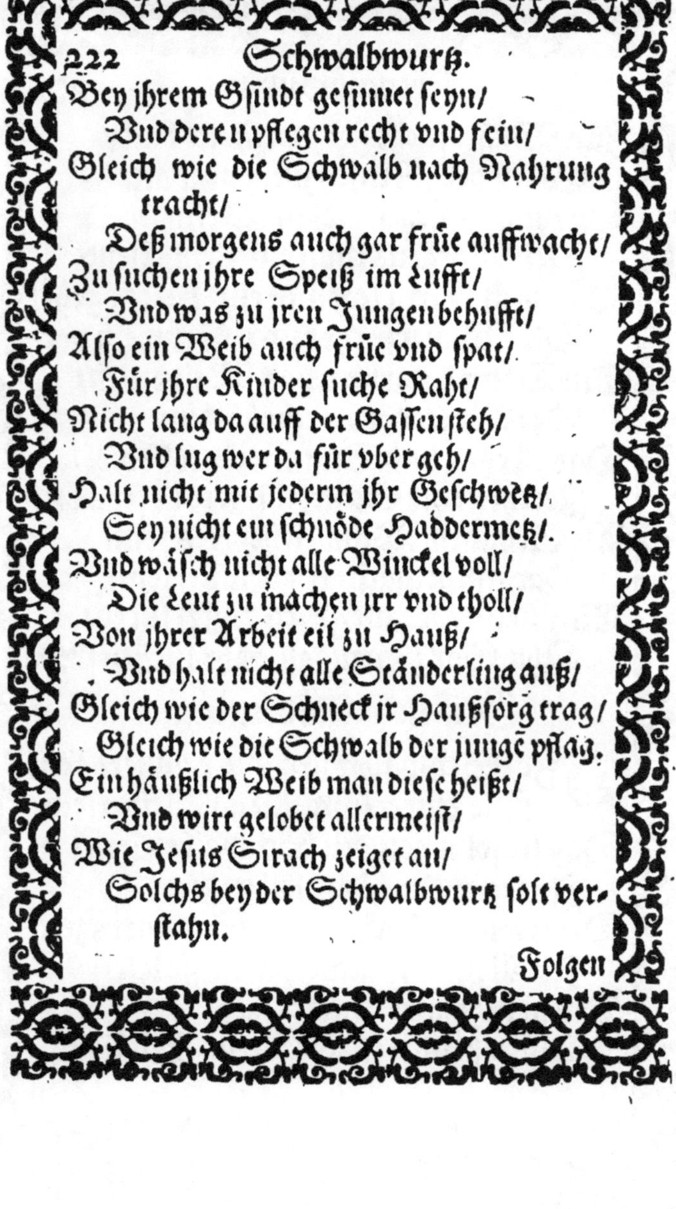

Bey jhrem Gsindt gesinnet seyn/
Vnd dere n pflegen recht vnd fein/
Gleich wie die Schwalb nach Nahrung tracht/
Deß morgens auch gar frůe auffwacht/
Zu suchen jhre Speiß im Lufft/
Vnd was zu jren Jungen behufft/
Also ein Weib auch frůe vnd spat/
Für jhre Kinder suche Raht/
Nicht lang da auff der Gassen steh/
Vnd lug wer da für vber geh/
Halt nicht mit jederm jhr Geschwetz/
Sey nicht ein schnöde Haddermetz/
Vnd wäsch nicht alle Winckel voll/
Die Leut zu machen jrr vnd tholl/
Von jhrer Arbeit eil zu Hauß/
Vnd halt nicht alle Ständerling auß/
Gleich wie der Schneck jr Haußsorg trag/
Gleich wie die Schwalb der jungẽ pflag.
Ein häußlich Weib man diese heißt/
Vnd wirt gelobet allermeist/
Wie Jesus Sirach zeiget an/
Solchs bey der Schwalbwurtz solt verstahn.

Folgen

Folgen etliche Kräuter/ so alle fromme Eheleut in allerley Creutz vnd Anfechtung trösten.

Creutzwurtz oder Creutzbaum.

LVC. IX.

Wer mir folgen wil/ der verläugne sich selbst/ vnd nem sein Creutz auff sich täglich/vñd folge mir nach.

LVC. XXIIII.

Durch viel Creutz vnnd Trübsal muß man ingehen in das Reich Gottes.

Leibliche Wirckung.

DJß Gewächß ist lustig anzusehn/
In Lustgärten es pflegt zu stehn/

Zu

Zu anders nichts mans brauchen thut/
Denn nur zu kühlen hitzig Blut/

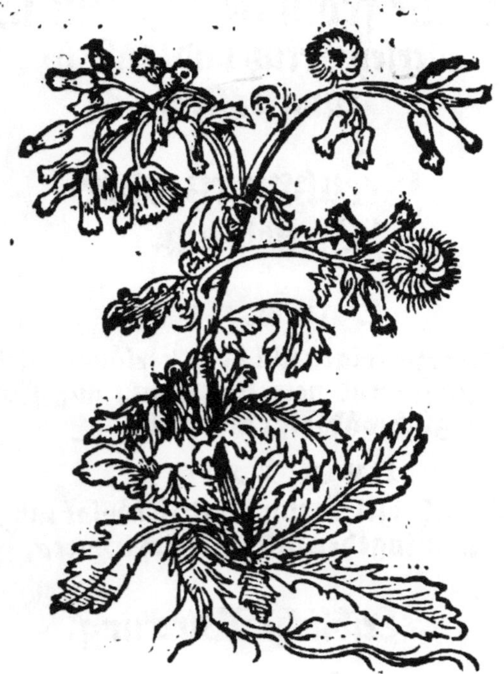

Doch ohn groß Noth im Leib nit brauch/
Die Gall vñ Schleym treibts auß dem Bauch/

Den

Den Leib beweget vber hart/
Drumb zur Artzney es wirdt gespart/
Die grünen Blätter Schwulst vertreibt/
So man denselben dam treibt.
Ein ander Creutzbaum wirdt gezeigt/
Zu dieser Krafft ist er geneigt/
Der Zauberey zu wehren fein/
Gehängt vber Thür vnd Fensterlein/
Auff fliessend Geschwer mans legen thut/
Das heilts in kurtzen Tagen gut/
Die Blätter siede in Wasser reyn/
Alaun der muß dabey auch seyn/
Die Fäul im Mundt vnd Serigkeit
Gewäschen/ heilts also bereit/
Wol dreyerley Farb die Berlein zart
Den Mahlern geben zu der Fahrt/
Vmb Joannis sinds zur Gelb geneigt/
Im Herbst ein grüne Farb es zeigt/
Braun Farb es gibt dir vmb Martin/
Mit Alaun Wasser sie beisse in/
Was ander Tugendt mehr vermag
Der Creutzbaum/ ich allhie nicht sag/
Zur Geistlichen Deutung schreitten wil/
Vnd solch vermelden in der Still.

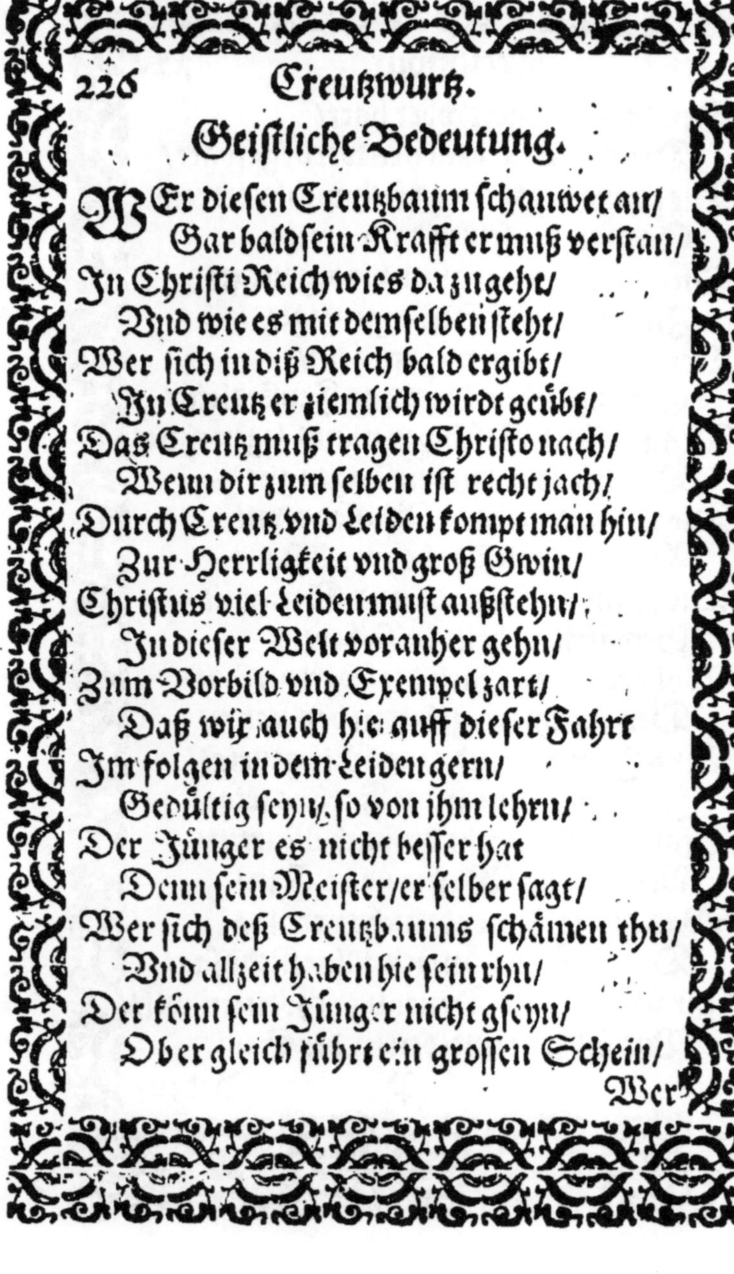

Geistliche Bedeutung.

WEr diesen Creutzbaum schauwet an/
Gar bald sein Krafft er muß verstan/
In Christi Reich wies da zugeht/
Vnd wie es mit demselben steht/
Wer sich in diß Reich bald ergibt/
In Creutz er ziemlich wirdt geübt/
Das Creutz muß tragen Christo nach/
Wenn dir zum selben ist recht jach/
Durch Creutz vnd Leiden kompt man hin/
Zur Herrligkeit vnd groß Gwin/
Christus viel Leiden must außstehn/
In dieser Welt voranher gehn/
Zum Vorbild vnd Exempel zart/
Daß wir auch hie auff dieser Fahrt
Im folgen in dem Leiden gern/
Gedültig seyn/ so von jhm lehrn/
Der Jünger es nicht besser hat
Denn sein Meister/ er selber sagt/
Wer sich deß Creutzbaums schämen thu/
Vnd allzeit haben hie sein rhu/
Der könn sein Jünger nicht gseyn/
Ob er gleich führt ein grossen Schein/

Wer

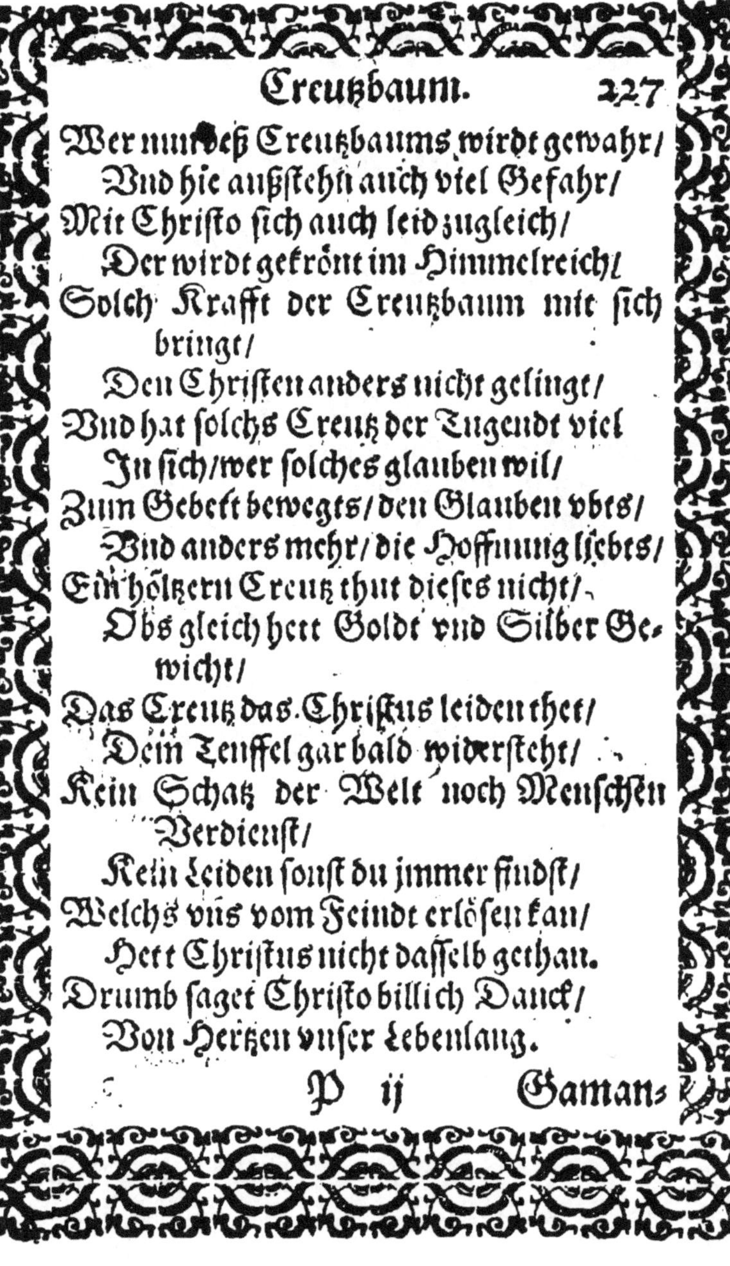

Wer nun deß Creutzbaums wirdt gewahr/
Vnd hie außstehn auch viel Gefahr/
Mit Christo sich auch leid zugleich/
Der wirdt gekrönt im Himmelreich/
Solch Krafft der Creutzbaum mit sich bringt/
Den Christen anders nicht gelingt/
Vnd hat solchs Creutz der Tugendt viel
In sich/wer solches glauben wil/
Zum Gebett bewegts/den Glauben vbts/
Vnd anders mehr/die Hoffnung liebts/
Ein höltzern Creutz thut dieses nicht/
Obs gleich hett Goldt vnd Silber Gewicht/
Das Creutz das Christus leiden thet/
Dem Teuffel gar bald widersteht/
Kein Schatz der Welt noch Menschen Verdienst/
Kein Leiden sonst du jimmer findst/
Welchs vns vom Feindt erlösen kan/
Hett Christus nicht dasselb gethan.
Drumb saget Christo billich Danck/
Von Hertzen vnser Lebenlang.

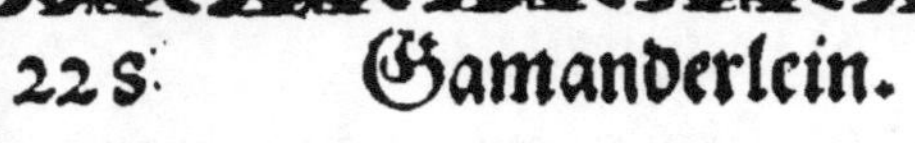

Gamanderlein.

PROVERB. XV.

Der HERR wirdt das Hauß der Hoffertigen zerbrechen/ vnd die Gräntz der Wittwin beståttigen.

SIRACH V.

Auff Vnrecht Gut verlaß dich nicht/ deñ es hilfft dich nicht/ wenn die Anfechtung kommen werden. Vnd ob dirs sauwer würd mit deiner Nahrung vñ Ackerwerck/ das laß dich nit verdriessen/ denn Gott hats also geschaffen.

Leibliche Wirckung.

DIß Kräutlein hat ein fein Gestalt/
Mit seinen Blümlein mannig-(falt/
Die blawen Blümlein zierens schon/
Wie du es hie findst für dir stohn/
Zur Artzeney es dienlich ist/
Vnd was dem Leibe da gebrist/
In kalten Schäden in gemein/
Diß Kräutlein dir soll dien allein/

Für

Für fliessendt Grindt nem dieses Kraut/
Mit Schmaltz vermisch vnd schmier die Haut/

Vnd wenns beginnt zu heylen fein/
So laß das schmieren hinfurt seyn/

Dieweil sein schärpff bald wirdt gespürt/
Bald Haut vñ Haar mit hin wegführt/
Das böse Miltz auch bringts zu recht/
Mit Feigen/Essig auffgelegt/
Heilt auch der gifftigen Thier Biß/
Also bereit vnd ist gewiß.

Geistliche Bedeutung.

EJn jedes Kräutlein lehret dich/
Wie sich soll halten menniglich
Mit Hülff vnd Raht/das wiß fürwar/
Vnd wer in Nöthen ist vnd Fahr/
Daß er auch diene jederman
Auff alle Weiß vnd wie er kan/
Denn so die Kräuter ohn Verstandt
Dem Menschen dien zu aller handt/
Zu Tag vnd Nacht anbieten sich/
Wie denn viel mehre soltu dich
Zu dienen nützlich allezeit
Dem Dürfftigen auch seyn bereit/
Auch lehren vns die Blümelein/
Gott allezeit vertrauwen fein/
Denn so Gott sölch herrlich ziert/
Gleichfalls auch vns bekleiden wird/

Ernehren

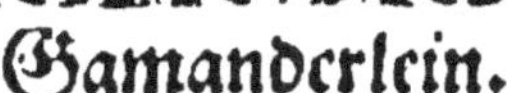

Ernehren vnd erhalten wol/
  Drumb jederman Gott trawen sol/
Wie Christus vns gibt solche Lehr/
  Fürm Vnglauben vns warnet sehr/
Deßgleichen auch S. Petrus spricht/
  Daß wir zu sehr solln sorgen nicht/
Die Sorge werffen auff den HERRN/
  Er sorg allein zwar für vns gern/
Die Sorg für vns getragen hat/
  Da keiner noch geboren ward/
Tracht nur allein nach Gottes Reich/
  So wirdt nichts mangeln vns zugleich.

Salix. Weiden.

SIRACH XXVIII.

Du verzäunst dein Güter mit Dorn/ Warumb machstu nicht viel mehr deinem Munde Thür vnd Rigel?

PSAL. XXXVII.

Ich hab gesehen ein Gottlosen / der war trutzig/ vnd breit sich auß / vnd grünt wie ein Lorberbaum / da man fürvber gieng/ da war er dahin.

Leibliche Wirckung.

DEr Weiden Krafft weiß jedermann/
Und daß sie gern im feuchten stahn/

Der

Der Weiden Brauch ist mancherley/
 Wirt auch genützt zur Artzeney/
Das Laub vnd Rinden sied im Wein/
 Fürs Darmgicht den magst trinckē ein/
Wer Blut außwirfft/ dem ist gesundt/
 Wenn er diß Weins trinckt zu der stund/
Das Podagra darvon vergeht/
 Vnd daß der Schmertz davon sich legt/
Die Rind darvon man brennen sol/
 Die Asch mit Essig mischen wol/
Vnd streichen auff ein Düchlein/
 Zur Wunden brauchs vnd bösen Bein/
Solch Asch verstillt das Nasen Blut/
 Für grosse Hitz darzu ist gut/
Vnd sonderlich in Sommers zeit/
 Machts manchen grosser Hitze queit/
Der Weiden Safft vermischet fein
 Mit breiten Wegerigs Wässerlein/
Für rothe Ruhr mans trincken sol/
 Den Krancken es bekommet wol/
Das Wasser von der Weiden Blut/
 Macht schönes Haar/ vnd sol seyn gut
Für fliessendt Grind vnd böse Hitz/
 Wozu die Weiden mehr seyn nütz/

Jst offenbar an manchem Orth/
Da wil ich dich hinweisen fort.

Geistliche Bedeutung.

DJe Weiden vns erjnnern fein/
Wies mit den muß gehalten seyn/
Die frech vnd stoltz erzeigen sich/
Vnd auch verächten menniglich/
Denn wie die Weid wächßt groß vñ hoch/
Behauwen wirdt gar bald darnach/
Also auch Gott behauwet bald/
Die stoltzen Köpff an Jung vnd Alt.
Den Stoltz vnd Hochmut stürtzet Gott/
Wie viel erfahrn mit grossem Spott/
Also dem Hochmut wirdt gewährt/
Vnd in ein Demut bald verkehrt/
Vnd wie man mit den Weiden hegt
Das Feldt/die Gärten/so versteht/
Die Christlich Kirch geheget wirdt
Durch fromme Herrn/wie man spürt/
An manchem Ort hie in der Welt/
Da rechter Gottsdienst wirdt angestellt/
Vnd gute Ordnung geht im schwang/
Deß sagt man jhnen billich Danck.

Fol-

Folgen nuhn etliche Kräuter / so zum Politischen Regiment dienstlich sind /

Vnd erinnern die Weltliche Oberkeit jhres tragenden Ampts.

Königskertz.

PROVERB. XX.

Fromb vñ wahrhafftig seyn / behüten den König / vnd sein Thron bestehet durch Frombkeit.

SIRACH X.

Ein weiser Regent ist streng / vnd wo ein verstendig Obrigkeit ist / da gehets ordentlich zu. Das Regiment auff Erden steht in Gottes Händen / derselb gibt zu Zeiten tüchtige Regenten.

Leib-

Leibliche Wirckung.

DIß Kraut sonst Wüllnkraut
wirt genandt
Ist jederman ja wol bekandt/
Gantz wüllicht Blätter vmbher hat/
Vnd gmeinlich auff den Wiesen staht/
Ein

Ein hohen Stengel stößt es auff/
Mit schönen Blümlein oben drauff/
Gleich wie ein Scepter ist formiert/
So einem König zugehört/
Gleich wie ein Kertz so strack vnd schön/
Sein Stengel also da thut stehn/
Zur Artzeney braucht man es sehr/
Für viel Gebrechen vnd Gefehr/
Das Hertz thuts stercken mächtig wol/
Beym fleisch gesottē/mans brauchē sol/
Zur Heisserkeit vnd engen Brust/
Es dienet wol/das ist bewußt/
Mit Fenchelkraut/Süßholtz gleich viel
Gesotten wol/das ist mein Will/
Mit Zucker misch dasselbig recht/
Vñ trinck das offt/es hilfft dich schlecht/
Das Pulver auch von diesem Kraut/
Magst strewen in verwundte Haut/
Deßgleichen auch in frische Wund/
So gbissen wer von einem Hundt/
Das faule Fleisch solchs etzet drauß/
Drumb magst behalten in deim Hauß/
Fürs Feber brauchen viel den Safft/
Das gibt den Menschen grosse Krafft/

Mit Bertram misch diß Wurtzel wol/
Fürs Zänweh mans denn brauchen soll/
Den Säfft vermisch mit Essig fein/
Das lescht den Brande an Gliedern dein/
Die Lungensucht/Geschwulst vertreibt/
Das Augenweh/mans gleichē schreibt/
Das außgebrannte Wässerlein
Zu diesen Gbrechen gut soll seyn.

Geistliche Bedeutung.

BEy diesem Kraut erinner dich/
Wie regiern sollen fürsichtiglich
Die hohe Häupter in der Welt/
Wie sie von Gott drumb sind bestellt/
Ihr Scepter soll gleich richtig seyn/
Die Gerechtigkeit zu lieben fein/
Gottsfürchtig fromb vnd Tugendtreich
Soll der Regent seyn/vnd deßgleich
Die Warheit fördern allezeit/
Abgötterey von ihm sey weit/
Den rechten Gottsdienst mit Verstandt
Soll er auffrichten in dem Landt/
Die Laster straffen in dem Landt/
Daß sie nicht nemmen vberhandt/

Drumb

Drumb wie diß Kräutlein bringt sein
Blum/
Auff langen Stengeln schön rings herumb/
Also ziert Gott die grosse Herrn/
Und bringet sie zu hohen Ehrn/
Daß man da spür jhr Tugendt schon/
Gleich wie am Himmel die liebe Sonn/
Noch eins man an dem Kräutlein findt/
Rauh Sammet blätter an jhm sind/
Also die Häupter in der Welt
Die vns von Gott sind fürgestellt/
Ein sanfftes Leben scheinen führn/
Es kan jhn aber nicht gebürn/
Mit vielem Creutz beladen sind/
Und vbergeht sie mancher Windt/
Denn weil sie sind in hohem Standt/
Zu bschützen Kirchen Leut vnd Landt/
So bleibens vnbekümmert nicht/
Wie man dasselbig offtmals sicht/
Und wie diß Kräutlein auch vergeht/
Wenns lang in seinem Prachte gesteht/
Also groß Herren in der Welt/
Von Gott bald werden auch gfellt/

Sind

Sind sterblich arme Creaturn/
Der Tode sie alle hinzhut führn/
Und nimpt jhn jhre Herrligkeit/
Zeugt sie an mit eim todten Kleide/
Drumb sich niemandt verlassen soll
Auff sein Gewalt vnd hohen Stoll/
Auff Menschen Krafft/ Stärck vnd Gewalt/
Weil alle Menschen sterben bald.

Hirtz Zung.

SIRACH XXXVII.

Wie die Zung das Wildpret kostet/ also mercke ein verständig Hertz die falsche Wort.

SIRACH X.

Umb Gewalt/ Unrecht vnd Getz willen/ kompt ein Königreich von eim Volck auffs ander. Fürsten/ Herrn vnd Regenten/ sind in grossen Ehrn/ Aber so groß sind sie nicht/ als der/ so Gott förchtet.

Leibliche Wirckung.

EIn nützlich Kraut die Hirtzzung ist/
Wem etwas in dem Leib gebrist/
Als an der Leber vnd dem Miltz/
Diß Kräutlein heilt dasselb vnd stilts/
Wenn man ein Trüncklein recht bereit/
Darin die Hirtzzung wirdt gelеit/
Den Stein in Lenden auch zerbricht/
In Gliedern hinnimpt das Gesicht/
Die Schwermut auch in deinem Sinn
Das Hirtzzung Wasser nimet hin/
Den Schlick vom Magen stillet fein/
Dafür man solchs soll trincken ein/
Es stärckt das Hertz auch mächtig wol/
Für Gelsucht zwar es dienen soll/
Auch für Geschwulst mans brauchen thut/
Dem Menschen reiniget sein Geblüt/
So manchs Riplein an Blättern steht/
So manche Tugendt von jhm geht/
Drumb heb diß Kräutlein fleissig auff/
Wers nicht hat/ raht ich/ daß ers kauff.

Geist-

Geistliche Bedeutung.

DIß Kräutlein / so Hirtzzung genannt /
Ist zwar nicht jederman bekannt /
Denn wie die Hirtz spitz Zungen han /
Also diß Kräutlein sihets an /
Ja wie die Hirtz sind edler Art /
Vnd für die Herren werdn gspart /
Also diß Kräutlein warlich ist
Ein edel Kraut / wie man solchs list /
Vnd deutet schon der Herrn Gewalt /
Den sie jetzt haben mannigfalt /
Die Hirsch allein vnd ander Wilde
Ihrn Lust vnd Freude wol erfüllt /
Groß Kurtzweil habens auff der Jacht /
Vnd treiben damit grossen Pracht /
Dardurch versäumens manches mal
Ihr hohes Ampt gantz vberall /
Ihr Cantzley besuchens nicht /
Besitzen auch gar kein Gericht /
Der Armen Klag wirdt nicht gehört /
Der Reich allzeit hindurche fehrt /
Daher das Recht vergliechen wirdt
Der Spinnwep / hab ich offt gehört /

Die grossen Hummeln fahrn hindurch/
Die kleinen Fliegen aber/horch/
Da bleibens hangen allzumal/
Das ist der brauch jetzt vberall/
Da geht nur Gunst vnd Gelt für Recht/
Das beklagt sich mancher armer Knecht/
Drumb sollen warlich solche Herrn/
Der Hirtz vnd alles Wildts entbern/
Ehe denn sie wolten so jhr Ampt
Versäumen stäts in jhrem Landt/
Dann es einmal beschlossen ist/
Rechnung zu thun Gott/wie jhr wißt.

Alantwurtz.

PROVERB. XVI.

Für den Königen Vnrecht thun / ist ein Greuwel / denn durch Gerechtigkeit wirdt der Thron bestättiget/wenn deß Königs Angesicht freundelich ist/das ist Leben / vnd sein Gnade ist wie ein Abendtregen.

PSAL. II.

So last euch nun weisen jr Könige/vnd last euch züchtigen jr Richter auff Erden/ Dienet dem HErrn mit Forcht/ vnd freuwet euch mit Zittern.

Leibliche Wirckung.

Die Alantwurtz ist rühmens wehrt/
Deñ solcher jederman begert
Zur Artzeney / vnd auch die Gifft/
Zu nemmen hin/wen solchs betrifft/
Zur Brust ein herrlich Artzeney
Man damit kan bereiten frey/
Nempt Alant Puluer vnd süß Holtz/
Mit Hönig dieses sieden solts/

Vertreibt das Keichen vnd den Hust/
Drumb dieses fleissig brauchen must/

Das Lungen Gschwer es heylt zu grundt/
Das Mütterweh stilt es zur Stundt/
Wie Kalmus eingebeisset fein/
Zur engen Brust soll gar gut seyn/
Die Wurtzel siede in rothem Wein/
Und trincks/soll ein *remedium* seyn/
Die bösen Blattern/ Pocken / Beuln/
Vn̄ was sich auffwirfft gleich wie Keuln/
Ins Menschen Leib vertreiben fein/
Das laß dir denn befohlen seyn/
Zu Morgens nem der Wurtz in Mundt/
Vor böser Lufft bewahrt all Stundt/
Ein Pflaster von der Wurtz bereit/
Die Geschwulst sich bald nider leit/
Der Alant Wein/wann er ist warm/
Das Hufftweh stilt/vnd ist erfahrn/
Die Alantwurtz zerstossen wol/ (soll/
Mit Saltz vnd Schweffel mans mischē
Damit sich reiben in dem Badt/
Das nimpt hinweg denselben Schadt/
Der Alant Wein sehr nützlich ist/
Man braucht jn allweg/wie jhr wißt/
Fürs Keichen vnd den alten Hust/
Dafür dus allzeit trincken must/

Zum

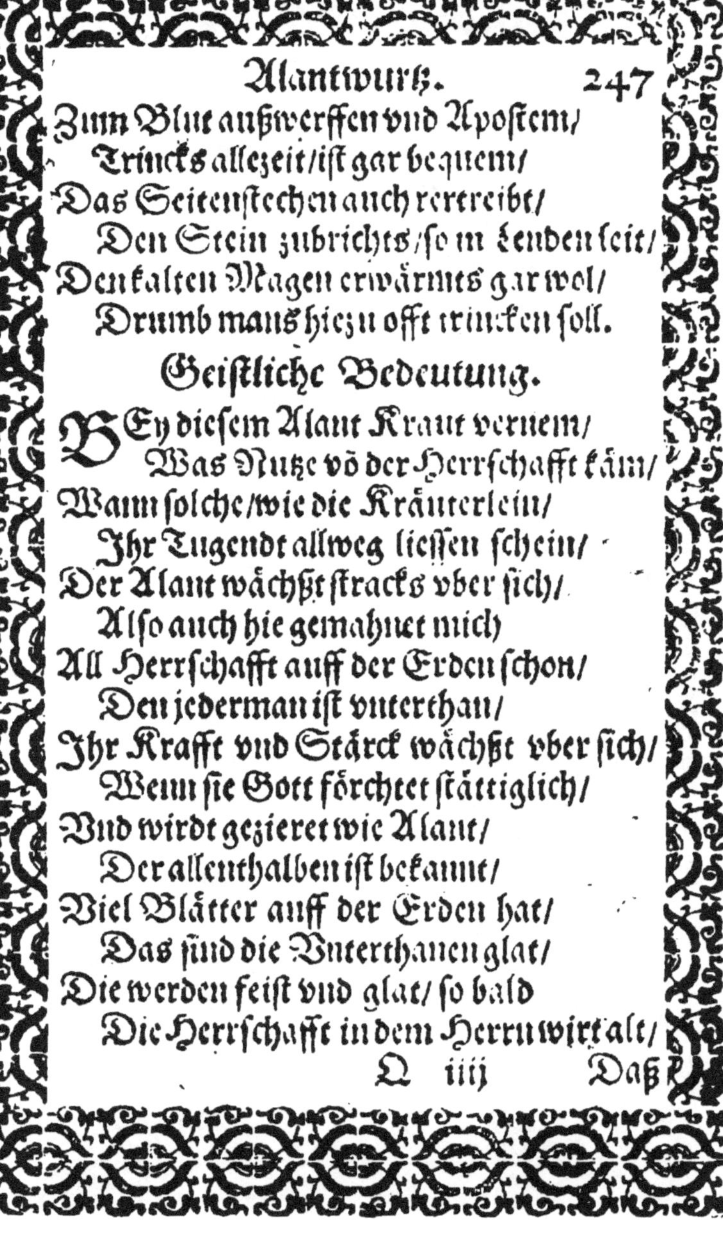

Zum Blut außwerffen vnd Apostem/
Trincks allezeit/ist gar bequem/
Das Seitenstechen auch vertreibt/
Den Stein zubrichts/so in Lenden leit/
Den kalten Magen erwärmets gar wol/
Drumb mans hiezu offt trincken soll.

Geistliche Bedeutung.

BEy diesem Alant Kraut vernem/
Was Nutze võ der Herrschafft käm/
Wann solche/wie die Kräuterlein/
Ihr Tugendt allweg liessen schein/
Der Alant wächßt stracks vber sich/
Also auch hie gemahnet mich
All Herrschafft auff der Erden schon/
Den jederman ist vnterthan/
Ihr Krafft vnd Stärck wächßt vber sich/
Wenn sie Gott förchtet stättiglich/
Vnd wirdt gezieret wie Alant/
Der allenthalben ist bekannt/
Viel Blätter auff der Erden hat/
Das sind die Vnterthanen glat/
Die werden feist vnd glat/ so bald
Die Herrschafft in dem Herrn wirt alt/

Daß sie erhalten vnd ernehrn
Ihr fromme Herrschafft mögen gern/
Vmb solchen Stengel wachsen her
Viel schöner Blätter/sind ein Ehr
Dem Alant Stengel also fein/
Viel schöner Räht vnd Amptleut seyn
Vmb fromme Herrschafft auch zu gleich/
Daß sie jhr zieren wol jr Reich/
Mit Kunst vnd Macht jhr stehen bey/
In Lieb vnd Leyd/das sag ich frey/
Als denn solch Scepter bleibet starck/
Im gantzen Landt vnd in der Marck/
Vnd bringt sein Blum gantz schön vñ fein/
Wie sie da an dem Alant seyn/
Zu öberst auff dem Stengelein
Da steht die schöne Blum so rein/
Mit jhrer rechten Goldtgelb Farb/
So der Regent groß Ehr erwarb/
Zu öberst in dem Reiche sein/
Vnd sonst bey jederman gemein/
Daß er da steht gleich wie ein Blum/
Mit schöner Tugendt geziert drumb/
Viel schöner denn das gelbe Goldt/
Drumb man jn billich soll seyn holdt/

Von

Von jhm fleußt her auch Krafft vñ Safft/
Den Vnterthanen Frieden schafft/
Sein gnädigs Hertz erzeiget jhn/
Gleich wie der Pelican fürhin/
Gott geb solchs Hertz der Obrigkeit/
Vnd bewahre sie für allem Leydt.

Storcken Schnabel.

SIRACH X.

Ein weiser Regent ist streng/ vnd wo ein verständig Obrigkeit ist/ da gehets ordentlich zu/ viel Tyrannen haben müssen hervnter auff die Erd sitzen / vnd ist dem die Kron auffgesetzt / auff den man nicht gedacht hett.

PROVERB. XVI.

Deß Königs Grim̃ ist ein Bott deß Todts / aber ein weiser Mann wirdt jn versöhnen/ vñ die so Gott förchten/ halten jhre Regenten in Ehren / darvmb behüt er sie/ ꝛc.

Leibliche Wirckung.

DEr Storckenschnabel bin genannt/
Den Artzten ziemlich wol bekannt/

Die

Die brauchen mich schier allezeit/ (da leit/
Wenn jemands Schwach vnd Kranck
Mit Grindt sein Haut beschweret wer/
Dem helffens mit mir vngefähr/
Fürn Rotlauff auch glaub sicherlich/
Die Leut gleichfalls gebrauchen mich/
Der Safft von mir vertreibt den Stein/
Dz Hertz auch stärckt/dz glüt macht rein/
Zur Rotenruhr es dienet wol/
Gepülvert mans eingeben soll/
Das Gesücht in Gliedern stillets bald/
Die Geschwulst vertreibets mannigfalt/
Solch Krafft auch gwiß das Wasser hat/
So man drauß brennt/darvon vergaht/
Manch Kränck im Leib genommen ein/
Zu einmal auff drey Quintelein.

Geistliche Wirckung.

DEr Storckenschnabel lehret dich/
Wie Obrigkeit soll halten sich/
Ob gleich der Storck hat hoch sein Nest/
In welchem er sitzt stät vnd fest/
Der Lieb zum Jungen nicht vergist/
Also man von der Herrschafft list/

Die

Die hat ihr Wohnung hoch vnd fest/
Die Vnterthan drumb nicht verläst/
Vnd wie der Storck das Landt macht rein
Von allem Gwürm da in gemein.
Also ein rechter fromb Regent
Sein Lieb zun Vnterthanen wendt.
Vnd helt fein rein das Lande sein/
Für bösen Buben in gemein/
Ja wie der Storck die Frösch auffhebt/
Also wirdt auch Mutwill gelegt/
Bey Vnterthanen sicherlich/
Die allzeit wöllen streuben sich/
Vnd widerstehn der Obrigkeit/
Den wirdt es warlich offtmals leydt/
Drumb wölln sie haben Rhu vnd Friedt/
So widerstrebens der Herrschafft nit/
Am Storck der Schnabel auch ist lang/
Drumb auch gering ist sein Gsang/
Doch wenn er damit klappert schnell/
Gar weit es laut vnd vberhell/
Also wenn auch die grosse Herrn
Jrn langē Mund thun auch auffsperrn/
So schalln jr Wort ins gantze Landt/
Vnd werden jederman bekannt/

Vnd

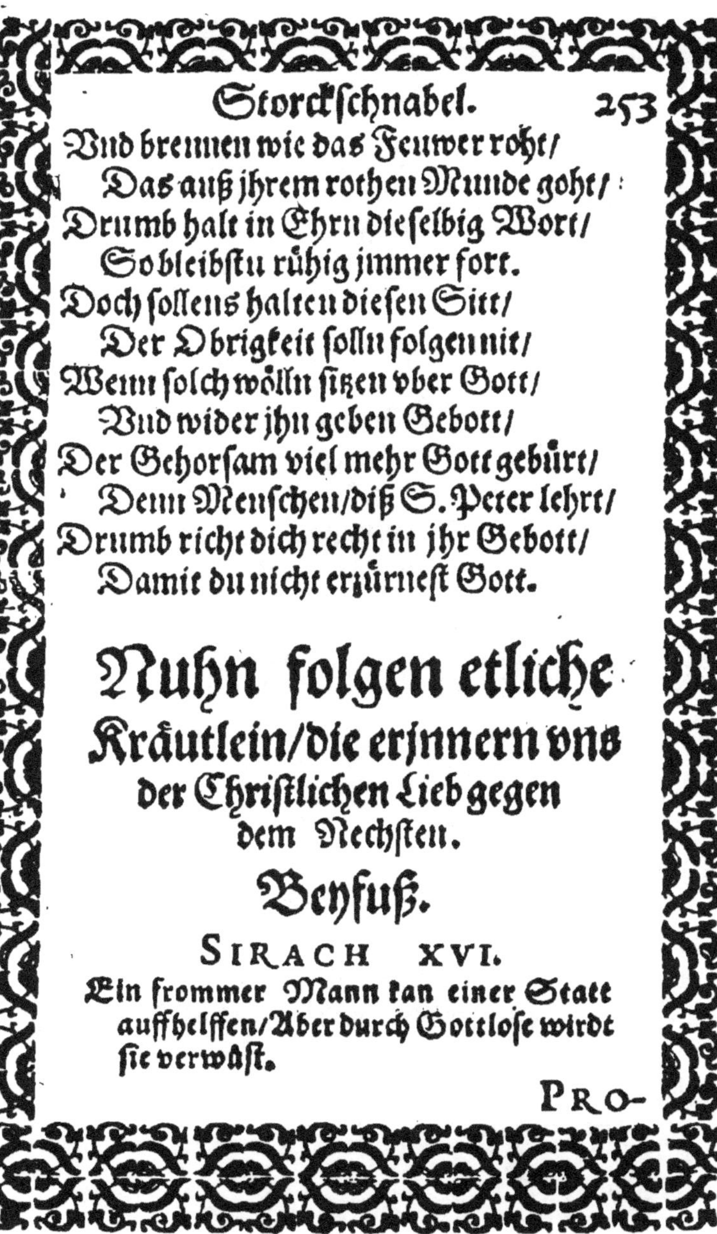

Vnd brennen wie das Feuwer roht/
Das auß jhrem rothen Munde goht/
Drumb halt in Ehrn dieselbig Wort/
So bleibstu rühig jmmer fort.
Doch sollens halten diesen Sitt/
Der Obrigkeit solln folgen nit/
Wenn solch wölln sitzen vber Gott/
Vnd wider jhn geben Gebott/
Der Gehorsam viel mehr Gott gebürt/
Denn Menschen/diß S. Peter lehrt/
Drumb richt dich recht in jhr Gebott/
Damit du nicht erzürnest Gott.

Nuhn folgen etliche Kräutlein/die erjnnern vns der Christlichen Lieb gegen dem Nechsten.

Beyfuß.

SIRACH XVI.

Ein frommer Mann kan einer Statt auffhelffen/Aber durch Gottlose wirdt sie verwüst.

PRO-

PROVERB. XIX.

Gut macht viel Freundt / Aber der Arm wirdt von seinen Freunden verlassen. Ein treuwer Nachbar ist besser in der nähe/denn ein Bruder in der ferr.

Leibliche Wirckung.

DEr Beyfuß ist ein nützlich Kraut/ (Haut/
Beyde in dein Leib vnd auff der
Wer auff der Reyß vermüdet wer/
Der brauch zum Füssen Beyfuß sehr/
Die Füß der Pferdt bequemlich sind/
Die können lauffen mächtig schwindt/
Fürs Gespänst die alten Weiberlein
Den Beyfuß hencken hin zum Schein/
Der Zauberey soll widerstehn/
Mit Aberglauben sie vmbgehn/
Den Weibern auch bringts jhre Zeit/
Die Kindbetterin auch hoch erfrewt/
Vnd wenn sie sind in der Geburt/
Der Beyfuß warm auff d'Weich gehört/
Das treibt die Frucht bald an das Liecht/
Wenn mans so bindt auff jhr dicht/

Doch

Doch wann das Kindt geboren ist/
Von stund soll mans abthun/das wißt/
Für

Für rasende Thier Gbiß der Safft
Getruncken ein/bringt grosse Krafft/
Der Beyfuß gesotten wol in Wein/
Den trinck/ das soll ein Hülffe seyn.
Zur todten Geburt vnd Menschen Harn/
Bey vielen Menschen ist erfahrn/.
Fürn Husten trincks/ demselben wehrt
Mit Honig gesotten/ist bewehrt/
Die Niern vnd Blasen säubert wol/
Drumb in der Not mans brauchen soll.

Geistliche Bedeutung.

BEy diesem Beyfuß mag man lern/
Dz ein jeder dem andern diene gern/
Mit Händ vnd Füssen stehe bey/
Vnd wie er kan auff mancherley/
Also vns Christus all verbindt/
Daß eins dem andern sey gedient/
Ein ander auch die Liebe beweiß/
Lehrt vns Christus mit gantzem Fleiß/
S. Paulus ein Exempel nimpt/
Von vnsern Gliedern/sich wol zimpt/
Daß wir dergleichen sollen sein/
Wie Glieder/all vereiniget seyn/

Eins

Eins bey das ander stelln ein Fliß/
In Lieb vnd Leydt also seyn muß/
Insonderheit die Eheleut zwar/
Also einander verpflicht seyn gar/
Ein ander stehen trewlich bey/
Kein Hadder vnter jhnen sey/
So gibt Gott Glück vnd Heyl darzu/
Daß sichs ernehren mit guter Rhu/
Vnd könn Gott dienen auch zugleich/
Viel besser dann kein Mönch im Reich/
Diß Lehr gibt vns Beyfuß allhie/
Wer solches hett betrachtet nie/
Der faß es jetzt vnd lehrn es wol/
So wirdt er schöner Tugendt voll/
Gott vnd den Menschen wol gefellt/
Vnd schickt sich gar wol in die Welt.

Vergiß mein nicht.

SIRACH XXXVI.

Vergiß deins Freundts nicht wenn du frölich bist/ vnd gedenck an jhn/ wenn du Reich wirst.

PROVERB. III.

Mein Kindt vergiß meins Gesetzs nit/

vnd dein Hertz behalt mein Gebott/ denn sie werden dir langes Leben/vnd gute Jahr vnd Frieden bringen.

Leibliche Wirckung.

WOzu diß Kräutlein nütz vnd
dien/
Vñ was es vns bring für gwin/
Die

Die Artzt nicht schreiben viel davon/
Die Weiber fast damit vmbgohn/
Zur Bulschafft gebens vielen eyn/
Weiß nicht obs alles wahr soll seyn/
Viel Weiber haben solchen Sitt/
Die Jugendt so gewähren mit/
Vnd treiben damit Fantasey/
Verführen die Jugendt mancherley/
Biß sies verkuppeln eben recht/
Zusammen bringen Mägd vnd Knecht/
Denn kompt der Reuwling naher bald/
Vnd folgt die Straff auch manigfalt/
Sonst pflegt man gmeinlich dieses Kraut
Zu legen auff die gschwollen Haut/
Die harten Knoln vnd Beulen soll
Diß Kräutlein bald zertheilen wol.

Geistliche Bedeutung.

DEr Nam diß Kräutleins solle dich
Allzeit erinnern fleissiglich/
Der Lieb vnd Treuw zum Nechsten dein/
Daß jedes soll gesinnet seyn/
Wie Christus ware also rein/
Gegen allen Menschen in gemein/

Vergaß der Armen Sünder nicht/
Sein Hertz er zu vns allein richt/
Also wir Menschen allesampt
Ein jeder da in seinem Standt/
Die Lieb vnd auch Barmhertzigkeit
Jederm zu zeigen sey bereit/
Der Armen er vergesse nicht/
Sonst wie der Reich Mañ wirt gericht/
In Wollust Lazari vergaß
Für seiner Thür/ so mercket das/
Wer erlangen wil Barmhertzigkeit/
Verwahren sich für grossem Leydt/
Den lehrt diß Kraut Vergiß mein nicht
Dein Hertz mit Lieb sey abgericht/
In Ehrn vnd Züchten allezeit/
Bey allen Menschen breit vnd weit.

Wegerich.

SIRACH X.

Du solt niemandt rühmen vmb seines grossen Ansehens willen / noch jemandts verachten vmb seines geringen Ansehens willen / denn die Bien ist ein klein Vögelein/ vnd gibt doch die aller süssesste Frucht.

Leibliche Wirckung.

DJß Kraut allweg an Wegen steht/
Drum jederman darüber geht/
Sein Krafft vnd Tugendt beutes an/
Mit seiner Wirckung jederman/
Zur Kühlung allwegen ist geneigt/
Wie mancher Artzt solchs hat gezeigt/
Die Hitz in Augen fein vertreibt/
Wenn mans mit seinem Saffte reibt/
Das wilde Feuwer vnd Gschwulst
Es lescht/ dazu es brauchen solst/
Wer blut harmt/ truck auß diesen Safft/
Mit Essig misch/ gar bald abschafft/
Das Ohrenweh auch ziemlich stilt/
Der Safft damit die Ohrn gfüllt/
Groß Wegerich Blätter gesotten wol/
Mit Essig/ Saltz/ mans essen soll/
Für Roteruhr/ es stopffet lindt/
Vnd gar bald solche Schwachheit nimt/
Die Hundsbiß heylts/ vñ Gschwulst treibt weg/
Mit Thüchern den Safft auffgelegt/
Die

Die Wurtz vertreibt das Zanweh bald/
So mans gebraucht in rechter Gstalt/
Für rasendt Hundts biß dienets wol/
Drumb mans in die Wunden legen soll/
Das Kraut gesotten wol in Wein/
Eröffnet Miltz vnd Leber fein/
Zur Brust der Weiber vnd Geschwer/
Diß Kraut man braucht mit vngefähr/
Das Wegerich Wasser viertzig Tag
Solt trincken/hör was ich dir sag/
Die Wassersucht vnd Lungen Gschwer
Vertreibets fein/das ist kein Mähr/
Fürs Feber trincks auff vier Lot/
Der Safft getruncken/stilt den Sodt/
Treibt auß die Secundin fürwar/
Heylt alle hitzige Schäden gar.

Geistliche Bedeutung.

DIe Gstalt deß Kräutleins Wegerich
Gar schön vnd wol erjnnert dich/
Mit seiner Krafft vnd Tugendt groß/
Das niemandt werd erfunden bloß
An guten Wercken/Tugendt schon/
Denn solchs gibt sonst ein bösen Lohn/

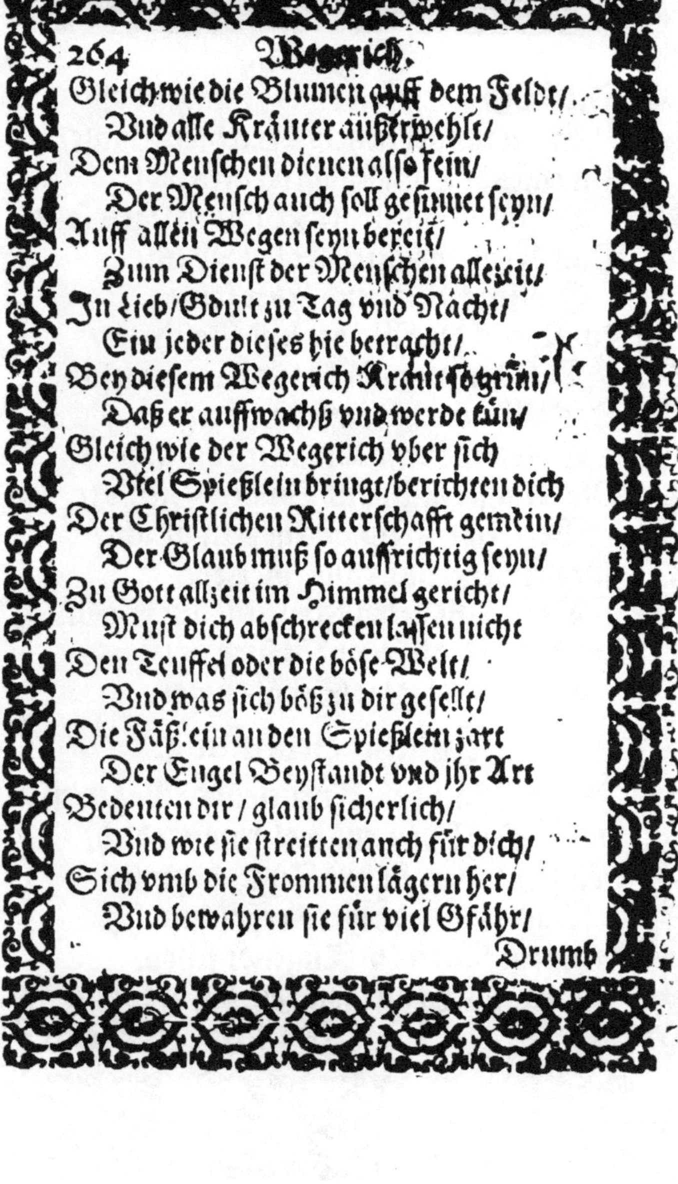

Gleich wie die Blumen auff dem Feldt/
Vnd alle Kräuter außerwehlt/
Dem Menschen dienen also fein/
Der Mensch auch soll gesinnet seyn/
Auff allen Wegen seyn bereit/
Zum Dienst der Menschen allezeit/
In Lieb/Gdult zu Tag vnd Nacht/
Ein jeder dieses hie betracht/
Bey diesem Wegerich Kraut so grün/
Daß er auffwachß vnd werde kün/
Gleich wie der Wegerich vber sich
Viel Spießlein bringt/berichten dich
Der Christlichen Ritterschafft gemein/
Der Glaub muß so auffrichtig seyn/
Zu Gott allzeit im Himmel gericht/
Must dich abschrecken lassen nicht
Den Teuffel oder die böse Welt/
Vnd was sich böß zu dir gesellt/
Die Fäßlein an den Spießlein zart
Der Engel Beystandt vnd jhr Art
Bedeuten dir / glaub sicherlich/
Vnd wie sie streitten auch für dich/
Sich vmb die Frommen lägern her/
Vnd bewahren sie für viel Gfähr/

Drumb

Drumb wer der Engel Schutz begert/
Im Glauben bleib er wol bewehrt/
Hab Gott für Augen allezeit/
So kompt er endlich durch viel Streit
Zu Christo in sein Herrligkeit/
Die immerwährt in Ewigkeit.

Folgen nuhn etliche Kräuter / die geben vns zu erkennen die Eigenschafft vnd Natur der Gottlosen Heuchler in der Welt.

Zwiebel.

SIRACH XXII.

Wenn man einem das Auge truckt / so gehn Thrän herauß / vnd wenn man einem das Hertz trifft / so läst er sich mercken.

Es ist mancher scharpffsinniger/vnd doch ein Schalck / derselb Schalck kan den Kopff hengen / vñ ernst sehen/vnd ist doch eitel Betrug / 2c. Syrach 19.

Leibliche Würckung.

DIe Zwiebel ist fast wol bekannt/
Fast allenthalb in allem Lande/
Wiewol sie ist scharpffer Natur/
Dennoch braucht man sie für vnd für/
In der Küchen vnd auch Artzeney/
Da braucht man sie zu mancherley/
Fürn bösen Lufft mans zu essen pflegt/
Wenn sich derselbig hat erregt/
Kein Gauß noch Han gebraten wirdt/
Darinn man nicht auch Zwiebel spürt/
Der Koch braucht sie auff viele Weiß/
Zu dieser vnd zu jener Speiß/

Deß

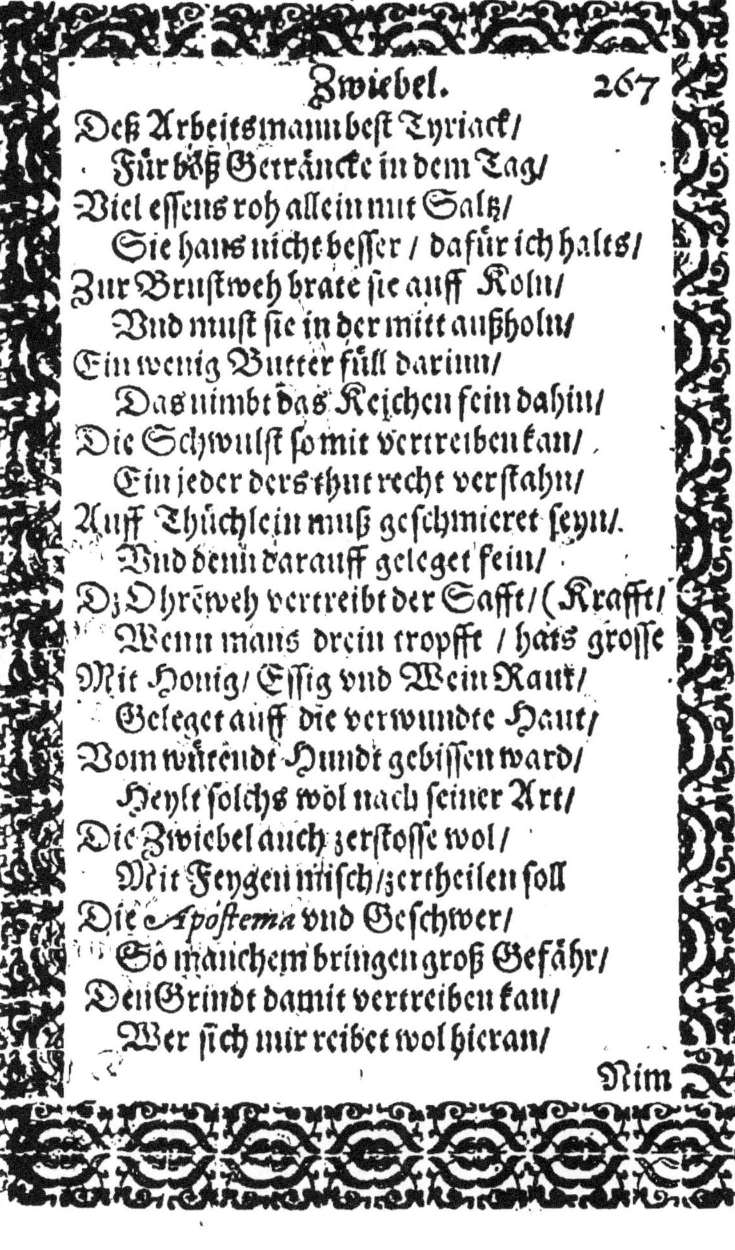

Deß Arbeitsmann best Tyriack/
Für böß Geträncke in dem Tag/
Viel essens roh allein mit Saltz/
Sie hans nicht besser / dafür ich halts/
Zur Brustweh brate sie auff Koln/
Vnd must sie in der mitt außholn/
Ein wenig Butter füll darinn/
Das nimbt das Keichen fein dahin/
Die Schwulst so mit vertreiben kan/
Ein jeder ders thut recht verstahn/
Auff Thüchlein muß geschmieret seyn/
Vnd denn darauff geleget fein/
Dz Ohrẽweh vertreibt der Safft/ (Krafft/
Wenn mans drein tropfft / hats grosse
Mit Honig/ Essig vnd Wein Raut/
Geleget auff die verwundte Haut/
Vom wütendt Hundt gebissen ward/
Heylt solchs wol nach seiner Art/
Die Zwiebel auch zerstosse wol/
Mit Feygen misch/zertheilen soll
Die *Apostema* vnd Geschwer/
So manchem bringen groß Gefähr/
Den Grindt damit vertreiben kan/
Wer sich mir reibet wol hieran/

Nim

Nim Zwiebel/Speck vnd Lorbern reyn/
Mit Quecksilber getödtet fein/
Das misch zusammen/brauchs zur Noth/
Deß Wassers trinck auch auff zwey Lot/
Das treibt die Spülwürm auß dem Leib/
Es sey an Männern oder Weib/
Fürs Zanweh brauchens etlich auch/
Solch Tugendt zwar hat auch der Lauch.

Geistliche Wirckung.

WIewol der Zwiebel niemandt gern
In seinem Hause thut entbern/
Vnd auch der Artzt der brauchet sehr/
So bringts den Augen doch Gefähr/
Der Geruch auch gantz vnlieblich ist/
Vnd schadt dem Häupt/ wie jr wol wißt/
Drumb kan man mercken wol hiebey/
Was Heuchler Art vnd Natur sey/
Von aussen schein gantz lieblich seyn/
Im Hertzen aber sinds vnrein/
Im Hertzen steckens voller Neidt/
Voll arger Tück vnd viel Boßheit/
Einfältig sind sie anzusehn/
Vnd können gute Wort gebn/

Biß

Biß man jhn recht greifft zu der Haut/
Denn gibt sein Gruch das scharffe Kraut/
Daß Hertz vnd Augen werdn betrübt
Von jhnen/ wenn man sie so vbt/
Denn spürt man jhr Einfältigkeit/
Wie Zwiebel Häut auff einander gelegt/
Neunhäutig sinds/ das Sprichwort laut/
So manche List steckt in der Haut/
Der Stengel hol ist wie ein Pfeiff/
Wenn er nun recht ist worden reiff/
Also der Heuchler brist sich auff/
Solchs ist bey jhn der gemeine Lauff/
Mit hohen Worten thut herfür/
Vnd ist doch nichts denn lehres Röhr/
Gleich wie da auch auff den Stengeln stehe
Ein krauser Kopff der Same auffgeht/
Also jhrn Kopff erhebens hoch/
Gantz prächtig/ stincken aber doch/
Gleich wie das Zwiebel Häupt fürwar/
An jn ist nicht ein gutes Haar/
So sind groß Prächter in der Welt/
Gleich wie die Zwiebel fürgestellt/
Dabey magst lehrnen jhre Art
Jetzunder hie zu dieser Fahrt/

Solch

Solch Art wärlich verdrießlich ist/
Hüt dich für jhnen wer du bist.

Knoblauch.

SIRACH XII.

Wer Bech angreifft/der besudelt sich damit/vnd wer sich geselle zu Hoffertigen/der lernet Hoffart. Es ist eben als wenn sich der Wolff zum Schaf gesellt/wenn ein Gottloser sich zu Frommen gesellt.

Leibliche Wirckung.

HJE abermals ein Kräutlein stehet/
Weiß ist/der so sein Krafft versteht/
Sein Krafft ist fast der Zwiebel gleich/
Drumb brauchets auch der Arm vnd Reich/
Zur Artzeney verschmähe es nicht/
Denn hievon geb ich dir Bericht/
Wenn man es braucht also gemein/
Im Essen machts das Blut vnrein/

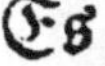

Es

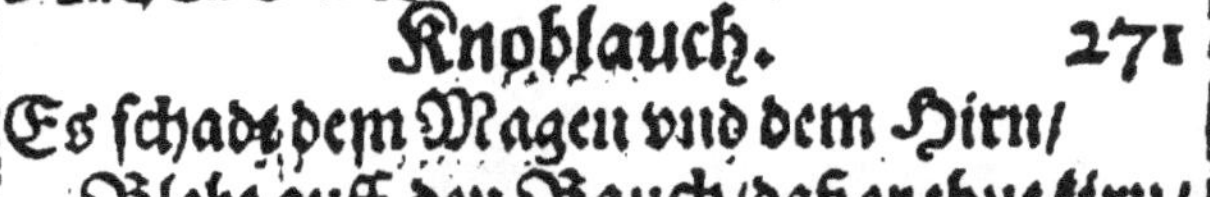

Es schadt dem Magen vnd dem Hirn/
Bleht auff den Bauch/daß er thut kirn/

Drumb in dem Leib brauchs nicht zu sehr/
Es möcht dir bringen groß Gfähr/
Von aussen aber mag mans wol
Gebrauchen recht/wie das seyn soll/
Mit Saltz vermisch den Knoblauch fein
Gestossen/streichs auff Thüchelein/
Das truckt bald nider die Gschwulst/
Wo du den Gruch erleiden wolst/
Das gebrannte Wasser nemme in/
Fürs Krimmen/Würm vnd auch für grien/

Mit

Mit Thüchlein magst es schlagen auff/
Das geroñen Blut zertheilt sich drauff/
Auff vier Loth getruncken ein/ (Stein/
Dem Blutspieg wehrt/ zerbricht den
Mit Baumwoll in die Naß gethan/
Das bluten stilts vnd hilfft darvon/
Dz Haupt mit Knoblauch wolgeschmiert/
Tödt Läuß vnd Niß/ ist offt probiert/
Es heilt den Grindt vnd Aussatz rein/
Deß Magẽs Feuchtung benim̃es gmein/
Den Knoblauch käuw zu Morgens früe/
Behüt für bösem Lufft vnd Vich/
Drumb wirts der Bawern Tiriack gneñt/
Weil sie es brauchen so behendt/
Doch wer seins Leibs auch schonen wil/
Der eß deß Knoblauchs nicht zu viel/
Dan Husten man davon bekömpt/
Drumb dir es nicht zuviel gezimpt/
Du wirst dich auch kaum halten wol/
Wann du bist saures Knoblauchs voll/
Die Lufft wirdt dir bißweiln entgehn/
Wenn du wirst bey den Mägdlein stehn/
Vnd bist bey jhn kein werther Gast/
Wenn du viel Knoblauch fressen hast/

Drumb

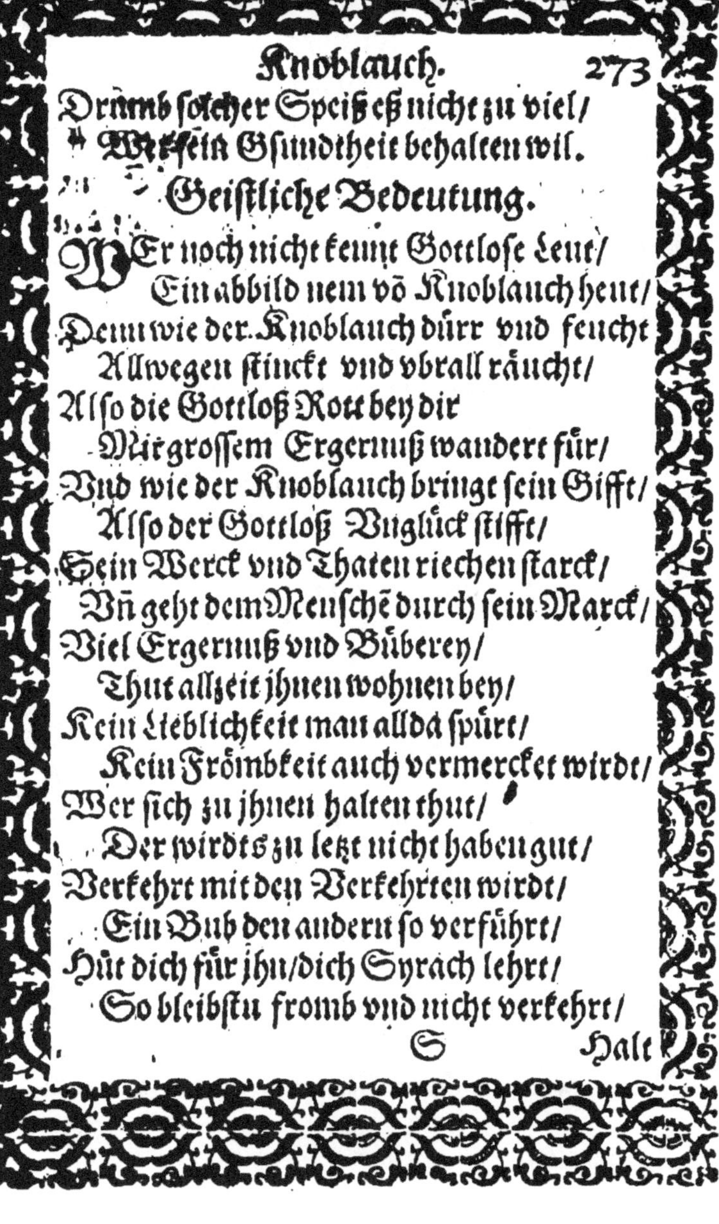

Drumb solcher Speiß eß nicht zu viel/
Wer sein Gsundtheit behalten will.

Geistliche Bedeutung.

WEr noch nicht kennt Gottlose Leut/
Ein abbild nem võ Knoblauch heut/
Denn wie der Knoblauch dürr vnd feucht
Allwegen stinckt vnd vbrall räucht/
Also die Gottloß Rott bey dir
Mit grossem Ergernuß wandert für/
Vnd wie der Knoblauch bringt sein Gifft/
Also der Gottloß Vnglück stifft/
Sein Werck vnd Thaten riechen starck/
Vñ geht dem Menschẽ durch sein Marck/
Viel Ergernuß vnd Büberey/
Thut allzeit jhnen wohnen bey/
Kein Lieblichkeit man allda spürt/
Kein Frömbkeit auch vermercket wirdt/
Wer sich zu jhnen halten thut/
Der wirdts zu letzt nicht haben gut/
Verkehrt mit den Verkehrten wirdt/
Ein Bub den andern so verführt/
Hüt dich für jhn/dich Syrach lehrt/
So bleibstu fromb vnd nicht verkehrt/

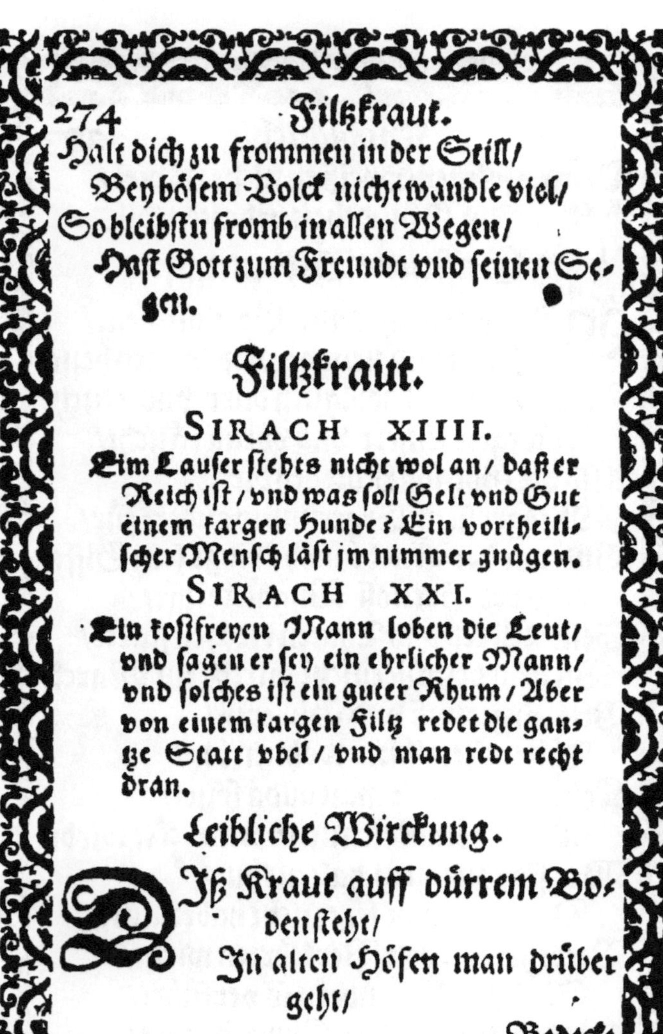

Halt dich zu frommen in der Still/
Bey bösem Volck nicht wandle viel/
So bleibstu fromb in allen Wegen/
Hast Gott zum Freundt vnd seinen Segen.

Filtzkraut.

SIRACH XIIII.

Eim Lauser stehts nicht wol an/ daß er Reich ist/ vnd was soll Gelt vnd Gut einem kargen Hunde? Ein vortheillischer Mensch läst jm nimmer gnügen.

SIRACH XXI.

Ein kostfreyen Mann loben die Leut/ vnd sagen er sey ein ehrlicher Mann/ vnd solches ist ein guter Rhum/ Aber von einem kargen Filtz redet die gantze Statt vbel/ vnd man redt recht dran.

Leibliche Wirckung.

Diß Kraut auff dürrem Boden steht/
In alten Höfen man drüber geht/

Bedeckt

Bedeckt die Erden wie ein Hut/
Auff der Erden vmbher kriechen thut/
Hängt an einander wie ein Filtz/
Das Nasen bluten stopfft vnd stilts/
Die blauwen Mahlen an dem Leib
Mit diesem Wasser bald vertreib/
Auch Schwern vnd Beulen heylets fein/
Wenn man es seudt in Wasser reyn/
Oder zerknirsch es ziemlich wol/
Die Gruse man drauff legen soll/
Zur Serigkeit heimlicher Ort
Mag man es brauchen/ auch so fort
Für Feigswartz / auch die Fäul im Mund
Das Filtzkraut Wasser heylt zur stund/
Vertreibt die Läuß vnd böse Flüß/
Zur Blutstillung soll seyn gwiß/
Mit Oel vermischt vnd Terpetein/
Dazu nim Pulver von Weinstein/
Die grindig Haut bestreiche wol
Damit/ gwißlich helffen soll/
In Wein gesotten vnd auffgelegt/
Der Rückwehthumb davon vergeht/
Vnd bringt den Frauwen jhre Zeit/
Also gelegt auff die lincke Seit.

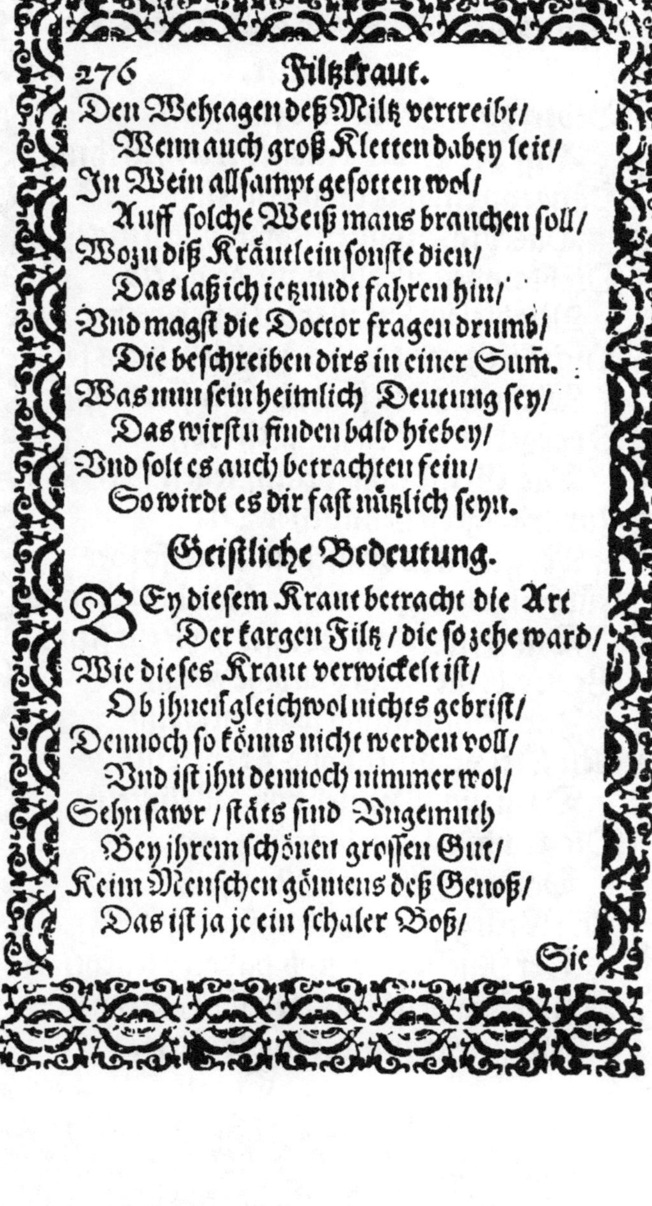

Den Wehtagen deß Miltz vertreibt/
Wenn auch groß Kletten dabey leit/
In Wein allsampt gesotten wol/
Auff solche Weiß mans brauchen soll/
Wozu diß Kräutlein sonste dien/
Das laß ich ietzundt fahren hin/
Vnd magst die Doctor fragen drumb/
Die beschreiben dirs in einer Sum̄.
Was nun sein heimlich Deutung sey/
Das wirstu finden bald hiebey/
Vnd solt es auch betrachten fein/
So wirdt es dir fast nützlich seyn.

Geistliche Bedeutung.

BEy diesem Kraut betracht die Art
Der kargen Filtz / die so zehe ward/
Wie dieses Kraut verwickelt ist/
Ob jhnen gleichwol nichts gebrist/
Dennoch so könns nicht werden voll/
Vnd ist jhn dennoch nimmer wol/
Sehn sawr / stäts sind Vngemuth
Bey jhrem schönen grossen Gut/
Keim Menschen gönnens deß Genoß/
Das ist ja je ein schaler Boß/

Sie

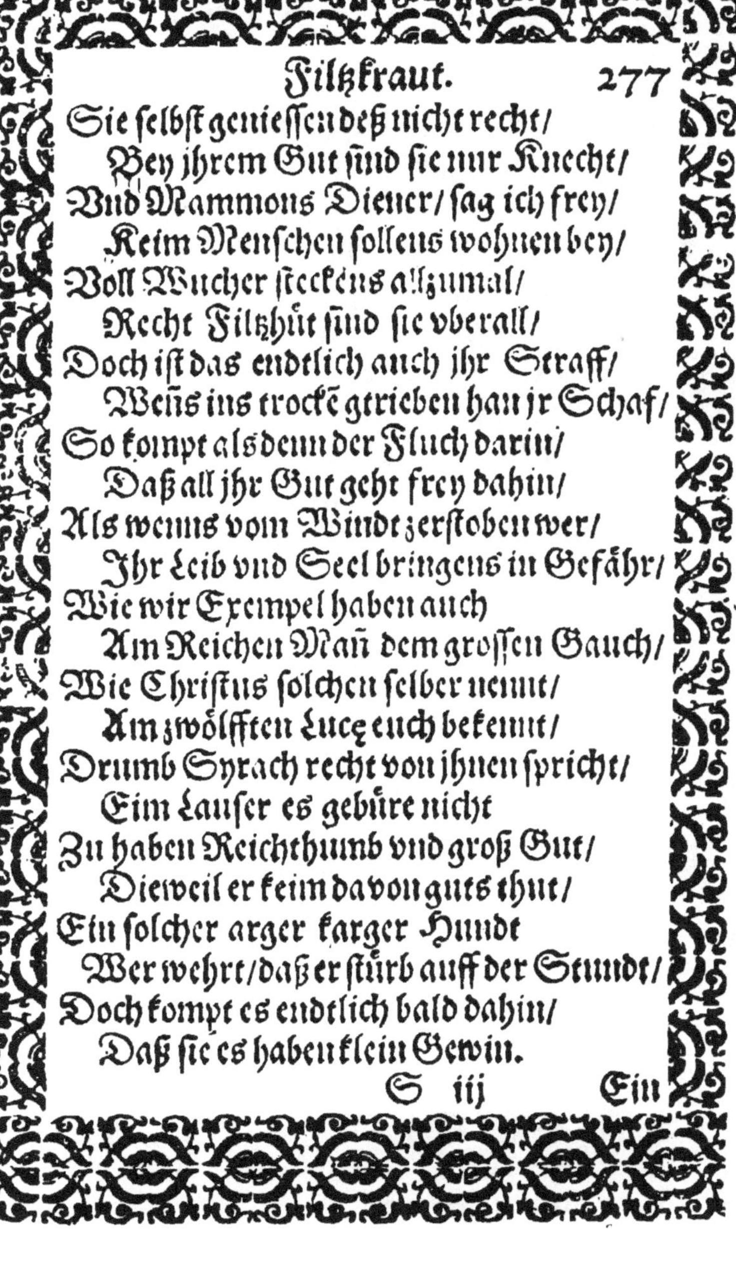

Sie selbst geniessen deß nicht recht/
Bey jhrem Gut sind sie nur Knecht/
Vnd Mammons Diener/ sag ich frey/
Keim Menschen sollens wohnen bey/
Voll Wucher steckens allzumal/
Recht Filtzhüt sind sie vberall/
Doch ist das endtlich auch jhr Straff/
Wens ins trockē getrieben han jr Schaf/
So kompt alsdenn der Fluch darin/
Daß all jhr Gut geht frey dahin/
Als wenns vom Windt zerstoben wer/
Jhr Leib vnd Seel bringens in Gefähr/
Wie wir Exempel haben auch
Am Reichen Mañ dem grossen Gauch/
Wie Christus solchen selber nennt/
Am zwölfften Lucę euch bekennt/
Drumb Syrach recht von jhnen spricht/
Eim Lauser es gebüre nicht
Zu haben Reichthumb vnd groß Gut/
Dieweil er keim davon guts thut/
Ein solcher arger karger Hundt
Wer wehrt/ daß er stürb auff der Stundt/
Doch kompt es endtlich bald dahin/
Daß sie es haben klein Gewin.

Ein Spahrer ein Verzehrer hat/
Das sihet man offt in mancher Statt/
Was ein Spahrer lang gesamlet in/
Das verzehrt ein ander bald dahin/
Das ist der Reichen Filtzen Straff/
Mit Wucher brechen sie jhrn Schlaff/
Vnd wies auffs thewerst Korn vnd Wein
Verkauffen mögen vnd Reich seyn/
Keim Armen gönns kein Bissen Brodt/
Drumb muß sie straffen also Gott/
Vnd wenn sie thun kein wahre Buß/
Zu letzt der Teuffel sie holen muß.

Nun

Nuhn folgen etliche Kräuter / die erinnern alle Menschen der Sterblichkeit / vnd vermahnen sie zu der Demut.

Graß.

PSAL. CIII.

Ein Mensch ist in seinem Leben wie Graß / er blühet wie ein Blum auff dem Feldt / wenn der Windt drüber gehet / so ist sie nimmer da / vnd jr stätte kennt sie nit mehr / Die Gnad aber deß HERRN währt von Ewigkeit zu Ewigkeit / vber die so jhn förchten.

Leibliche Wirckung.

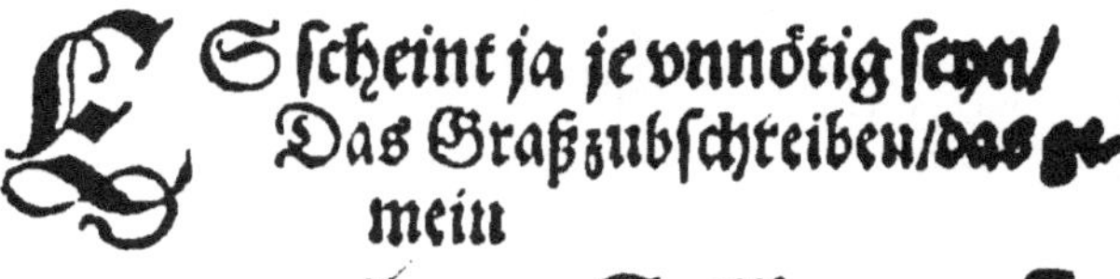

ES scheint ja je vnnötig seyn / Das Graß zubschreiben / das gemein

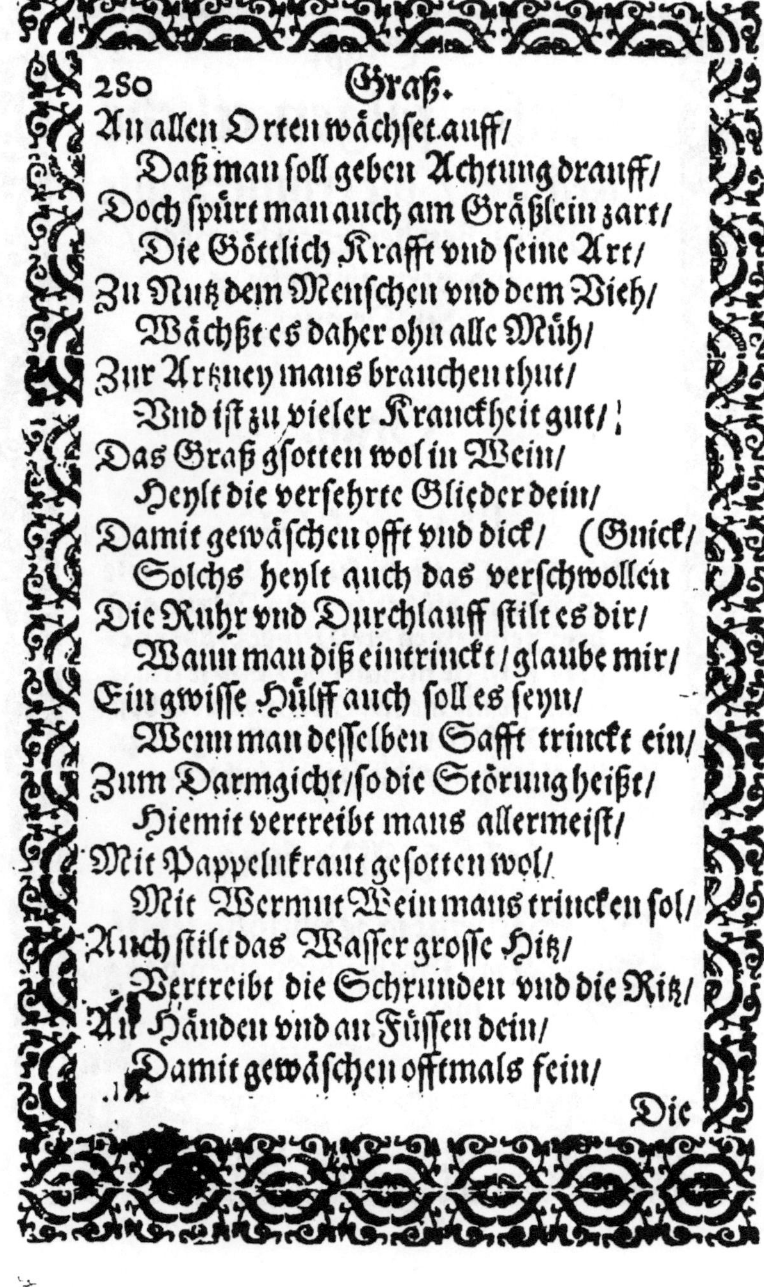

An allen Orten wächset auff/
Daß man soll geben Achtung drauff/
Doch spürt man auch am Gräßlein zart/
Die Göttlich Krafft vnd seine Art/
Zu Nutz dem Menschen vnd dem Vieh/
Wächßt es daher ohn alle Müh/
Zur Artzney mans brauchen thut/
Vnd ist zu vieler Kranckheit gut/
Das Graß gsotten wol in Wein/
Heylt die versehrte Glieder dein/
Damit gewäschen offt vnd dick/ (Gnick/
Solchs heylt auch das verschwollen
Die Ruhr vnd Durchlauff stilt es dir/
Wann man diß eintrinckt/glaube mir/
Ein gwisse Hülff auch soll es seyn/
Wenn man desselben Safft trinckt ein/
Zum Darmgicht/so die Störung heißt/
Hiemit vertreibt mans allermeist/
Mit Pappelnkraut gesotten wol/
Mit Wermut Wein mans trincken sol/
Auch stilt das Wasser grosse Hitz/
Vertreibt die Schrunden vnd die Ritz/
An Händen vnd an Füssen dein/
Damit gewäschen offtmals fein/

Die

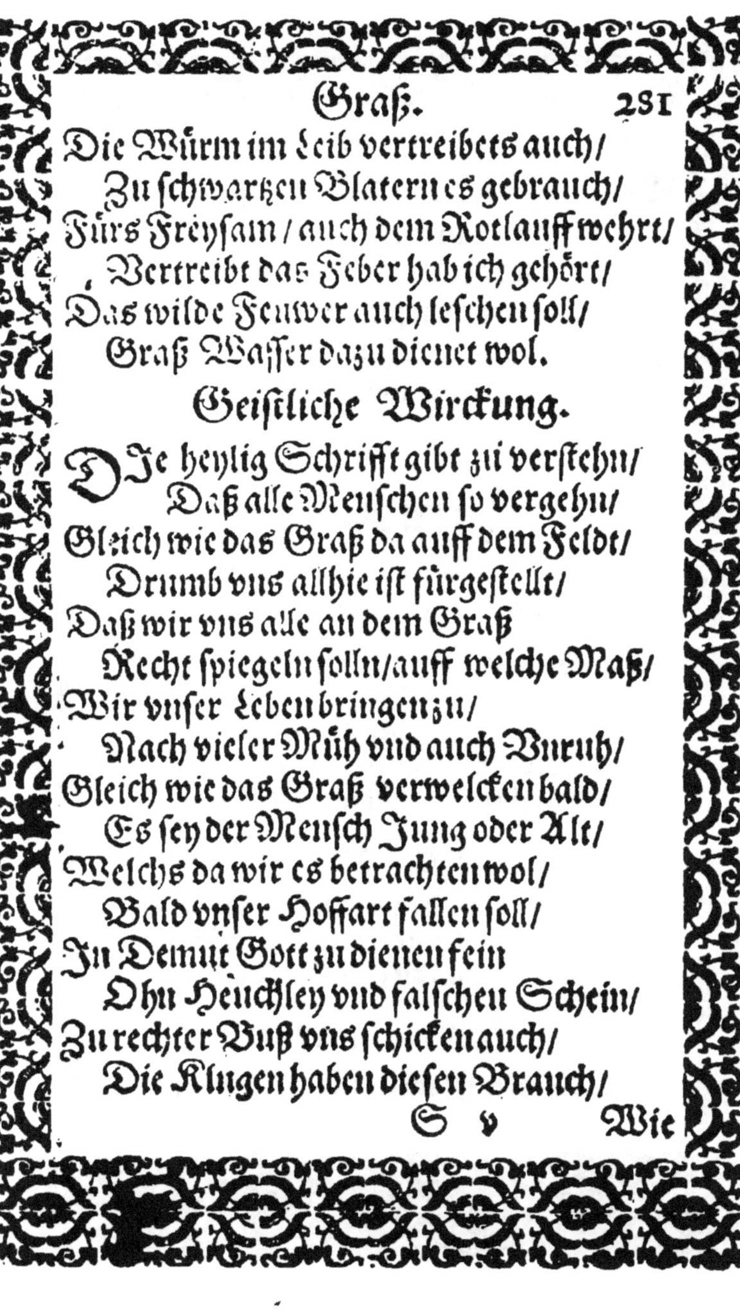

Die Würm im Leib vertreibets auch/
Zu schwartzen Blatern es gebrauch/
Fürs Freysam / auch dem Rotlauff wehrt/
Vertreibt das Feber hab ich gehört/
Das wilde Feuwer auch leschen soll/
Graß Wasser dazu dienet wol.

Geistliche Wirckung.

DJe heylig Schrifft gibt zu verstehn/
Daß alle Menschen so vergehn/
Gleich wie das Graß da auff dem Feldt/
Drumb vns allhie ist fürgestellt/
Daß wir vns alle an dem Graß
Recht spiegeln solln/auff welche Maß/
Wir vnser Leben bringen zu/
Nach vieler Müh vnd auch Vnruh/
Gleich wie das Graß verwelcken bald/
Es sey der Mensch Jung oder Alt/
Welchs da wir es betrachten wol/
Bald vnser Hoffart fallen soll/
In Demut Gott zu dienen fein
Ohn Heuchley vnd falschen Schein/
Zu rechter Buß vns schicken auch/
Die Klugen haben diesen Brauch/

Wie Moses lehrt in seinem Psalm/
Daß wir nicht wie Gottlose falln/
Die nimmer dencken an das Endt/
Drumb werden solche gar behendt/
Gleich wie das Graß abgehauwen sein/
Gestürtzet in die ewig Pein.

Narrn Kolben.

SIRACH XXXIII.

Deß Narrn Hertz ist wie ein Radt am Wagen / vnd sein Gedancken lauffen vmb wie die Nabe. Die Narrn haben jhr Hertz im Maul / Aber die Weisen haben jhrn Mundt im Hertzen.

LVC. XII.

Du Narr / diß Nacht wirdt man deine Seele von dir nemmen / Weß wirdt denn seyn / das du gesamlet hast?

PSAL. XIIII.

Die Thoren sprechen in jhrem Hertzen:

Es

Es ist kein Gott / sie tügen nichts / vnnd sind ein Grewel mit jhrem Wesen.

Leibliche Wirckung.

DJß Kraut mit seinen Kolben hoch
Keim Artzt bezahlet das Geloch/
Denn langsam kompts zur Artzeney/
Drumb steht es in den Weyern frey/
Die Kinder treiben Kurtzweil mit/
Wenn sies bekommen / ist jhr Sitt/
Man wil sonst daß die Auglein klein/
Von dieser Wurtzel gut solln seyn/
Die Dorn vnd Spreussen zuziehn auß
Deß Menschen Leibe / zuvorauß/
Den Brandt es auch soll leschen wol/
Mit altem Schmer mans mischen soll/
Die ander Tugendt sind gering/
Denn daß man sie wie alle Ding/
So Gott erschuff bald in der Welt/
Der Gstalt allzeit für Augen helt/

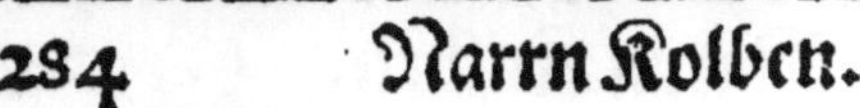

Daß man erkenn da Gottes Krafft/
So alle Ding so herrlich schafft/

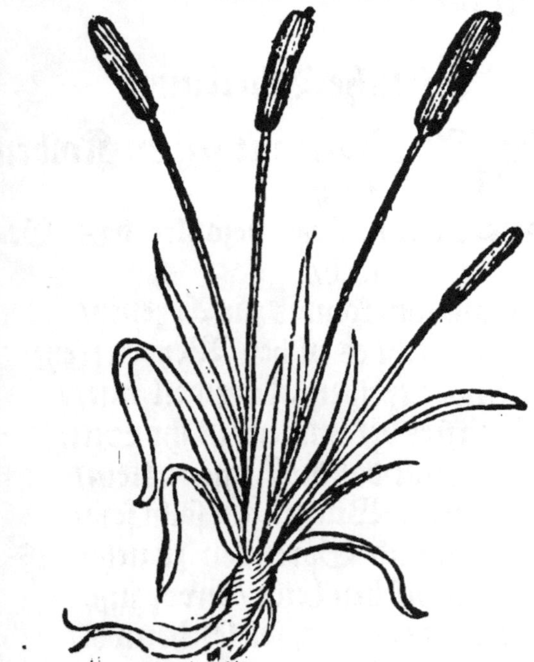

Damit die Welt gezieret wirdt/
Ein jeden zu Verwunderung führt/
Vnd Gott zu loben fein vermahnt/
Daß er auff Erden solche fandt.

Geistliche Bedeutung.

WIewol der Kolben Tugent ring/
Doch auch damit dich dahin bring/
Zu dencken an dein letzt Hinfahrt/
Der nie kein Mensch erlediget ward/
Denn wie die Kolben hoch vnd schon/
Vor jederman in Brüchen stohn/
Doch wenn sie werden gäntzlich reiff/
Wie Sammet man sie ane greiff/
Denn stehns ein weil vnd scheinen schön/
Biß daß ein Windt thut drüber gehn/
So fährt die schwartze Woll darvon/
Vnd bleibt der Stengel kahle stohn/
Also der Mensch ist erstlich Jung/
Vnd kan thun manchen hohen Spring/
Ist frewdig/schön vnd wolgestalt/
So bald er anfaht werden alt/
Vnd raucher Windt jhn vbergeht/
So endert er sich auff der stätt/
Alle schön vnd Zier fällt bald dahin/
Ein kaler Kopff wirdt sein Gwin/
Drumb denck hiebey / wie niemandt sey/
Für solchem Vnfall allzeit frey/

Auff

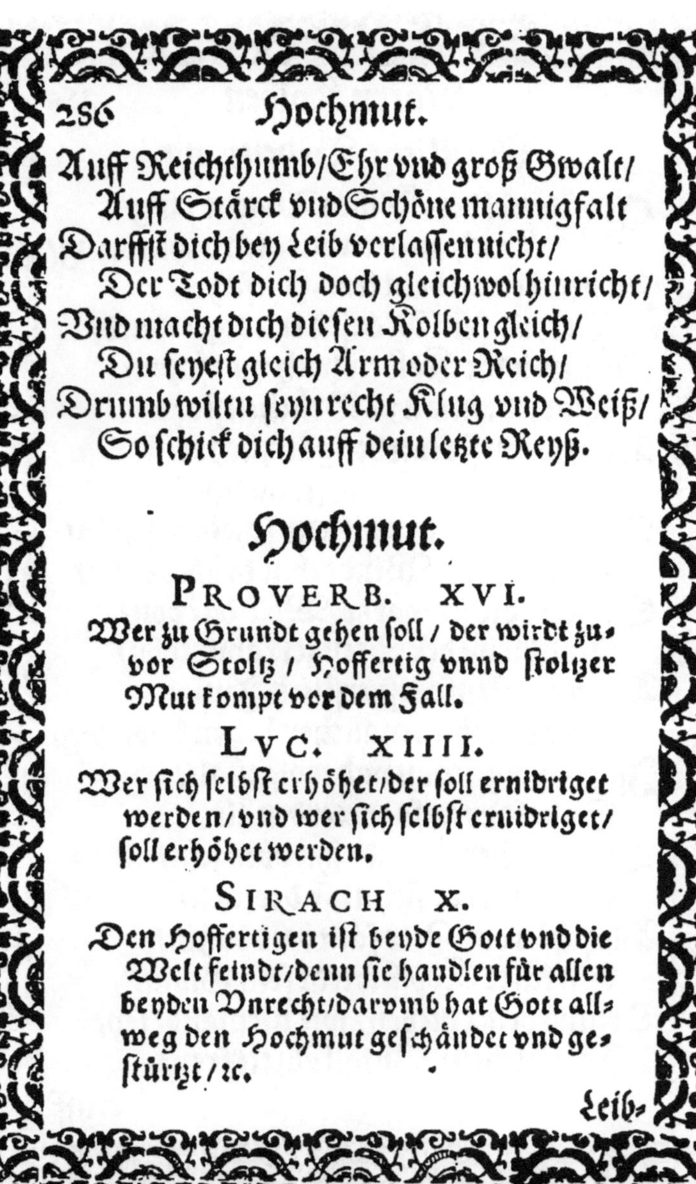

Auff Reichthumb/Ehr vnd groß Gwalt/
Auff Stärck vnd Schöne mannigfalt
Darffst dich bey Leib verlassen nicht/
Der Todt dich doch gleichwol hinricht/
Vnd macht dich diesen Kolben gleich/
Du seyest gleich Arm oder Reich/
Drumb wiltu seyn recht Klug vnd Weiß/
So schick dich auff dein letzte Reyß.

Hochmut.

PROVERB. XVI.

Wer zu Grundt gehen soll / der wirdt zuvor Stoltz / Hoffertig vnnd stoltzer Mut kompt vor dem Fall.

LVC. XIIII.

Wer sich selbst erhöhet/der soll ernidriget werden/vnd wer sich selbst ernidriget/soll erhöhet werden.

SIRACH X.

Den Hoffertigen ist beyde Gott vnd die Welt feindt/denn sie handlen für allen beyden Vnrecht/darvmb hat Gott allweg den Hochmut geschändet vnd gestürtzt/ꝛc.

Leibliche Wirckung.

FEldt Näglein sonst genennet werd
Diß Kräutlein / hab ich offt gehört/

Auff

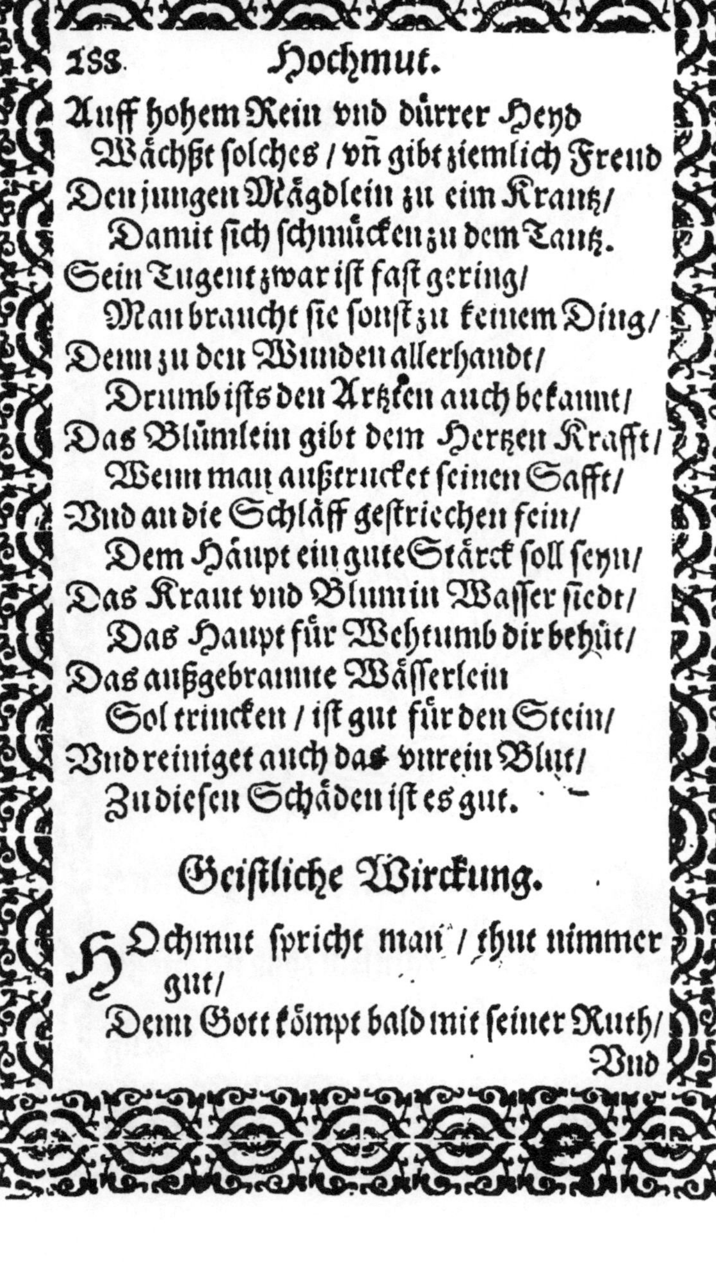

Auff hohem Rein vnd dürrer Heyd
Wächßt solches / vñ gibt ziemlich Freud
Den jungen Mägdlein zu eim Krantz/
Damit sich schmücken zu dem Tantz.
Sein Tugent zwar ist fast gering/
Man braucht sie sonst zu keinem Ding/
Denn zu den Wunden allerhandt/
Drumb ists den Artzten auch bekannt/
Das Blümlein gibt dem Hertzen Krafft/
Wenn man außtrucket seinen Safft/
Vnd an die Schläff gestriechen sein/
Dem Häupt ein gute Stärck soll seyn/
Das Kraut vnd Blum in Wasser siedt/
Das Haupt für Wehtumb dir behüt/
Das außgebrannte Wässerlein
Sol trincken / ist gut für den Stein/
Vnd reiniget auch das vnrein Blut/
Zu diesen Schäden ist es gut.

Geistliche Wirckung.

HOchmut spricht man / thut nimmer gut/
Denn Gott kömpt bald mit seiner Ruth/

Vnd

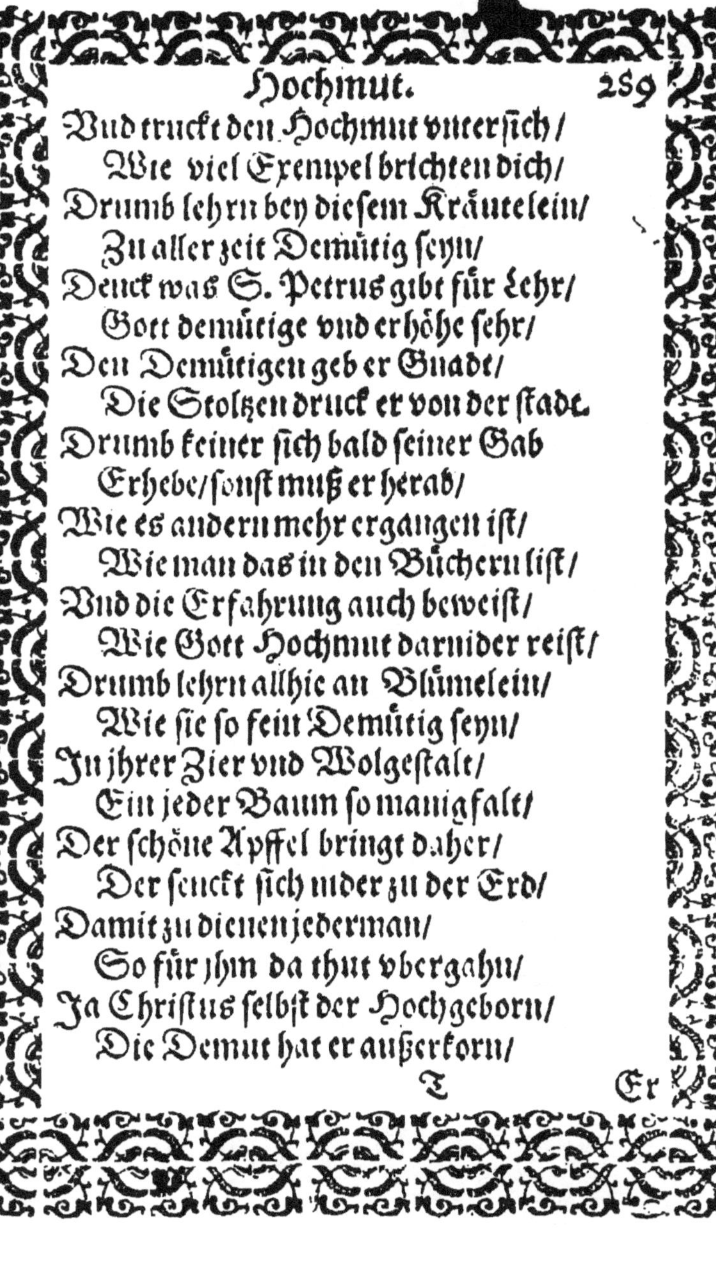

Vnd truckt den Hochmut vnter sich/
Wie viel Exempel brichten dich/
Drumb lehrn bey diesem Kräutelein/
Zu aller zeit Demütig seyn/
Denck was S. Petrus gibt für Lehr/
Gott demütige vnd erhöhe sehr/
Den Demütigen geb er Gnade/
Die Stoltzen druck er von der stade.
Drumb keiner sich bald seiner Gab
Erhebe/sonst muß er herab/
Wie es andern mehr ergangen ist/
Wie man das in den Büchern list/
Vnd die Erfahrung auch beweist/
Wie Gott Hochmut darnider reist/
Drumb lehrn allhie an Blümelein/
Wie sie so fein Demütig seyn/
In jhrer Zier vnd Wolgestalt/
Ein jeder Baum so manigfalt/
Der schöne Apffel bringt daher/
Der senckt sich nider zu der Erd/
Damit zu dienen jederman/
So für jhm da thut vbergahn/
Ja Christus selbst der Hochgeborn/
Die Demut hat er außerkorn/

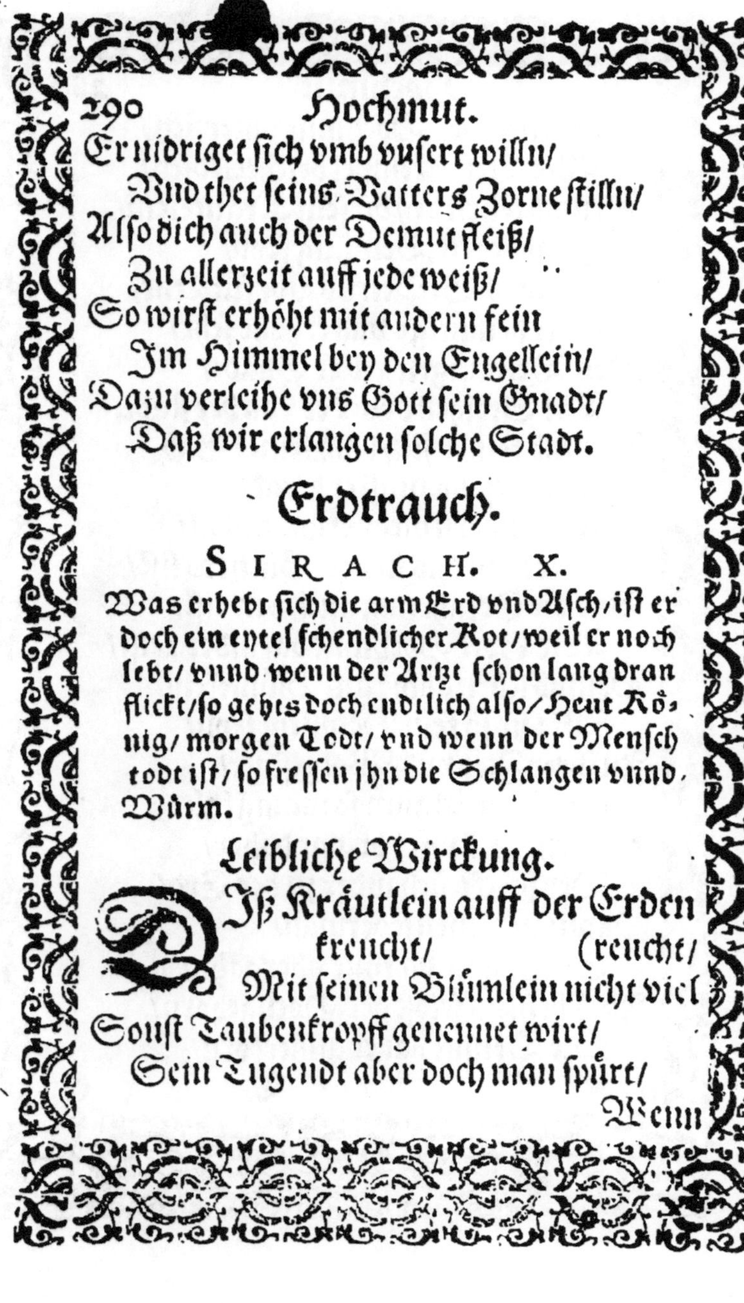

Er nidriget sich vmb vnsert willn/
Vnd thet seins Vatters Zorne stilln/
Also dich auch der Demut fleiß/
Zu allerzeit auff jede weiß/
So wirst erhöht mit andern fein
Im Himmel bey den Engellein/
Dazu verleihe vns Gott sein Gnadt/
Daß wir erlangen solche Stadt.

Erdtrauch.

SIRACH. X.

Was erhebt sich die arm Erd vnd Asch/ ist er doch ein eytel schendlicher Kot/ weil er noch lebt/ vnnd wenn der Artzt schon lang dran flickt/ so gehts doch endtlich also/ Heut König/ morgen Todt/ vnd wenn der Mensch todt ist/ so fressen jhn die Schlangen vnnd Würm.

Leibliche Wirckung.

DIß Kräutlein auff der Erden kreucht/
Mit seinen Blümlein nicht viel (reucht/
Sonst Taubenkropff genennet wirt/
Sein Tugendt aber doch man spürt/

Wenn man es braucht zur Artzeney/
Zu vielen Schäden dienets frey/

Den Grindt vertreibts vnd heylets fein/
Vnd muß also bereitet seyn/
Den Safft deß Krauts mit Essig misch/
Dazu must nemmen Nußöl frisch/

Damit schmier deum die böse Haut/
Sonst nemmen etlich nur das Kraut/
Vnd siedens grün in warmer Brüe/
Mit Zucker mischens trinckens hie/
Den Safft solt in die Augen thun/
Das macht sie hell/ja klar vnd schon/
Zur Wassersuch den Saffte nimb/
Vñ auch den sechstẽ Theil Wolffsrindt/
Von einem Quintlein/sag ich dir/
Deß Saffts zwey Quintlin neme schier/
Vnd trinck es ein für Wassersucht/
Den Schweiß es außtreibt/so verrucht/
Das Kräutlein magst in Essen Speiß
Gebrauchen jmmerdar mit fleiß/
Das legt viel Kranck im Leib darnider/
Vnd hilfft dir zur Gesundheit wider/
Zur zeit der Pestilentz auch brauch
Das Wasser/vnd vermisch es auch
Mit Tiriack /treibt durch der Schweiß/
Die Gifft hinweg/Ist mein geheiß/
Mit Hirtzung Zucker das vermisch/
Macht Miltz vnd auch die Leber frisch/
Deß Wassers trinck auff vier Lot/
Vertreibt die Geelsucht vnd den Todt/

Für

Für Grindt vnd Reudigkeit es trinck/
Hilfft trefflich wol zu solchem ding/
Mit Tiriack vermischet wol/
Für Pestilentz mans brauchen soll.

Geistliche Bedeutung.

DJe Erdrauch vns erjnnert fein/
Was wir allhie auff Erden seyn/
Ein Dampff vnd Rauch so bald entsteht/
Vnd also bald wider vergeht/
Ja daß wir sind Erden vnd Staub/ (Laub/
Ein Speiß der Würm vnnd gleich dem
Das bald verwelckt/ verdorrt/ verdirbt/
Vnd wie das Graß zu nichte wirdt/
Wie Esaias rundt bekennt/
Vnd Dauid vns dergleichen nennt/
Spricht/ vnser Tag fahren jmmer hin/
Gleich wie ein Wasserstrome schwimm/
Wie solchs auch die Erfahrung geit/
Wie kurtz vnd eytel sey die Zeit/
Vnd wie der Todt vns alle schlingt/
Allzeit nach Leib vnd Leben ringt/
Ein Erdrauch auß vns machet bald/
Es sey der Mensch Jung oder Alt/

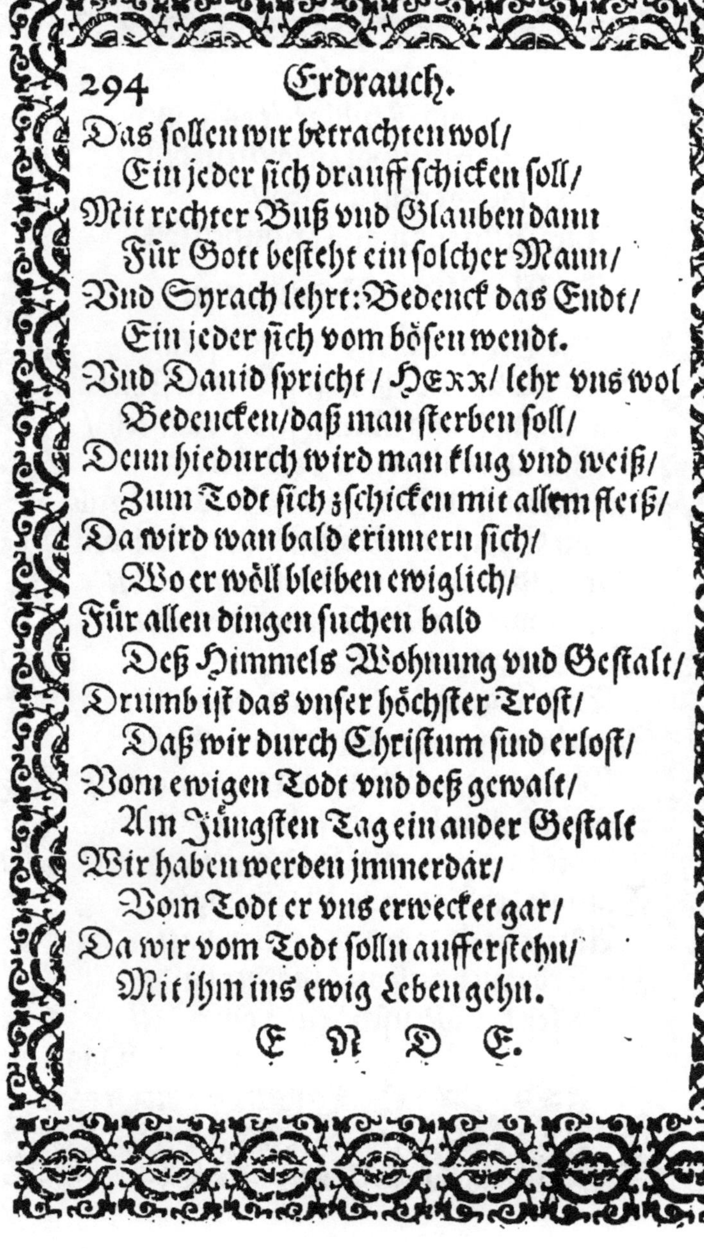

Das sollen wir betrachten wol/
Ein jeder sich drauff schicken soll/
Mit rechter Buß vnd Glauben dann
Für Gott besteht ein solcher Mann/
Vnd Syrach lehrt: Bedenck das Endt/
Ein jeder sich vom bösen wendt.
Vnd David spricht / HErr/ lehr vns wol
Bedencken/ daß man sterben soll/
Denn hiedurch wird man klug vnd weiß/
Zum Todt sich zschicken mit allem fleiß/
Da wird wan bald erinnern sich/
Wo er wöll bleiben ewiglich/
Für allen dingen suchen bald
Deß Himmels Wohnung vnd Gestalt/
Drumb ist das vnser höchster Trost/
Daß wir durch Christum sind erlost/
Vom ewigen Todt vnd deß gewalt/
Am Jüngsten Tag ein ander Gestalt
Wir haben werden jmmerdar/
Vom Todt er vns erwecket gar/
Da wir vom Todt solln aufferstehn/
Mit jhm ins ewig Leben gehn.

E N D E.

Register der Kräutter/ vnnd jhrer beyderley Wirckungen/ so in diesen Paradeiß Gärtlein zufinden.

A.

Register.

B.

Register.

C.

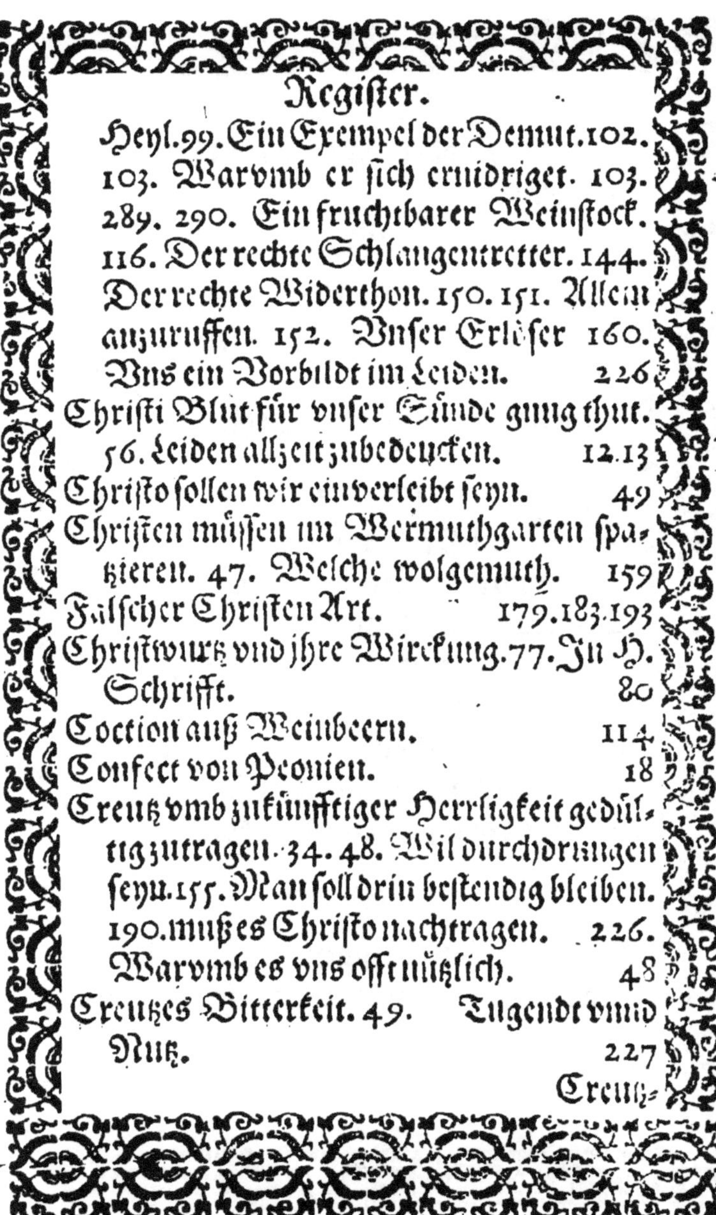

Creutz-

Ehren.

Feigs.

Register.

G. Gaman.

Register.

G.

Ge-

Register.

B Gottes.

Register.

H.

Hasen

Register.

 chen.

Kirche

Register.

N.

O.

P.

Pferdts.

Register.

Reich

Schlaff-

Register.

Secun-

T.

Register.

Ver-

Register.

W.

Register.

Witz

Z.

Ende deß Registers.

www.ingramcontent.com/pod-product-compliance
Lightning Source LLC
Chambersburg PA
CBHW021940220326
41599CB00011BA/941

* 9 7 8 3 7 4 3 6 0 3 4 9 3 *